MasterCAM 2020 完全实训手册

张云杰　编著

U0378310

清华大学出版社

北　京

内 容 简 介

MasterCAM软件是一款CAD/CAM一体化软件，被广泛应用于机械、电子、航空等领域。本书讲解最新版本MasterCAM 2020中文版的设计方法和案例。全书主要针对目前非常热门的MasterCAM技术，以详尽的视频教学讲解大量的中文版MasterCAM 2020设计和数控加工范例。全书共分13章，通过210个范例，并配以视频，从实用的角度介绍了MasterCAM 2020中文版的设计和加工方法。另外，本书还配备了包括大量模型图库和范例教学视频等教学资源。

本书内容广泛、通俗易懂、语言规范、实用性强，使读者能够快速、准确地掌握MasterCAM 2020中文版的方法与技巧，特别适合中、高级用户的学习，是广大读者快速掌握MasterCAM 2020中文版的实用指导书和工具手册，也可作为大专院校计算机辅助设计课程的指导教材。

图书在版编目(CIP)数据

MasterCAM 2020 完全实训手册 / 张云杰编著 . —北京：清华大学出版社，2021.4
ISBN 978-7-302-57902-1

Ⅰ . ① M… Ⅱ . ①张… Ⅲ . ①计算机辅助设计—应用软件—手册 Ⅳ . ① TP391.73

中国版本图书馆 CIP 数据核字 (2021) 第 060967 号

责任编辑：张彦青
封面设计：李 坤
版式设计：方加青
责任校对：周剑云
责任印制：丛怀宇

出版发行：清华大学出版社
   网 址：http://www.tup.com.cn，http://www.wqbook.com
   地 址：北京清华大学学研大厦 A 座   邮 编：100084
   社 总 机：010-62770175   邮 购：010-62786544
   投稿与读者服务：010-62776969，c-service@tup.tsinghua.edu.cn
   质 量 反 馈：010-62772015，zhiliang@tup.tsinghua.edu.cn
印 装 者：三河市国英印务有限公司
经 销：全国新华书店
开 本：190mm×260mm   印 张：22.25   字 数：541 千字
版 次：2021 年 6 月第 1 版   印 次：2021 年 6 月第 1 次印刷
定 价：78.00 元

产品编号：087633-01

前言 Preface

    MasterCAM软件是美国CNC Software公司研制开发的基于PC平台的CAD/CAM一体化软件，在世界上拥有众多的忠实用户，被广泛应用于机械、电子、航空等领域。MasterCAM软件在我国制造业和教育界，以其高性价比优势，广受赞誉而有着极为广阔的应用前景。在MasterCAM的最新版本MasterCAM 2020中文版中，针对设计中的多种功能进行了大量的补充和更新，使用户可以更加方便地进行设计和加工操作，这一切无疑为广大的设计人员带来了福音。

    为了使读者能更好地学习，同时尽快熟悉MasterCAM 2020中文版的设计功能，云杰漫步科技CAX设计教研室根据多年在该领域的设计和教学经验精心编写了本书。全书主要针对目前非常热门的MasterCAM技术，以详尽的视频教学讲解大量的MasterCAM 2020中文版设计和数控加工范例。全书共分13章，通过210个范例，并配以视频，从实用的角度介绍了MasterCAM 2020中文版的设计和加工方法。

    云杰漫步科技CAX设计教研室长期从事MasterCAM的专业设计和教学，数年来承接了大量的项目，参与MasterCAM的教学和培训工作，积累了丰富的实践经验。本书就像一位专业设计师，将设计项目时的思路、流程、方法和技巧、操作步骤面对面地与读者交流。本书内容广泛、通俗易懂、语言规范、实用性强，使读者能够快速、准确地掌握MasterCAM 2020中文版的方法与技巧，特别适合中、高级用户的学习，是广大读者快速掌握MasterCAM 2020中文版的实用指导书和工具手册，也可作为大专院校计算机辅助设计课程的指导教材。

    本书由云杰漫步科技CAX设计教研室编著，参加编写工作的有张云杰、尚蕾、靳翔、张云静、郝利剑等。书中的范例均由云杰漫步多媒体科技公司CAX设计教研室设计制作，由云杰漫步多媒体科技公司提供技术支持，同时要感谢出版社的编辑和老师们的大力协助。

    由于本书编写时间紧张，编写人员的水平有限，因此在编写过程中难免有不足之处。在此，编写人员对广大用户表示歉意，望广大用户不吝赐教，对书中的不足之处给予指正。

编者

源 文 件

目录 Contents

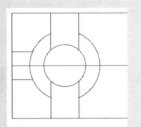
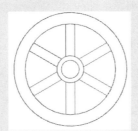
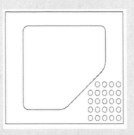
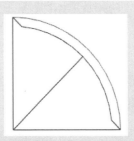

第1章　绘制二维图形

实例001　绘制底座草图 …………………… 002

实例002　绘制柱阀草图 …………………… 003

实例003　绘制连杆平面图形 ……………… 005

实例004　绘制手轮草图 …………………… 006

实例005　绘制定位块图样 ………………… 007

实例006　绘制扇叶草图 …………………… 008

实例007　绘制插座头草图 ………………… 009

实例008　绘制接头草图 …………………… 010

实例009　绘制电机壳草图 ………………… 012

实例010　绘制泵接头草图 ………………… 013

实例011　绘制螺栓草图 …………………… 014

实例012　绘制空心螺母草图 ……………… 015

实例013　绘制上紧装置草图 ……………… 016

实例014　绘制机箱草图 …………………… 017

实例015　绘制角撑草图 …………………… 019

实例016　绘制法兰盘草图 ………………… 019

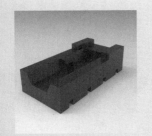

第2章　三维实体造型

实例017　绘制固定座 ……………………… 022

实例018　绘制机箱 ………………………… 023

实例019　绘制USB头 ……………………… 025

实例020　绘制管道接头 …………………… 027

实例021　绘制旋盖 ………………………… 030

实例022　绘制三通 ………………………… 032

实例023　绘制手柄 ………………………… 034

实例024　绘制橡胶接头 …………………… 036

实例025　绘制连接杆 ……………………… 037

实例026　绘制阶梯轴 ……………………… 039

实例027　绘制水瓶 ………………………… 040

实例028　绘制滑轮 ………………………… 042

实例029　创建阀门 ……………………… 043
实例030　绘制手轮 ……………………… 045
实例031　绘制拨轮零件 ………………… 046

第3章　曲面造型

实例032　绘制风扇扇叶 ………………… 049
实例033　绘制充电器 …………………… 050
实例034　绘制画笔 ……………………… 052
实例035　绘制操作杆 …………………… 053
实例036　绘制水壶 ……………………… 055
实例037　绘制水龙头 …………………… 057
实例038　绘制闹钟 ……………………… 058
实例039　绘制播放器壳体 ……………… 060
实例040　绘制水杯 ……………………… 061
实例041　绘制牙刷 ……………………… 063
实例042　绘制瓶盖 ……………………… 064
实例043　绘制风机外壳 ………………… 065
实例044　绘制通风管道 ………………… 067
实例045　绘制底座 ……………………… 068
实例046　绘制变速壳体 ………………… 070
实例047　绘制手柄 ……………………… 071

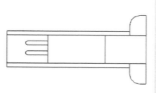

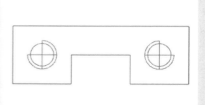

第4章　图形分析

实例048　固定座图形分析 ……………… 074
实例049　机箱图形分析 ………………… 075
实例050　USB头图形分析 ……………… 077
实例051　体模轮草图分析 ……………… 078
实例052　轴套草图分析 ………………… 080
实例053　扇叶草图分析 ………………… 082
实例054　插座头草图分析 ……………… 083
实例055　接头草图分析 ………………… 085
实例056　电机壳草图分析 ……………… 086
实例057　泵接头草图分析 ……………… 088

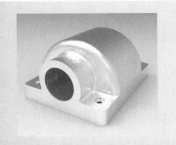

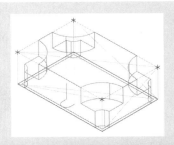

第5章 加工设置

实例058 几何建模 ···················· 090

实例059 加工刀具参数设置 ········· 092

实例060 程序编制 ···················· 094

实例061 路径仿真 ···················· 095

实例062 机床设置 ···················· 096

实例063 毛坯设置 ···················· 098

实例064 安全区域设置 ·············· 099

实例065 加工参数设置 ·············· 099

实例066 后处理设置 ················· 101

实例067 文件管理 ···················· 102

第6章 外形铣削加工

实例068 2D外形铣削加工 ··············· 104

实例069 2D外形倒角加工 ··············· 106

实例070 2D外形残料加工 ··············· 107

实例071 斜插外形加工 ·················· 109

实例072 摆线式加工 ···················· 110

实例073 3D外形加工 ···················· 112

实例074 3D外形倒角加工 ··············· 114

实例075 固定座铣削加工 ··············· 115

实例076 机箱铣削加工 ·················· 117

实例077 管道接头铣削加工 ············ 119

实例078 三通铣削加工 ·················· 121

实例079 手柄铣削加工 ·················· 122

实例080 阀门铣削加工 ·················· 124

实例081 花键铣削加工 ·················· 126

实例082 手轮铣削加工 ·················· 128

实例083 导块铣削加工 ·················· 129

实例084 滑块铣削加工 ·················· 132

实例085 导轨铣削加工 ·················· 134

实例086 拨轮铣削加工 ·················· 136

实例087 盒盖铣削加工 ·················· 138

第7章 二维挖槽加工

实例088 标准挖槽加工 …………………………… 141
实例089 打开挖槽加工 …………………………… 143
实例090 残料挖槽加工 …………………………… 145
实例091 平面铣削挖槽加工 ……………………… 147
实例092 使用岛屿深度 …………………………… 148
实例093 旋盖挖槽加工 …………………………… 149
实例094 法兰挖槽加工（一） …………………… 151
实例095 法兰挖槽加工（二） …………………… 154
实例096 法兰挖槽加工（三） …………………… 155
实例097 法兰挖槽加工（四） …………………… 156
实例098 盖子挖槽加工 …………………………… 158

实例099 固定座挖槽加工 ………………………… 159
实例100 接头挖槽加工 …………………………… 161
实例101 盒子挖槽加工 …………………………… 162
实例102 盒盖挖槽加工 …………………………… 165
实例103 机箱顶盖挖槽加工 ……………………… 167
实例104 传动箱顶盖挖槽加工 …………………… 168
实例105 动力舱顶盖挖槽加工 …………………… 170
实例106 顶盖挖槽加工（一） …………………… 172
实例107 顶盖挖槽加工（二） …………………… 174
实例108 顶盖挖槽加工（三） …………………… 175

第8章 钻孔加工

实例109 标准钻孔加工 …………………………… 178
实例110 全圆铣削加工 …………………………… 179
实例111 螺旋铣孔加工 …………………………… 180
实例112 机箱孔加工 ……………………………… 181
实例113 泵体孔加工（一） ……………………… 182
实例114 泵体孔加工（二） ……………………… 183
实例115 泵体孔加工（三） ……………………… 184
实例116 泵体孔加工（四） ……………………… 186
实例117 振动盘孔加工（一） …………………… 187
实例118 振动盘孔加工（二） …………………… 189

实例119 振动盘孔加工（三） …………………… 190
实例120 振动盘孔加工（四） …………………… 191
实例121 卡盘孔加工（一） ……………………… 192
实例122 卡盘孔加工（二） ……………………… 194
实例123 卡盘孔加工（三） ……………………… 195

第9章　平面铣削加工

实例124　单向平面铣 …………………………… 198

实例125　双向平面铣 …………………………… 200

实例126　一刀式平面铣 ………………………… 201

实例127　动态平面铣 …………………………… 202

实例128　扣板铣削加工 ………………………… 203

实例129　减速器上盖铣削加工（一）………… 205

实例130　减速器上盖铣削加工（二）………… 208

实例131　减速器上盖铣削加工（三）………… 209

实例132　机箱前盖铣削加工（一）…………… 210

实例133　机箱前盖铣削加工（二）…………… 212

实例134　机箱前盖铣削加工（三）…………… 213

实例135　机箱前盖铣削加工（四）…………… 214

实例136　机壳铣削加工（一）………………… 216

实例137　机壳铣削加工（二）………………… 218

实例138　机壳铣削加工（三）………………… 219

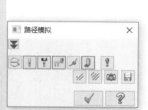

第10章　曲面粗/精加工

实例139　粗加工平行铣削加工 ………………… 222

实例140　精加工平行铣削加工 ………………… 224

实例141　粗加工区域粗切加工 ………………… 225

实例142　精加工放射状加工 …………………… 227

实例143　粗加工投影加工 ……………………… 229

实例144　精加工投影加工 ……………………… 230

实例145　精加工环绕加工 ……………………… 231

实例146　精加工流线加工 ……………………… 233

实例147　精加工等高外形加工 ………………… 234

实例148　粗加工多曲面挖槽加工 ……………… 235

实例149　精加工螺旋加工 ……………………… 237

实例150　粗加工挖槽加工 ……………………… 238

实例151　粗加工钻削式加工 …………………… 239

实例152　精加工混合加工 ……………………… 240

实例153　精加工清角加工 ……………………… 242

实例154　精加工传统等高加工 ………………… 243

实例155　精加工等距环绕加工 ………………… 244

实例156　精加工水平加工 ……………………… 246

实例157　法兰盘粗加工 ………………………… 247

实例158　法兰盘精加工（一）………………… 249

实例159　法兰盘精加工（二）………………… 251

实例160　灯盘粗加工 …………………………… 252

实例161　灯盘精加工 …………………………… 253

实例162　瓶盖粗加工 …………………………… 255

实例163　瓶盖精加工 …………………………… 256

第11章　车削加工

实例164　粗车加工 ·················· 258

实例165　精车加工 ·················· 259

实例166　车螺纹加工 ·············· 260

实例167　径向车削加工 ·········· 261

实例168　切入车削加工 ·········· 262

实例169　车端面加工 ·············· 263

实例170　切断车削加工 ·········· 264

实例171　钻孔车削加工 ·········· 264

实例172　轴加工 ·················· 265

实例173　圆杆加工 ·············· 266

实例174　钢盘加工 ·············· 268

实例175　轮加工 ·················· 270

实例176　螺栓加工（一） ········ 272

实例177　螺栓加工（二） ········ 274

实例178　螺栓加工（三） ········ 275

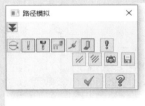

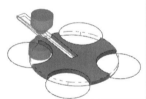

第12章　线切割加工

实例179　外形线切割加工 ·········· 278

实例180　外形带锥度线切割加工 ·················· 280

实例181　控制点线切割加工 ········ 282

实例182　无屑线切割加工 ·········· 283

实例183　四轴线切割加工 ·········· 284

实例184　扳手加工 ·················· 285

实例185　转盘加工（一） ·········· 288

实例186　转盘加工（二） ·········· 291

实例187　棘轮加工（一） ·········· 292

实例188　棘轮加工（二） ·········· 293

实例189　棘轮加工（三） ·········· 294

实例190　机箱前盖加工（一） ···· 296

实例191　机箱前盖加工（二） ···· 298

实例192　机箱前盖加工（三） ·················· 299

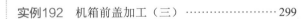

第13章　综合范例

实例193　凸轮加工 …………………………………… 302

实例194　机壳模具加工 ……………………………… 304

实例195　内衬凸模数控加工 ………………………… 306

实例196　电池盒镶块数控加工 ……………………… 308

实例197　花键凸模加工 ……………………………… 311

实例198　化妆品盒盖模具加工 ……………………… 313

实例199　箱体上盖加工 ……………………………… 316

实例200　底座加工 …………………………………… 318

实例201　异形连杆加工 ……………………………… 320

实例202　活塞加工 …………………………………… 322

实例203　塑料后盖模具加工 ………………………… 324

实例204　端盖加工 …………………………………… 326

实例205　壳体型腔模具加工 ………………………… 329

实例206　泵盖压铸模加工 …………………………… 331

实例207　法兰模具加工 ……………………………… 334

实例208　泵盖型芯加工 ……………………………… 336

实例209　基座上盖加工 ……………………………… 339

实例210　基座加工 …………………………………… 342

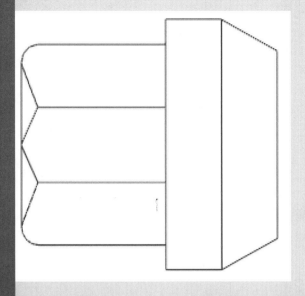
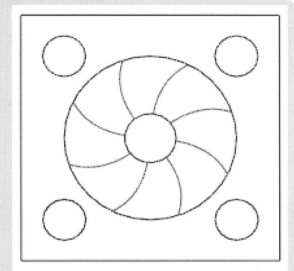
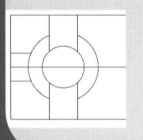
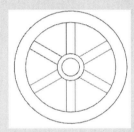
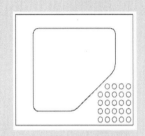

第 1 章　绘制二维图形

绘制底座草图

01 单击【线框】选项卡【形状】组中的【矩形】按钮□，绘制矩形图形，尺寸为60×30，如图1-1所示。

图1-1 绘制60×30的矩形

02 单击【线框】选项卡【绘线】组中的【连续线】按钮／，绘制3段直线，长度分别为15、30、15，如图1-2所示。

图1-2 绘制3段连续线

◎提示•◦

　　MasterCAM有7种绘制直线的方法，分别为【连续线】、【平行线】、【垂直正交线】、【近距线】、【平分线】、【通过点相切线】和【法线】。

03 单击【线框】选项卡【圆弧】组中的【已知点画圆】按钮⊙，绘制同心圆，半径分别为6和10，如图1-3所示。

图1-3 绘制同心圆

04 单击【线框】选项卡【绘线】组中的【连续线】按钮／，绘制中心线，如图1-4所示。

图1-4 绘制中心线

05 单击【线框】选项卡【绘线】组中的【平行线】按钮／，绘制4条平行线，补正距离为4，如图1-5所示。

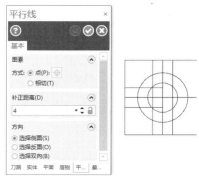

图1-5 绘制平行线

◎提示•◦

　　绘制平行线时可以通过距离来定位，也可以通过添加约束关系来定位。

06 单击【线框】选项卡【修剪】组中的【修剪到图素】按钮＼，修剪图形，如图1-6所示。

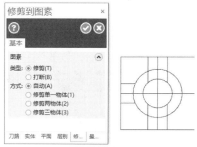

图1-6 修剪图形

07 单击【线框】选项卡【修剪】组中的【打断成两段】按钮×，打断圆弧图形，如图1-7所示。

08 选择打断的圆弧图形，按Del键进行删除，如图1-8所示。

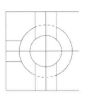

图1-7　打断圆弧图形　　　图1-8　删除图素

09 单击【转换】选项卡【位置】组中的【镜像】按钮，镜像图形，如图1-9所示。

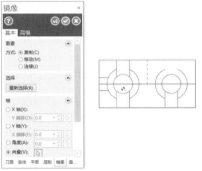

图1-9　镜像图素

10 单击【线框】选项卡【修剪】组中的【连接图素】按钮，选择圆弧图形进行连接，如图1-10所示。

图1-10　连接图素

11 至此完成底座草图的绘制，如图1-11所示。

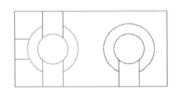

图1-11　底座草图

实例 002

 案例源文件　ywj /01/002.mcam

绘制柱阀草图

01 单击【线框】选项卡【绘线】组中的【连续线】按钮，绘制直线，长度分别为50、10，如图1-12所示。

图1-12　绘制两条直线

02 单击【线框】选项卡【绘线】组中的【连续线】按钮，绘制角度线，角度为60°，如图1-13所示。

图1-13　绘制角度线

03 单击【线框】选项卡【绘线】组中的【连续线】按钮，绘制直线，竖直线长度为25，水平线右端点和下面线的右端点平齐，如图1-14所示。

图1-14　绘制两条连续线

04 单击【线框】选项卡【修剪】组中的【图素倒圆角】按钮，绘制圆角，半径为5，如图1-15所示。

图1-15　绘制半径为5的圆角

　　创建圆角时，可以手动选择要进行圆角的图素，也可以让系统来判断所要创建的圆角特征。

05 单击【线框】选项卡【绘线】组中的【连续线】按钮／，绘制直线，竖直线长度为20，水平线右端点和下面线的右端点平齐，如图1-16所示。

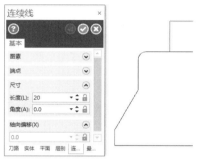

图1-16　绘制两条直线

06 单击【线框】选项卡【修剪】组中的【图素倒圆角】按钮⌐，绘制圆角，半径为7，如图1-17所示。

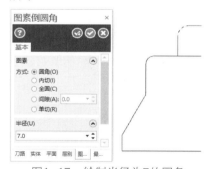

图1-17　绘制半径为7的圆角

07 单击【线框】选项卡【绘线】组中的【连续线】按钮／，绘制直线，竖直线长度为50，水平线右端点和下面线的右端点平齐，如图1-18所示。

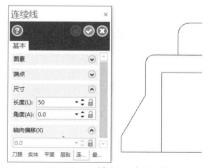

图1-18　绘制两条直线

08 单击【线框】选项卡【绘线】组中的【连续线】按钮／，绘制直线，竖直线长度为30，水平线右端点和上面线的右端点平齐，如图1-19所示。

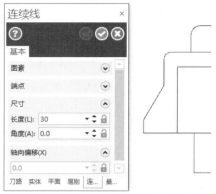

图1-19　绘制底部的两条直线

09 单击【转换】选项卡【位置】组中的【镜像】按钮，镜像图形，如图1-20所示。

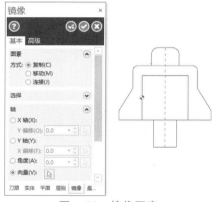

图1-20　镜像图素

10 单击【线框】选项卡【修剪】组中的【串连补正】按钮，绘制偏移曲线，如图1-21所示。

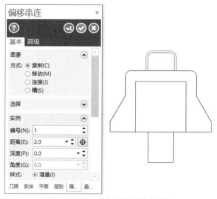

图1-21　绘制偏移曲线

11 至此完成柱阀草图的绘制，如图1-22所示。

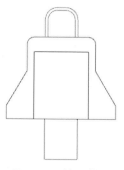

图1-22　柱阀草图

实例 003　绘制连杆平面图形

案例源文件：ywj /01/003.mcam

01 单击【线框】选项卡【圆弧】组中的【已知点画圆】按钮⊙，绘制同心圆，半径分别为20和30，如图1-23所示。

图1-23　绘制同心圆

02 单击【线框】选项卡【形状】组中的【矩形】按钮囗，绘制矩形图形，尺寸为100×30，如图1-24所示。

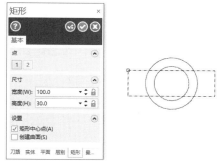

图1-24　绘制100×30的矩形

03 单击【转换】选项卡【位置】组中的【平移】按钮，平移图形，距离为70，如图1-25所示。

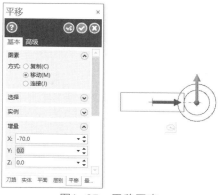

图1-25　平移图素

> **提示** ·
>
> 　　平移是指在2D或3D绘图模式下，将选择的图素按照指定的方式移动或复制到新的位置，复制后也可以在原图素和复制图素的对应端点间建立直线连接。

04 单击【线框】选项卡【修剪】组中的【修剪到图素】按钮，修剪矩形图形，如图1-26所示。

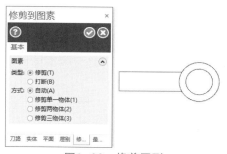

图1-26　修剪图形

05 绘制矩形图形，尺寸为30×14，如图1-27所示。

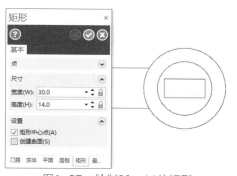

图1-27　绘制30×14的矩形

06 平移图形，距离为60，如图1-28所示。

07 绘制两个圆形，半径均为7，如图1-29所示。

08 修剪图形，如图1-30所示。

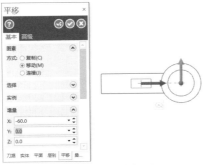

图1-28　平移矩形

图1-29　绘制两个圆形

图1-30　修剪图形

09 至此完成连杆平面图形的绘制，如图1-31所示。

图1-31　连杆平面图形

实例 004 　 ● 案例源文件：ywj /01/004.mcam

绘制手轮草图

01 单击【线框】选项卡【圆弧】组中的【已知点画圆】按钮⊕，绘制4个圆形，半径分别为8、12、40、50，如图1-32所示。

02 绘制直线，长度为70，如图1-33所示。

03 绘制两条平行线，补正距离为4，如图1-34所示。

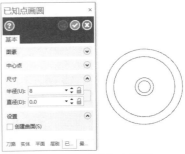

图1-32　绘制4个圆形

图1-33　绘制长度为70的直线

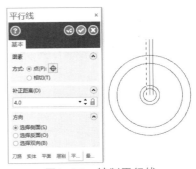

图1-34　绘制平行线

04 修剪图形，如图1-35所示。

图1-35　修剪图形

05 单击【转换】选项卡【位置】组中的【旋转】按钮↺，绘制旋转图形，角度为60°，如图1-36所示。

◎提示◎

　　旋转是指在构图面内将选择的图素绕指定的点旋转指定的角度。旋转的类型也包括移动、复制和连接。

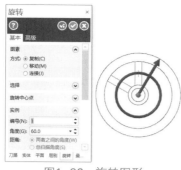

图1-36 旋转图形

06 至此完成手轮草图的绘制，如图1-37所示。

图1-37 手轮草图

实例 005
案例源文件：ywj /01/005.mcam

绘制定位块图样

01 绘制矩形图形，尺寸为60×20，如图1-38所示。

图1-38 绘制60×20的矩形

02 继续绘制矩形图形，尺寸为20×40，如图1-39所示。

图1-39 绘制20×40的矩形

03 向上平移上一步绘制的矩形，距离为20，如图1-40所示。

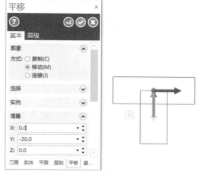

图1-40 平移图形

04 修剪图形，如图1-41所示。

图1-41 修剪图形

05 绘制两条直线，如图1-42所示。

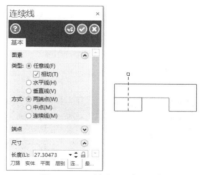

图1-42 绘制两条垂线

06 绘制两个同心圆，半径分别为4和5，如图1-43所示。

图1-43 绘制同心圆

07 修剪图形，如图1-44所示。

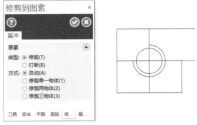

图1-44　修剪圆形

08 镜像图形，如图1-45所示。

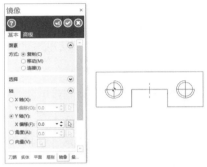

图1-45　镜像图形

09 至此完成定位块图样的绘制，如图1-46所示。

图1-46　定位块图样

实例 006　　　　　　● 案例源文件：ywj /01/006.mcam

绘制扇叶草图

01 单击【线框】选项卡【形状】组中的【矩形】按钮口，绘制矩形图形，尺寸为60×60，如图1-47所示。

图1-47　绘制60×60的矩形

02 绘制圆形，半径为5，如图1-48所示。

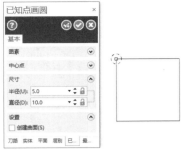

图1-48　绘制半径为5的圆形

03 平移图形，距离分别为10、-10，如图1-49所示。

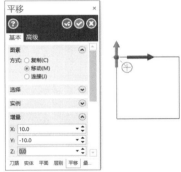

图1-49　平移圆形

04 平移复制图形，距离为40，如图1-50所示。

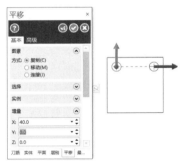

图1-50　平移并复制圆形

05 继续平移复制图形，距离为-40，如图1-51所示。

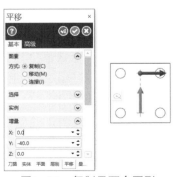

图1-51　复制另两个圆形

06 绘制同心圆形，半径分别为6和20，如图1-52所示。

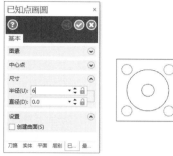

图1-52　绘制两个圆形

07 单击【线框】选项卡【曲线】组中的【手动画曲线】按钮 ，绘制曲线图形，如图1-53所示。

图1-53　绘制曲线

08 单击【转换】选项卡【位置】组中的【旋转】按钮 ，旋转复制图形，角度为45°，如图1-54所示。

图1-54　旋转复制曲线

09 修剪图形，得到叶片图形，如图1-55所示。

图1-55　修剪曲线

10 旋转复制图形，角度为90°，如图1-56所示。

图1-56　旋转复制4条曲线

11 至此完成扇叶草图的绘制，如图1-57所示。

图1-57　扇叶草图

实例 007　　案例源文件：ywj /01/007.mcam

绘制插座头草图

01 单击【线框】选项卡【形状】组中的【矩形】按钮 ，绘制矩形图形，尺寸为20×20，如图1-58所示。

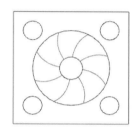

图1-58　绘制20×20的矩形

02 绘制4个同心圆形，半径分别为3、4、7、8，如图1-59所示。

03 绘制矩形图形，尺寸为2×10，如图1-60所示。

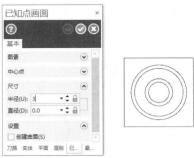

图1-59 绘制4个圆形

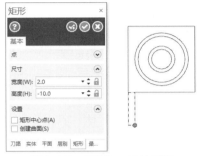

图1-60 绘制2×10的矩形

04 平移复制图形，距离为18，如图1-61所示。

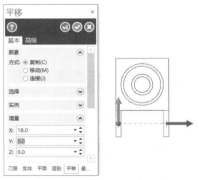

图1-61 平移复制矩形

05 绘制矩形图形，尺寸为3×12，如图1-62所示。

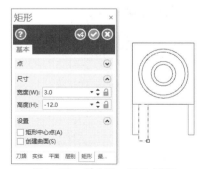

图1-62 绘制3×12的矩形

06 平移图形，距离为6，如图1-63所示。

07 单击【线框】选项卡【圆弧】组中的【已知点画圆】按钮⊕，绘制圆形，半径为1.5，如

图1-64所示。

图1-63 平移矩形

图1-64 绘制半径为1.5的圆形

08 修剪图形，如图1-65所示。

09 至此完成插座头草图的绘制，如图1-66所示。

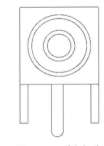

图1-65 修剪图形　　图1-66 插座头草图

实例 008 案例源文件：ywj /01/008.mcam

绘制接头草图

01 单击【线框】选项卡【形状】组中的【矩形】按钮□，绘制矩形图形，尺寸为6×30，如图1-67所示。

02 继续绘制矩形图形，尺寸为20×40，如图1-68所示。

图1-67　绘制6×30的矩形

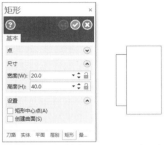

图1-68　绘制20×40的矩形

03 再绘制矩形图形，尺寸为8×42，如图1-69所示。

图1-69　绘制8×42的矩形

04 单击【线框】选项卡【修剪】组中的【倒角】按钮，绘制倒角，距离为1，如图1-70所示。

图1-70　绘制倒角

◎提示·

倒角的创建既可以选择倒角边，也可以让系统自动

判断。在创建倒角时可以选择4种不同的倒角类型。

05 单击【线框】选项卡【绘线】组中的【连续线】按钮，绘制直线，如图1-71所示。

图1-71　绘制直线

06 单击【转换】选项卡【位置】组中的【直角阵列】按钮，阵列图形，设置【实例】为21，【距离】为2，如图1-72所示。

图1-72　创建阵列图形

07 平移复制图形，距离为14，如图1-73所示。

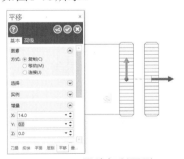

图1-73　平移复制图形

08 绘制直线，如图1-74所示。
09 绘制矩形图形，尺寸为10×30，如图1-75所示。
10 绘制长度为22的直线，距离为10，如图1-76所示。

图1-74　绘制连接线

图1-75　绘制10×30的矩形

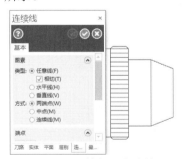

图1-76　绘制长度为22的直线

11 继续绘制连接直线，如图1-77所示。

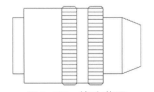

图1-77　绘制两条直线

12 至此完成接头草图的绘制，如图1-78所示。

图1-78　接头草图

绘制电机壳草图

01 单击【线框】选项卡【圆弧】组中的【已知点画圆】按钮⊙，绘制两个圆形，半径分别为44和50，如图1-79所示。

图1-79 绘制两个圆形

02 继续绘制圆形，半径为3，如图1-80所示。

图1-80 绘制半径为3的圆形

03 旋转复制图形，角度为45°，如图1-81所示。

图1-81 旋转复制圆形

04 绘制角度为240°的直线，如图1-82所示。

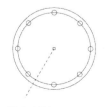

图1-82 绘制斜线

05 绘制直线图形，长度分别为20、10，如图1-83所示。

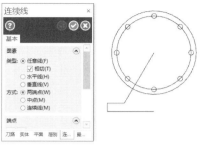

图1-83 绘制直线图形

06 镜像图形，如图1-84所示。

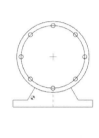

图1-84 镜像图形

07 绘制矩形图形，尺寸为10×10，如图1-85所示。

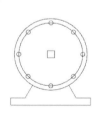

图1-85 绘制10×10的矩形

08 平移图形，距离为54，如图1-86所示。

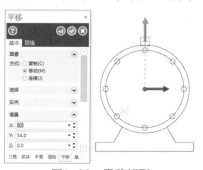

图1-86 平移矩形

09 绘制矩形图形，尺寸为12×16，如图1-87

所示。

图1-87　绘制12×16的矩形

10 阵列图形，实例为8，距离为2，如图1-88所示。

图1-88　创建直线阵列

11 绘制矩形图形，尺寸为8×8，如图1-89所示。

图1-89　绘制8×8的矩形

12 至此完成电机壳草图的绘制，如图1-90所示。

图1-90　电机壳草图

实例 010 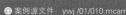 案例源文件：ywj /01/010.mcam

绘制泵接头草图

01 单击【线框】选项卡【形状】组中的【矩形】按钮□，绘制矩形图形，尺寸为20×14，如图1-91所示。

图1-91　绘制20×14的矩形

02 继续绘制矩形图形，尺寸为60×2，如图1-92所示。

图1-92　绘制60×2的矩形

03 接着绘制矩形图形，尺寸为8×10，如图1-93所示。

图1-93　绘制8×10的矩形

04 再绘制矩形图形，尺寸为10×2，如图1-94所示。

05 单击【线框】选项卡【圆弧】组中的【三点画弧】按钮，绘制三点圆弧，如图1-95所示。

图1-94 绘制10×2的矩形

图1-95 绘制三点圆弧

◎提示·◎

　　三点画圆就是绘制能够同时通过所选择的三个点的圆，在绘制时也可以添加相切、直径或半径的约束。

06 平移复制图形，距离为4，如图1-96所示。

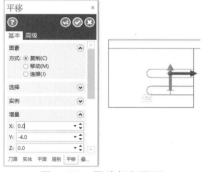

图1-96 平移复制图形

07 镜像图形，如图1-97所示。

图1-97 镜像图形

08 绘制连接直线，如图1-98所示。

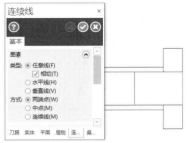

图1-98 绘制连接直线

09 绘制圆角，半径为5，如图1-99所示。

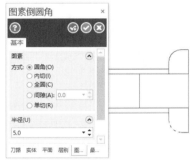

图1-99 绘制半径为5的圆角

10 至此完成泵接头草图的绘制，如图1-100所示。

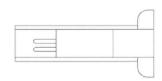

图1-100 泵接头草图

实例 011

⊙ 案例源文件：ywj /01/011.mcam

绘制螺栓草图

01 单击【线框】选项卡【形状】组中的【矩形】按钮□，绘制矩形图形，尺寸为10×30，如图1-101所示。

图1-101 绘制10×30的矩形

MasterCAM 2020 完全实训手册

02 单击【线框】选项卡【修剪】组中的【图素倒圆角】按钮 ⌐，绘制圆角，半径为3，如图1-102所示。

图1-102　绘制半径为3的圆角

03 绘制两条连接直线，如图1-103所示。

图1-103　绘制两条连接直线

04 绘制矩形图形，尺寸为60×16，如图1-104所示。

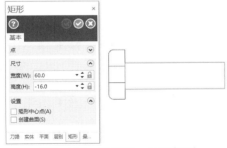

图1-104　绘制60×16的矩形

05 绘制倒角，距离为2，如图1-105所示。

图1-105　绘制距离为2的倒角

06 绘制长度为20的直线，如图1-106所示。

图1-106　绘制长度为20的直线

07 绘制两条三点圆弧，如图1-107所示。

图1-107　绘制三点圆弧

08 至此完成螺栓草图的绘制，如图1-108所示。

图1-108　螺栓草图

实例 012
案例源文件：ywj /01/012.mcam

绘制空心螺母草图

01 单击【线框】选项卡【形状】组中的【矩形】按钮□，绘制矩形图形，尺寸为26×32，如图1-109所示。

图1-109　绘制26×32的矩形

02 继续绘制矩形图形，尺寸为10×40，如图1-110所示。

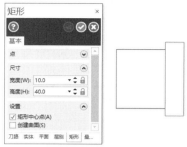

图1-110 绘制10×40的矩形

03 绘制长度为30的直线，间距为10，如图1-111所示。

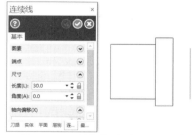

图1-111 绘制长度为30的直线

04 绘制连接直线，如图1-112所示。

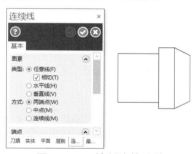

图1-112 绘制连接直线

05 绘制圆角，半径为3，如图1-113所示。

图1-113 绘制半径为3的圆角

06 平移复制图形，距离为12，如图1-114所示。

07 绘制连接直线，如图1-115所示。

08 至此完成空心螺母草图的绘制，如图1-116所示。

图1-114 平移复制直线

图1-115 绘制连接直线

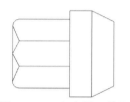

图1-116 空心螺母草图

实例 013 ● 案例源文件：ywj /01/013.mcam

绘制上紧装置草图

01 单击【线框】选项卡【形状】组中的【圆角矩形】按钮 ⬚，绘制圆角矩形，尺寸为40×30，如图1-117所示。

图1-117 绘制40×30的圆角矩形

02 单击【线框】选项卡【修剪】组中的【串连补正】按钮，绘制偏移曲线，距离为2，如图1-118所示。

图1-118　绘制偏移图形

03 绘制矩形图形，尺寸为36×46，如图1-119所示。

图1-119　绘制36×46的矩形

04 绘制两条连接直线，间距为20，如图1-120所示。

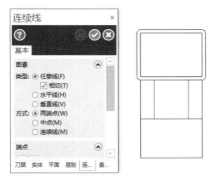

图1-120　绘制连接直线

05 绘制矩形图形，尺寸为34×3，如图1-121所示。

06 绘制两条斜线，如图1-122所示。

07 创建阵列图形，设置【实例】为3，【距离】为8，如图1-123所示。

图1-121　绘制34×3的矩形

图1-122　绘制两条斜线

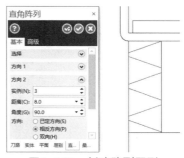

图1-123　创建阵列图形

08 镜像图形，如图1-124所示。

09 至此完成上紧装置草图的绘制，如图1-125所示。

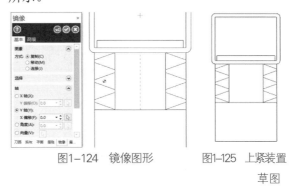

图1-124　镜像图形　　　图1-125　上紧装置草图

实例 014　　　案例源文件：ywj /01/014.mcam

绘制机箱草图

01 单击【线框】选项卡【形状】组中的【矩形】

按钮□，绘制矩形图形，尺寸为100×80，如图1-126所示。

图1-126　绘制100×80的矩形

02 单击【线框】选项卡【形状】组中的【圆角矩形】按钮 ⃝，绘制圆角矩形，尺寸为70×60，如图1-127所示。

图1-127　绘制70×60的圆角矩形

03 绘制斜线，如图1-128所示。

图1-128　绘制斜线

04 修剪图形，如图1-129所示。

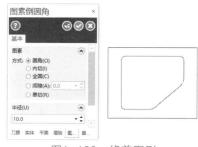

图1-129　修剪图形

05 绘制圆形，半径为2，如图1-130所示。

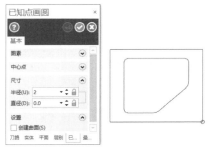

图1-130　绘制半径为2的圆形

06 平移图形，距离为4、4，如图1-131所示。

图1-131　平移图形

07 绘制阵列圆形图形，设置【实例】为5，【距离】为6，绘制出散热孔图形，如图1-132所示。

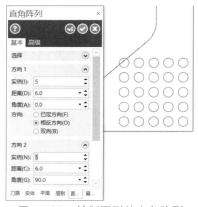

图1-132　绘制圆形的直角阵列

08 至此完成机箱草图的绘制，如图1-133所示。

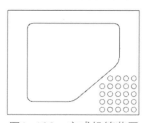

图1-133　完成机箱草图

案例源文件：ywj /01/015.mcam

绘制角撑草图

01 单击【线框】选项卡【圆弧】组中的【已知点画圆】按钮⊙，绘制圆形，半径为50，如图1-134所示。

图1-134 绘制半径为50的圆形

02 绘制两条直线，如图1-135所示。

图1-135 绘制两条直线

03 修剪图形，如图1-136所示。

图1-136 修剪图形

04 绘制两条连接直线，如图1-137所示。

图1-137 绘制两条连接线

05 单击【线框】选项卡【修剪】组中的【单体补正】按钮→|，绘制偏移圆弧，距离为4，如图1-138所示。

图1-138 绘制偏移圆弧

06 修剪图形，如图1-139所示。

图1-139 修剪图形

07 至此完成了角撑草图的绘制，如图1-140所示。

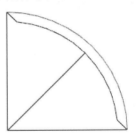

图1-140 角撑草图

实例 016 案例源文件：ywj /01/016.mcam

绘制法兰盘草图

01 单击【线框】选项卡【圆弧】组中的【已知点画圆】按钮⊙，绘制圆形，半径为20，如图1-141所示。

02 绘制中心直线，如图1-142所示。

03 修剪图形为半圆，如图1-143所示。

04 单击【线框】选项卡【修剪】组中的【单体补正】按钮→|，绘制偏移曲线，距离为4，如

图1-144所示。

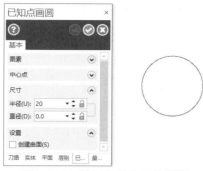

图1-141　绘制半径为20的圆形

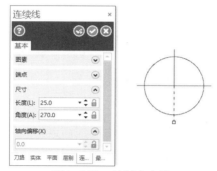

图1-142　绘制中心线

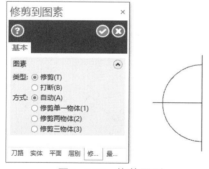

图1-143　修剪图形

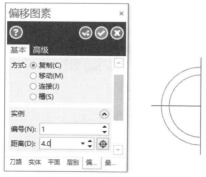

图1-144　绘制偏移曲线

05 绘制圆形，半径为2，如图1-145所示。

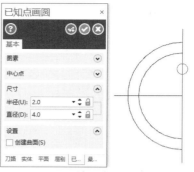

图1-145　绘制半径为2的圆形

06 旋转复制小圆形，角度为45°，如图1-146所示。

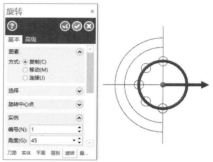

图1-146　旋转复制小圆形

07 修剪图形，如图1-147所示。

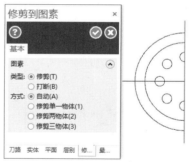

图1-147　修剪圆形

08 至此完成了法兰盘草图的绘制，如图1-148所示。

图1-148　法兰盘草图

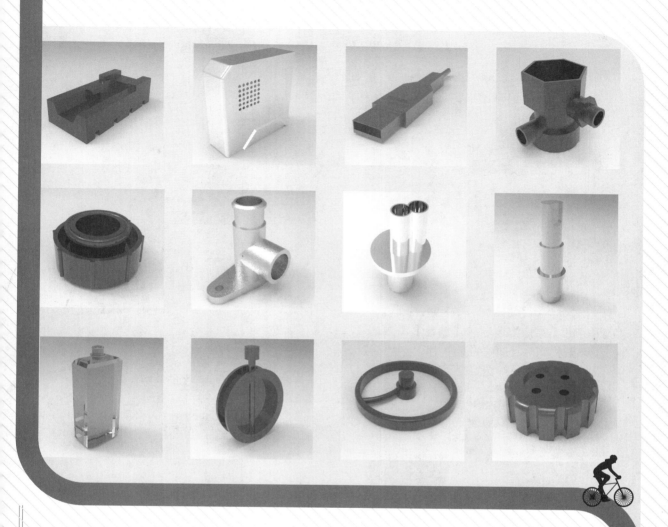

第 2 章

三维实体造型

绘制固定座

01 单击【线框】选项卡【形状】组中的【矩形】按钮□，绘制矩形图形，尺寸为100×50，如图2-1所示。

图2-1　绘制100×50的矩形

02 单击【实体】选项卡【创建】组中的【实体拉伸】按钮，创建拉伸实体，距离为20，完成固定座基体，如图2-2所示。

图2-2　创建拉伸实体

◎提示·◎

　　MasterCAM拉伸实体是将一个或多个共面的曲线串连以指定的方向，进行拉伸形成的新实体。

03 单击【线框】选项卡【绘线】组中的【连续线】按钮／，绘制梯形图形，如图2-3所示。

04 单击【实体】选项卡【创建】组中的【实体拉伸】按钮，创建拉伸切割实体，距离为80，形成固定座凹槽，如图2-4所示。

05 单击【线框】选项卡【形状】组中的【矩形】按钮□，绘制矩形图形，尺寸为5×5，如

图2-5所示。

图2-3　绘制梯形图形

图2-4　创建拉伸切割实体

图2-5　绘制5×5的矩形

06 单击【转换】选项卡【位置】组中的【直角阵列】按钮，阵列矩形图形，设置【实例】为4，【距离】为25，如图2-6所示。

图2-6　绘制矩形阵列

07 单击【实体】选项卡【创建】组中的【实

体拉伸】按钮■，创建拉伸切割实体，距离为80，形成固定座固定凹槽，如图2-7所示。

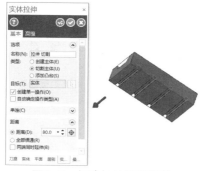

图2-7　创建拉伸切割实体

08 单击【线框】选项卡【形状】组中的【矩形】按钮□，绘制矩形图形，尺寸为30×10，如图2-8所示。

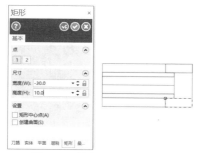

图2-8　绘制30×10的矩形

09 单击【实体】选项卡【创建】组中的【实体拉伸】按钮■，创建拉伸实体，距离为5，如图2-9所示。

图2-9　创建拉伸实体

10 单击【线框】选项卡【形状】组中的【矩形】按钮□，绘制矩形图形，尺寸为10×9，如图2-10所示。

11 单击【实体】选项卡【创建】组中的【实体拉伸】按钮■，创建拉伸实体，距离为10，形成卡位装置，如图2-11所示。

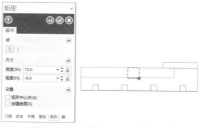

图2-10　绘制10×9的矩形

图2-11　创建拉伸特征

12 单击【实体】选项卡【修剪】组中的【单一距离倒角】按钮■，创建实体倒角特征，如图2-12所示。

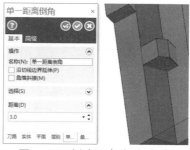

图2-12　创建距离为3的倒角

13 至此完成固定座模型的绘制，如图2-13所示。

图2-13　固定座模型

实例 018 ◎ 案例源文件：ywj/02/018.mcam

绘制机箱

01 单击【线框】选项卡【形状】组中的【矩

形】按钮□，绘制矩形图形，尺寸为60×20，如图2-14所示。

图2-14 绘制60×20的矩形

02 创建拉伸实体，距离为60，形成机箱主体，如图2-15所示。

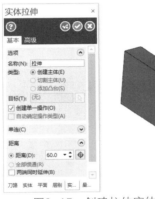

图2-15 创建拉伸实体

03 单击【实体】选项卡【修剪】组中的【单一距离倒角】按钮，创建实体倒角特征，如图2-16所示。

图2-16 创建距离为6的倒角

04 单击【实体】选项卡【修剪】组中的【固定半倒圆角】按钮，创建实体倒圆角特征，半径为2，如图2-17所示。

◎提示・∘

    实体倒圆角的圆角半径可以是固定的，也可以是变化的。

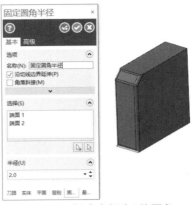

图2-17 创建半径为2的圆角

05 单击【实体】选项卡【修剪】组中的【抽壳】按钮，创建抽壳特征，如图2-18所示。

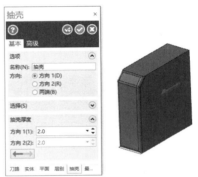

图2-18 创建抽壳特征

◎提示・∘

    进行实体抽壳操作时可以选择整个实体，也可以选择实体表面。如果选择整个实体，则生成的是一个没有开口的壳体；如果选择的是实体上的一个或多个实体面，则生成的是移除这些实体面的开口壳体结构。

06 绘制梯形图形，如图2-19所示。

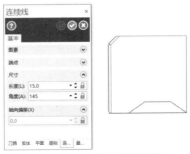

图2-19 绘制梯形图形

07 绘制矩形图形，尺寸为3×1，如图2-20所示。

08 单击【实体】选项卡【创建】组中的【扫

描】按钮，创建扫描实体，形成机箱支座，如图2-21所示。

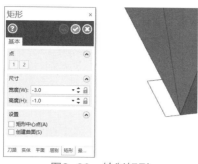

图2-20 绘制矩形

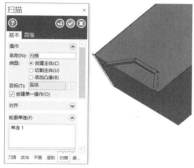

图2-21 创建扫描实体

提示

使用扫描功能，可以以扫描的方式切除现有实体，或者为现有实体增加凸缘材料。用于进行扫描操作的路径要求避免尖角，以免扫描失败。

09 绘制圆形，半径为1，如图2-22所示。

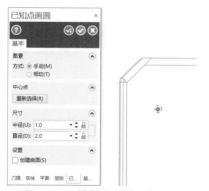

图2-22 绘制半径为1的圆形

10 单击【转换】选项卡【位置】组中的【直角阵列】按钮，阵列圆形，设置【实例】为6，【距离】为3，得到散热孔图形，如图2-23所示。

11 给散热孔图形创建拉伸切割实体，形成散热孔，距离为60，如图2-24所示。

图2-23 创建圆形阵列

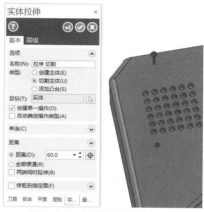

图2-24 创建拉伸切割实体

12 至此完成机箱模型的绘制，如图2-25所示。

图2-25 机箱模型

实例 019　　案例源文件：ywj/02/019.mcam

绘制USB头

01 绘制矩形图形，尺寸为30×10，如图2-26所示。

02 创建拉伸实体，距离为4，形成主体部分，如图2-27所示。

图2-26　绘制30×10的矩形

图2-27　创建拉伸实体

03 绘制梯形图形，如图2-28所示。

图2-28　绘制梯形图形

04 镜像图形，如图2-29所示。

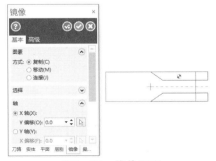

图2-29　镜像图形

05 拉伸切割实体，距离为4，如图2-30所示。

图2-30　创建拉伸切割特征

06 绘制圆形，半径为1，如图2-31所示。

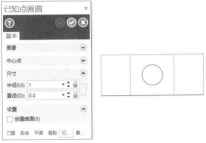

图2-31　绘制半径为1的圆形

07 创建拉伸实体，距离为40，形成接头线体部分，如图2-32所示。

图2-32　创建拉伸实体

08 绘制矩形图形，尺寸为10×6，如图2-33所示。

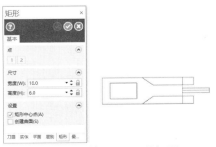

图2-33　绘制10×6的矩形

09 单击【实体】选项卡【创建】组中的【印模】按钮 🔳，创建印模特征，如图2-34所示。

图2-34 创建印模特征

10 绘制矩形图形，尺寸为8×3，如图2-35所示。

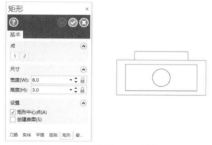

图2-35 绘制8×3的矩形

11 创建拉伸实体，距离为8，形成插口部分，如图2-36所示。

图2-36 创建拉伸实体

12 绘制矩形图形，尺寸为7.5×2，如图2-37所示。

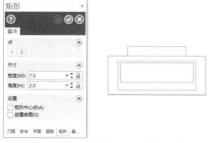

图2-37 绘制7.5×2的矩形

13 创建拉伸切割实体，距离为3，形成接口部分，如图2-38所示。

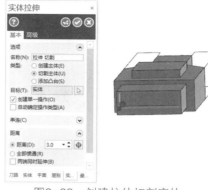

图2-38 创建拉伸切割实体

14 至此完成USB头模型的绘制，如图2-39所示。

图2-39 USB头模型

实例 020 🌐 案例源文件：ywj/02/020.mcam

绘制管道接头

01 单击【线框】选项卡【形状】组中的【多边形】按钮 ⬡，绘制六边形，如图2-40所示。

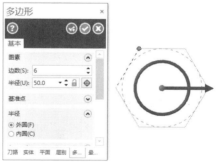

图2-40 绘制六边形

02 创建拉伸实体，距离为60，形成接头部分，如图2-41所示。

03 绘制圆形，半径为40，如图2-42所示。

04 创建拉伸实体，距离为40，形成连接部分，如图2-43所示。

图2-41　创建拉伸实体

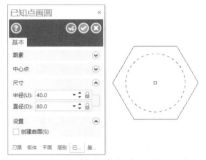

图2-42　绘制半径为40的圆形

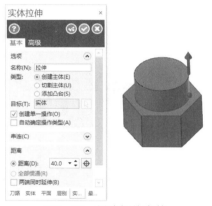

图2-43　创建拉伸实体

05 绘制圆形，半径为50，如图2-44所示。

图2-44　绘制半径为50的圆形

06 创建拉伸实体，距离为40，形成接头部分，如图2-45所示。

图2-45　创建拉伸实体

07 绘制圆形，半径为20，如图2-46所示。

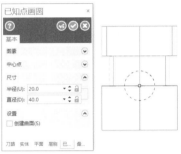

图2-46　绘制半径为20的圆形

08 创建拉伸实体，距离为60，形成连接部分，如图2-47所示。

图2-47　创建拉伸实体

09 绘制六边形，如图2-48所示。

图2-48　绘制六边形

10 创建拉伸实体，距离为10，形成夹持部分，如图2-49所示。

图2-49 创建拉伸实体

⑪ 绘制圆形，半径为16，如图2-50所示。

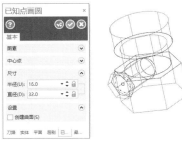

图2-50 绘制半径为16的圆形

⑫ 创建拉伸实体，距离为40，形成侧接头部分，如图2-51所示。

图2-51 创建拉伸实体

⑬ 绘制圆形，半径为18，如图2-52所示。

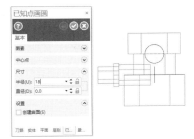

图2-52 绘制半径为18的圆形

⑭ 创建拉伸实体，距离为80，形成侧接头部分，如图2-53所示。

图2-53 创建拉伸实体

⑮ 单击【实体】选项卡【创建】组中的【布尔运算】按钮，创建布尔结合运算，如图2-54所示。

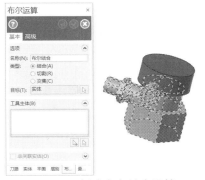

图2-54 创建布尔结合运算

⑯ 单击【实体】选项卡【修剪】组中的【抽壳】按钮，创建抽壳特征，如图2-55所示。

图2-55 创建抽壳特征

⑰ 至此完成管道接头模型的绘制，如图2-56所示。

图2-56 管道接头模型

绘制旋盖

01 单击【线框】选项卡【圆弧】组中的【已知点画圆】按钮⊙，绘制圆形，半径为40，如图2-57所示。

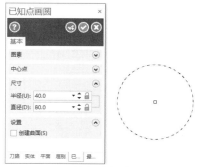

图2-57　绘制半径为40的圆形

02 创建拉伸实体，距离为30，形成基体，如图2-58所示。

图2-58　创建拉伸实体

03 单击【实体】选项卡【修剪】组中的【固定半倒圆角】按钮，创建实体倒圆角特征，半径为4，如图2-59所示。

图2-59　创建半径为4的圆角

04 单击【实体】选项卡【修剪】组中的【抽壳】按钮，创建抽壳特征，如图2-60所示。

图2-60　创建抽壳特征

05 绘制圆形，半径为2，并进行阵列，如图2-61所示。

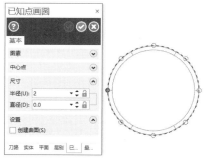

图2-61　绘制半径为2的8个圆形

06 创建拉伸实体，距离为26，形成筋部分，如图2-62所示。

图2-62　创建拉伸实体

07 绘制圆形，半径为26，如图2-63所示。

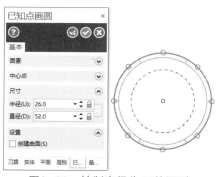

图2-63　绘制半径为26的圆形

08 创建拉伸实体，距离为35，形成盖内部分，如图2-64所示。

图2-64 创建拉伸实体

09 绘制圆形，半径为30，如图2-65所示。

图2-65 绘制半径为30的圆形

10 创建拉伸实体，距离为4，如图2-66所示。

图2-66 创建拉伸实体

11 单击【实体】选项卡【创建】组中的【布尔运算】按钮，创建布尔结合运算，如图2-67所示。

12 单击【实体】选项卡【基本实体】组中的【圆环】按钮，创建圆环实体，如图2-68所示。

13 单击【实体】选项卡【创建】组中的【布尔运算】按钮，创建布尔切割运算，形成凹槽，如图2-69所示。

图2-67 创建布尔结合运算

图2-68 创建圆环体

图2-69 创建布尔切割运算

14 绘制圆形，半径为20，如图2-70所示。

图2-70 绘制半径为20的圆形

15 创建拉伸实体，距离为30，形成空心部分，如图2-71所示。

图2-71　创建拉伸实体

16 至此完成旋盖模型的绘制，如图2-72所示。

图2-72　旋盖模型

实例 022
⊕ 案例源文件：ywj/02/022.mcam

绘制三通

01 单击【线框】选项卡【圆弧】组中的【已知点画圆】按钮⊙，绘制三个圆形，半径分别为30、50、30，相距100，如图2-73所示。

图2-73　绘制3个圆形

02 绘制切线并修剪，如图2-74所示。

图2-74　绘制切线并修剪

03 创建拉伸实体，距离为20，形成底座部分，如图2-75所示。

图2-75　创建拉伸实体

04 绘制圆形，半径为40，如图2-76所示。

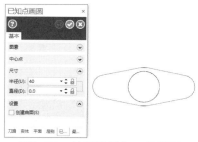

图2-76　绘制半径为40的圆形

05 创建拉伸实体，距离为200，形成管道部分，如图2-77所示。

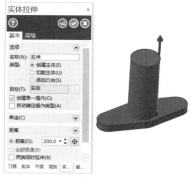

图2-77　创建拉伸实体

06 创建实体倒角特征，如图2-78所示。

图2-78　创建倒角特征

07 绘制矩形图形，尺寸为20×40，并移动距离5，如图2-79所示。

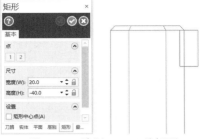

图2-79　绘制20×40的矩形

08 绘制直线，长度为200，如图2-80所示。

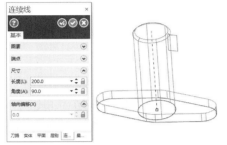

图2-80　绘制长度为200的直线

09 单击【实体】选项卡【创建】组中的【旋转实体】按钮，创建旋转实体，如图2-81所示。

图2-81　创建旋转实体

◎提示·

　　旋转实体是实体特征截面绕旋转中心线旋转一定角度，从而产生旋转实体或薄壁件，可以对已经存在的实体做旋转切割或者增加材料操作。

10 单击【实体】选项卡【创建】组中的【布尔运算】按钮，创建布尔切割运算，形成凹槽，如图2-82所示。

11 绘制圆形，半径为40，如图2-83所示。

图2-82　创建布尔切割运算

图2-83　绘制半径为40的圆形

12 创建拉伸实体，距离为100，形成侧接头，如图2-84所示。

图2-84　创建拉伸特征

13 单击【实体】选项卡【创建】组中的【布尔运算】按钮，创建布尔结合运算，如图2-85所示。

图2-85　创建布尔结合运算

14 单击【线框】选项卡【绘线】组中的【绘点】按钮➕，绘制点图形，如图2-86所示。

图2-86 绘制点

15 单击【实体】选项卡【创建】组中的【孔】按钮◆，创建底座孔，直径为20，如图2-87所示。

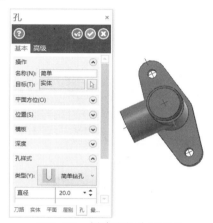

图2-87 创建直径为20的孔

16 继续创建通心孔，直径为60，如图2-88所示。

图2-88 创建直径为60的孔

17 创建侧接头通心孔，直径为60，如图2-89所示。

18 至此就完成了三通模型的绘制，如图2-90所示。

图2-89 创建直径为60的孔

图2-90 三通模型

实例 023
案例源文件: ywj/02/023.mcam

绘制手柄

01 单击【线框】选项卡【圆弧】组中的【已知点画圆】按钮⊕，绘制两个圆形，半径均为20，圆心距离为60，如图2-91所示。

图2-91 绘制两个圆形

02 单击【线框】选项卡【绘线】组中的【连续线】按钮╱，绘制直线并修剪，直线距离为32，如图2-92所示。

03 创建拉伸实体，距离为10，形成基体部分，如图2-93所示。

04 创建实体倒圆角特征，半径为2，如图2-94所示。

图2-92　绘制直线并修剪

图2-93　创建拉伸特征

图2-94　创建半径为2的圆角

05 绘制两个矩形图形，尺寸为20×5和5×20，如图2-95所示。

图2-95　绘制两个矩形

06 创建拉伸实体，距离为12，形成方向按键，如图2-96所示。

07 单击【线框】选项卡【圆弧】组中的【已知点画圆】按钮⊙，绘制4个圆形，半径均为3，如图2-97所示。

图2-96　创建拉伸特征

图2-97　绘制4个圆形

08 创建拉伸实体，距离为12，形成功能按键，如图2-98所示。

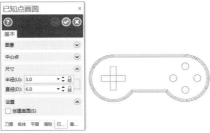

图2-98　创建拉伸特征

09 创建实体倒圆角特征，半径为0.5，如图2-99所示。

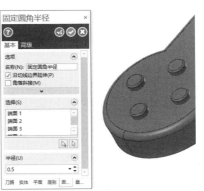

图2-99　创建半径为0.5的圆角

10 至此完成手柄模型的绘制，如图2-100所示。

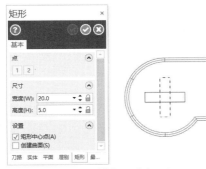

图2-100　手柄模型

实例 024　绘制橡胶接头

 案例源文件：ywj/02/024.mcam

01 单击【线框】选项卡【圆弧】组中的【已知点画圆】按钮⊙，绘制圆形，半径为50，如图2-101所示。

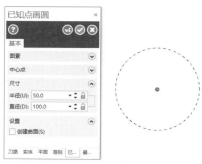

图2-101　绘制半径为50的圆形

02 创建拉伸实体，距离为10，形成法兰基体，如图2-102所示。

图2-102　创建拉伸特征

03 绘制4个圆形，半径均为6，如图2-103所示。

04 创建拉伸切割实体，距离为10，如图2-104所示。

05 绘制两个圆形，半径分别为23、40，如图2-105所示。

图2-103　绘制4个圆形

图2-104　创建拉伸切割特征

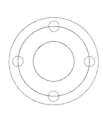

图2-105　绘制两个圆形

06 平移图形，距离为60，如图2-106所示。

图2-106　平移圆形

07 单击【实体】选项卡【创建】组中的【举升】按钮，创建举升实体，形成接头部分，如图2-107所示。

图2-107　创建举升特征

◎提示·◎

　　在举升操作中选择的各截面串连必须是共面的封闭曲线串连，但各截面间可以不平行。

08 创建实体倒圆角特征，半径为2，如图2-108所示。

图2-108　创建半径为2的圆角

09 单击【实体】选项卡【基本实体】组中的【锥体】按钮▲，创建圆锥体，如图2-109所示。

图2-109　创建圆锥体

10 单击【实体】选项卡【创建】组中的【布尔运算】按钮，创建布尔切割运算，形成空心部分，如图2-110所示。

图2-110　创建布尔切割运算

11 至此完成橡胶接头模型的绘制，如图2-111所示。

图2-111　橡胶接头模型

实例 025　◎案例源文件：ywj/02/025.mcam

绘制连接杆

01 单击【线框】选项卡【圆弧】组中的【已知点画圆】按钮⊙，绘制圆形，半径为10，如图2-112所示。

图2-112　绘制半径为10的圆形

02 创建拉伸实体，距离为30，形成连接杆部分，如图2-113所示。

03 绘制圆形，半径为8，如图2-114所示。

04 创建拉伸实体，距离为6，如图2-115所示。

05 绘制圆形，半径为20，如图2-116所示。

图2-113 创建拉伸特征

图2-114 绘制半径为8的圆形

图2-119 创建拉伸特征

图2-115 创建拉伸特征

图2-116 绘制半径为20的圆形

图2-120 创建拔模特征

06 创建拉伸实体，距离为4，形成圆盘部分，如图2-117所示。

07 绘制圆形，半径为6，如图2-118所示。

图2-117 创建拉伸特征

图2-118 绘制半径为6的圆形

图2-121 创建直角阵列特征

08 创建拉伸实体，距离为30，形成另一边的接头部分，如图2-119所示。

09 单击【实体】选项卡【修剪】组中的【依照实体面拔模】按钮，创建实体拔模特征，如图2-120所示。

10 单击【实体】选项卡【创建】组中的【直角坐标阵列】按钮，创建直角阵列特征，如图2-121所示。

11 单击【实体】选项卡【创建】组中的【布尔运算】按钮，创建布尔结合运算，如图2-122所示。

图2-122 创建布尔结合运算

12 单击【实体】选项卡【修剪】组中的【抽壳】按钮，创建抽壳特征，如图2-123所示。

图2-123　创建抽壳特征

13 至此完成连接杆模型的绘制，如图2-124所示。

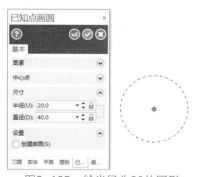

图2-124　连接杆模型

实例 026

案例源文件：ywj/02/026. mcam

绘制阶梯轴

01 单击【线框】选项卡【圆弧】组中的【已知点画圆】按钮，绘制圆形，半径为20，如图2-125所示。

图2-125　绘半径为20的圆形

02 创建拉伸实体，距离为20，形成轴1，如图2-126所示。

03 单击【实体】选项卡【基本实体】组中的【圆柱】按钮，创建圆柱实体，形成轴2，如图2-127所示。

图2-126　创建拉伸特征

图2-127　创建半径为26的圆柱体

04 继续创建圆柱实体，形成轴3，如图2-128所示。

图2-128　创建半径为30的圆柱体

05 接着创建圆柱实体，形成轴4，如图2-129所示。

06 再次创建圆柱实体，形成轴5，如图2-130所示。

07 绘制矩形图形，尺寸为20×60，如图2-131所示。

图2-129　创建半径为24的圆柱体

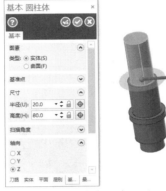

图2-130　创建半径为20的圆柱体

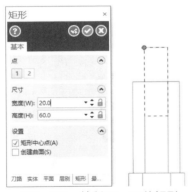

图2-131　绘制20×60的矩形

08 绘制圆形并修剪，如图2-132所示。

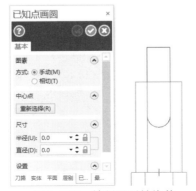

图2-132　绘制圆形并修剪

09 平移图形，距离为12，如图2-133所示。

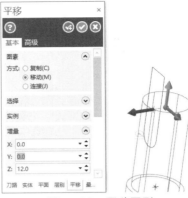

图2-133　平移图形

10 创建拉伸切割实体，距离为20，形成键槽，如图2-134所示。

图2-134　创建拉伸切割特征

11 至此完成阶梯轴模型的绘制，如图2-135所示。

图2-135　阶梯轴模型

实例 027　⊕ 案例源文件：ywvj/02/027. mcam

绘制水瓶

01 单击【线框】选项卡【形状】组中的【矩形】按钮□，绘制矩形图形，尺寸为30×20，

MasterCAM 2020 完全实训手册

如图2-136所示。

图2-136 绘制30×20的矩形

02 创建拉伸实体，距离为60，形成瓶体，如图2-137所示。

图2-137 创建拉伸特征

03 单击【实体】选项卡【修剪】组中的【不同距离倒角】按钮，创建不同距离的倒角，如图2-138所示。

图2-138 创建不同距离的倒角

04 单击【实体】选项卡【修剪】组中的【单一距离倒角】按钮，创建实体倒角特征，如图2-139所示。

05 绘制圆形，半径为4，如图2-140所示。

图2-139 创建单一距离倒角

图2-140 绘制半径为4的圆形

06 创建拉伸实体，距离为2，形成连接部分，如图2-141所示。

07 创建圆柱实体，如图2-142所示。

图2-141 创建拉伸特征

图2-142 创建半径为5的圆柱体

08 继续创建圆柱实体，形成瓶口，如图2-143所示。

09 单击【实体】选项卡【修剪】组中的【固定半倒圆角】按钮，创建实体倒圆角特征，半径为1，如图2-144所示。

图2-143 创建半径为4的圆柱体

图2-144 创建半径为1的圆角

10 至此就完成了水瓶模型的绘制，如图2-145所示。

图2-145 水瓶模型

绘制滑轮

01 单击【线框】选项卡【圆弧】组中的【已知点画圆】按钮⊙，绘制圆形，半径为10，如图2-146所示。

图2-146　绘制半径为10的圆形

02 单击【线框】选项卡【绘线】组中的【连续线】按钮，绘制直线并修剪，直线距离圆心50，如图2-147所示。

图2-147　绘制直线图形并修剪

03 创建拉伸实体，距离为20，形成限位装置主体，如图2-148所示。

图2-148　创建拉伸特征

04 绘制矩形图形，尺寸为70×15，如图2-149所示。

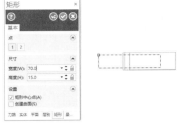

图2-149　绘制70×15的矩形

05 创建拉伸实体，距离为30，形成卡槽，如图2-150所示。

图2-150　创建拉伸切割特征

06 绘制圆形，半径为30，如图2-151所示。

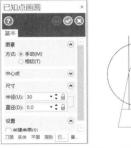

图2-151　绘制半径为30的圆形

07 创建拉伸实体，距离为14，形成轮子，如图2-152所示。

图2-152　创建拉伸特征

08 单击【实体】选项卡【基本实体】组中的【圆环】按钮◎，创建圆环实体，如图2-153所示。

图2-153　创建圆环体

09 单击【转换】选项卡【位置】组中的【平移】按钮◢，平移图形，距离为7，如图2-154所示。

图2-154　平移圆环特征

10 单击【实体】选项卡【创建】组中的【布尔运算】按钮◈，创建布尔运算，形成凹槽，如图2-155所示。

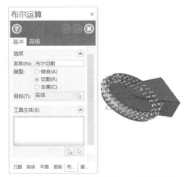

图2-155　创建布尔切割运算

11 至此完成滑轮模型的绘制，如图2-156所示。

图2-156　滑轮模型

创建阀门

01 单击【线框】选项卡【圆弧】组中的【已知点画圆】按钮⊙，绘制圆形，半径为100，如图2-157所示。

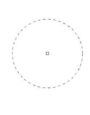

图2-157　绘制半径为100的圆形

02 创建拉伸实体，距离为10，形成阀门边缘，如图2-158所示。

图2-158　创建拉伸特征

03 创建圆柱实体，形成阀门主体，如图2-159所示。

图2-159　创建半径为80的圆柱体

04 继续创建圆柱实体，形成阀门边缘，如图2-160所示。

图2-160 创建半径为100的圆柱体

05 再次创建圆柱实体，如图2-161所示。

图2-161 创建半径为76的圆柱体

06 单击【实体】选项卡【创建】组中的【布尔运算】按钮，创建布尔结合运算，如图2-162所示。

图2-162 创建布尔结合运算

07 继续创建布尔切割运算，如图2-163所示。

图2-163 创建布尔切割运算

08 绘制圆形，半径为10，如图2-164所示。

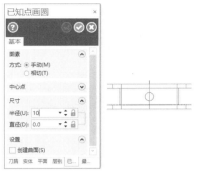

图2-164 绘制半径为10的圆形

09 创建拉伸实体，距离为200，形成阀芯，如图2-165所示。

图2-165 创建拉伸特征

10 创建圆柱实体，如图2-166所示。

图2-166 创建半径为20的圆柱体

11 继续创建圆柱实体，形成阀芯片，如图2-167所示。

12 单击【转换】选项卡【位置】组中的【平移】按钮，平移图形，距离为30，如图2-168所示。

13 至此完成阀门模型的绘制，如图2-169所示。

图2-167 创建半径为76的圆柱体

图2-168 移动圆柱体

图2-169 阀门模型

实例 030 ◉ 案例源文件: ywj/02/030. mcam

绘制手轮

01 首先绘制圆形，半径为100，如图2-170所示。

图2-170 绘制半径为100的圆形

02 创建拉伸实体，距离为20，如图2-171所示。

图2-171 创建拉伸特征

03 创建圆柱实体，如图2-172所示。

图2-172 创建圆柱体

04 单击【实体】选项卡【创建】组中的【布尔运算】按钮，创建布尔切割运算，形成圆环，如图2-173所示。

图2-173 创建布尔切割运算

05 单击【实体】选项卡【修剪】组中的【固定半倒圆角】按钮，创建实体倒圆角特征，半径为3，如图2-174所示。

06 创建圆柱实体，形成手轮中心部分，如图2-175所示。

图2-174　创建半径为3的圆角

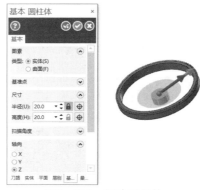

图2-175　创建圆柱体

07 单击【线框】选项卡【圆弧】组中的【三点画弧】按钮，绘制三点圆弧，如图2-176所示。

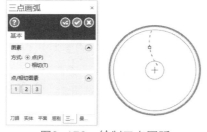

图2-176　绘制三点圆弧

08 绘制圆形，半径为6，如图2-177所示。

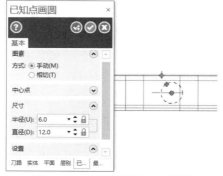

图2-177　绘制半径为6的圆形

09 单击【实体】选项卡【创建】组中的【扫描】按钮，创建扫描实体，形成连接部分，如图2-178所示。

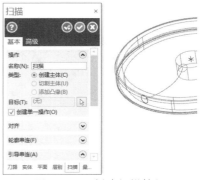

图2-178　创建扫描特征

10 创建圆柱实体，如图2-179所示。

图2-179　创建圆柱体

11 至此完成手轮模型的绘制，如图2-180所示。

图2-180　手轮模型

实例 031　绘制拨轮零件

案例源文件：ywj/02/031.mcam

01 单击【线框】选项卡【圆弧】组中的【已知点画圆】按钮，绘制圆形，半径为50，如图2-181所示。

02 创建拉伸实体，距离为30，形成主体部分，如图2-182所示。

图2-181　绘制半径为50的圆形

图2-182　创建拉伸特征

03 单击【实体】选项卡【修剪】组中的【固定半倒圆角】按钮●，创建实体倒圆角特征，半径为6，如图2-183所示。

图2-183　创建半径为6的圆角

04 绘制圆形，半径为6，如图2-184所示。

图2-184　绘制半径为6的圆形

05 旋转复制图形，角度为120°，如图2-185所示。

图2-185　创建圆形阵列

06 创建拉伸实体，距离为30，形成棘槽部分，如图2-186所示。

图2-186　创建拉伸特征

07 创建圆柱实体，如图2-187所示。

图2-187　创建圆柱体

08 单击【实体】选项卡【创建】组中的【布尔运算】按钮●，创建布尔切割运算，形成槽，如图2-188所示。

09 绘制圆形，半径为5，如图2-189所示。

10 旋转复制图形，角度为180°，如图2-190所示。

11 创建拉伸切割实体，距离为30，形成孔特征，如图2-191

所示。

图2-188　创建布尔切割运算

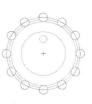

图2-189　绘制半径为5的圆形

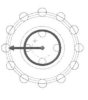

图2-190　旋转复制圆形

图2-191　创建拉伸切割特征

12 至此完成拨轮零件模型的绘制，如图2-192所示。

图2-192　拨轮零件模型

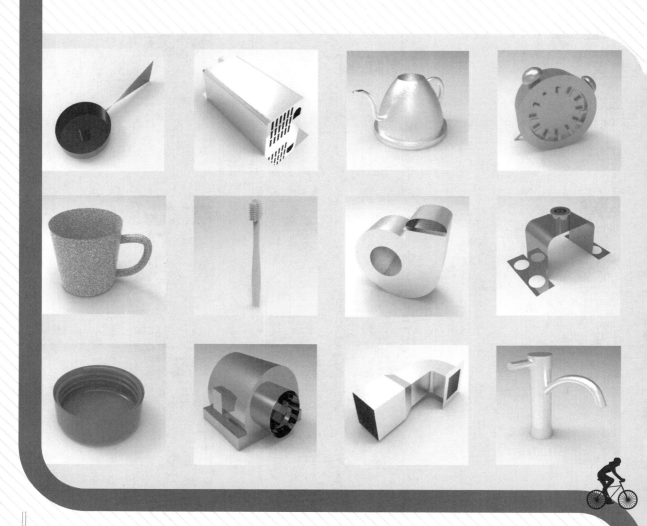

第 **3** 章　曲面造型

绘制风扇扇叶

01 单击【曲面】选项卡【基本曲面】组中的【圆柱】按钮█，创建圆柱曲面，如图3-1所示。

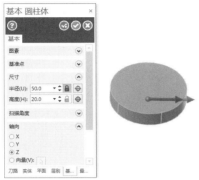

图3-1　创建圆柱体

02 选择圆柱曲面的平面，按Del键进行删除，形成风扇中心部分，如图3-2所示。

图3-2　删除面图素

03 单击【线框】选项卡【绘线】组中的【连续线】按钮╱，绘制45°斜线，如图3-3所示。

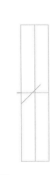

图3-3　绘制斜线

04 单击【转换】选项卡【位置】组中的【投影】按钮☝，创建投影曲线，如图3-4所示。

05 绘制长度为60的直线，如图3-5所示。

06 单击【转换】选项卡【位置】组中的【平移】按钮▱，平移图形，距离为200，如图3-6所示。

图3-4　创建投影曲线

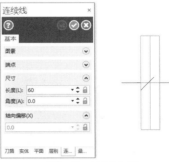

图3-5　绘制直线

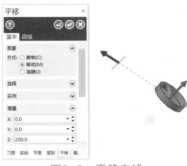

图3-6　平移直线

07 单击【曲面】选项卡【创建】组中的【举升】按钮█，创建举升曲面，形成扇叶，如图3-7所示。

图3-7　创建直纹举升曲面

⊙提示•°
　　当需要对多个剖面线框进行串连操作时，一定要注意串连的顺序，因为串连的顺序不同，创建的曲面结构也不同。

08 绘制圆形，半径为10，如图3-8所示。

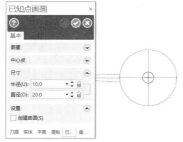

图3-8　绘制半径为10的圆形

09 单击【曲面】选项卡【创建】组中的【拉伸曲面】按钮，创建拉伸曲面，如图3-9所示。

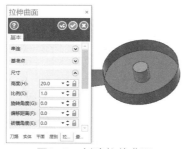

图3-9　创建拉伸曲面

10 完成风扇扇叶模型的绘制，如图3-10所示。

图3-10　风扇扇叶模型

实例 033　　🔲 案例源文件：ywj/03/033.mcam

绘制充电器

01 单击【线框】选项卡【形状】组中的【矩形】按钮□，绘制矩形图形，尺寸为80×60，如图3-11所示。

图3-11　绘制80×60的矩形

02 单击【曲面】选项卡【创建】组中的【拉伸曲面】按钮，创建拉伸曲面，形成基体，如图3-12所示。

图3-12　创建拉伸曲面

> ◎提示·○
>
> 拉伸曲面是以封闭的曲线串连为基础，产生一个包括顶面与底面的封闭曲面。

03 单击【曲面】选项卡【修剪】组中的【曲面圆角到曲面】按钮，创建曲面圆角，半径为6，如图3-13所示。

图3-13　创建曲面圆角

04 单击【曲面】选项卡【修剪】组中的【分割曲面】按钮，分割圆角曲面，如图3-14所示。

图3-14　分割曲面

> ◎提示·○
>
> 分割曲面是指将原始曲面按指定的位置和方向，分割成两个独立的曲面。在所选曲面上出现一个移动箭头，根据提示移动箭头决定取舍。

05 单击【曲面】选项卡【修剪】组中的【曲面圆角到曲面】按钮，创建另一侧的曲面圆角，半径为6，如图3-15所示。

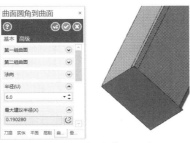

图3-15　创建曲面圆角

06 单击【曲面】选项卡【修剪】组中的【分割曲面】按钮，分割圆角曲面，如图3-16所示。

图3-16　分割曲面

07 单击【曲面】选项卡【修剪】组中的【曲面延伸】按钮，创建延伸曲面，如图3-17所示。

图3-17　曲面延伸

08 再次创建对称的延伸曲面，如图3-18所示。

图3-18　创建对称的曲面延伸

09 绘制矩形图形，尺寸为4×14，如图3-19所示。

10 单击【转换】选项卡【位置】组中的【平移】按钮，平移图形，距离为30、20，如图3-20所示。

图3-19　绘制4×14的矩形

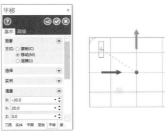

图3-20　移动矩形

11 单击【转换】选项卡【位置】组中的【直角阵列】按钮，阵列图形，实例为3，距离为16，如图3-21所示。

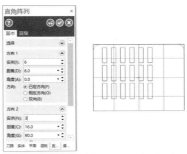

图3-21　创建矩形的直角阵列

12 单击【曲面】选项卡【修剪】组中的【修剪到曲线】按钮，使用曲线修剪曲面，形成散热孔，如图3-22所示。

图3-22　修剪曲面

13 绘制矩形图形，尺寸为18×16，如图3-23所示。

14 单击【线框】选项卡【修剪】组中的【倒角】按钮，绘制倒角，距离为5，如图3-24所示。

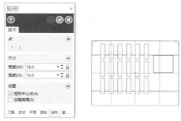

图3-23 绘制18×16的矩形

图3-24 绘制距离为5的倒角

15 创建拉伸曲面，如图3-25所示。

图3-25 创建拉伸曲面

16 单击【曲面】选项卡【修剪】组中的【修剪到曲线】按钮⊕，使用曲线修剪曲面，形成插头孔，如图3-26所示。

图3-26 修剪曲面

17 至此完成充电器模型的绘制，如图3-27所示。

图3-27 充电器模型

实例034 ◎ 案例源文件 ywj/03/034.mcam

绘制画笔

01 单击【线框】选项卡【圆弧】组中的【已知点画圆】按钮⊙，绘制圆形，半径为10，如图3-28所示。

图3-28 绘制半径为10的圆形

02 创建拉伸曲面，如图3-29所示。

图3-29 创建拉伸曲面

03 绘制同心圆，半径分别为11、14，如图3-30所示。

图3-30 绘制同心圆

04 单击【转换】选项卡【位置】组中的【平移】按钮⊡，平移图形，距离为30，如图3-31所示。

05 单击【曲面】选项卡【创建】组中的【举

升】按钮▦，创建举升曲面，形成笔箍部分，如图3-32所示。

图3-31　平移圆形

图3-32　创建直纹举升曲面

06 单击【线框】选项卡【曲线】组中的【手动画曲线】按钮✐，绘制曲线图形，如图3-33所示。

图3-33　绘制曲线

07 绘制直线，如图3-34所示。

图3-34　绘制直线

08 单击【曲面】选项卡【创建】组中的【旋转曲面】按钮◖，创建旋转曲面，形成笔尖，如图3-35所示。

图3-35　创建旋转曲面

◖提示·◗

旋转曲面是将选择的曲线串连，按指定的旋转轴旋转一定角度而生成的曲面。在创建旋转曲面之前，需要绘制好一条或多条旋转母线和旋转轴。

09 至此完成画笔模型的绘制，如图3-36所示。

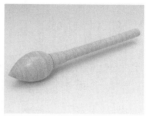

图3-36　画笔模型

实例 035 　　◉案例源文件：ywj/03/035.mcam

绘制操作杆

01 单击【线框】选项卡【圆弧】组中的【已知点画圆】按钮◉，绘制圆形，半径为20，如图3-37所示。

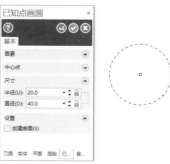

图3-37　绘制半径为20的圆形

02 单击【曲面】选项卡【创建】组中的【拉伸曲面】按钮，创建拉伸曲面，形成杆主体，如图3-38所示。

图3-38　创建拉伸曲面

03 单击【线框】选项卡【绘线】组中的【连续线】按钮，绘制直线图形，长度为30、5、10，如图3-39所示。

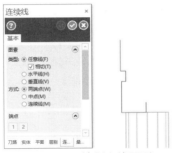

图3-39　绘制直线图形

04 单击【曲面】选项卡【创建】组中的【旋转曲面】按钮，创建旋转曲面，如图3-40所示。

图3-40　创建旋转曲面

05 绘制圆形，半径为20，如图3-41所示。

图3-41　绘制半径为20的圆形

06 创建拉伸曲面，形成杆的端部，如图3-42所示。

图3-42　创建拉伸曲面

07 单击【线框】选项卡【曲线】组中的【手动画曲线】按钮，绘制曲线图形，如图3-43所示。

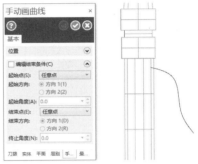

图3-43　绘制曲线

08 绘制圆形，半径为3，如图3-44所示。

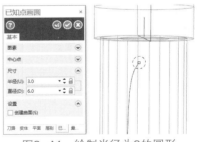

图3-44　绘制半径为3的圆形

09 单击【曲面】选项卡【创建】组中的【扫描曲面】按钮，创建扫描曲面，形成手柄部分，如图3-45所示。

图3-45　创建扫描曲面

10 至此完成操作杆模型的绘制，如图3-46所示。

图3-46 操作杆模型

实例 036
◉ 案例源文件：ywj/03/036. mcam

绘制水壶

01 单击【线框】选项卡【圆弧】组中的【已知点画圆】按钮⊕，绘制圆形，半径为50，如图3-47所示。

图3-47 绘制半径为50的圆形

02 单击【曲面】选项卡【创建】组中的【拉伸曲面】按钮📄，创建拉伸曲面，形成底座，如图3-48所示。

图3-48 创建拉伸曲面

03 单击【曲面】选项卡【修剪】组中的【曲面圆角到曲面】按钮📄，创建曲面圆角，半径为5，如图3-49所示。

⊙提示·◦

在选取两个要圆角的曲面时，也可以采用只选取一组曲面的方法来快速选取多个曲面，此时系统将在第一组选取的曲面中自动搜索相交的曲面。

图3-49 创建曲面圆角

04 单击【曲面】选项卡【修剪】组中的【分割曲面】按钮📄，分割曲面圆角，如图3-50所示。

图3-50 分割曲面

05 单击【线框】选项卡【圆弧】组中的【三点画弧】按钮📄，绘制三点圆弧，如图3-51所示。

图3-51 绘制三点圆弧

06 绘制直线，如图3-52所示。

图3-52 绘制直线

07 单击【曲面】选项卡【创建】组中的【旋转曲面】按钮📄，创建旋转曲面，形成壶身，如图3-53所示。

图3-53 创建旋转曲面

08 单击【线框】选项卡【曲线】组中的【手动画曲线】按钮～，绘制曲线图形，如图3-54所示。

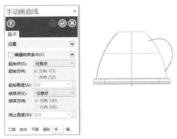

图3-54　绘制曲线

09 绘制圆形，半径为4，如图3-55所示。

图3-55　绘制半径为4的圆形

10 单击【曲面】选项卡【创建】组中的【扫描曲面】按钮🖌，创建扫描曲面，形成手柄，如图3-56所示。

图3-56　创建扫描曲面

11 绘制曲线图形，如图3-57所示。

图3-57　绘制曲线

12 绘制圆形，半径为3，如图3-58所示。

13 单击【曲面】选项卡【创建】组中的【扫描曲面】按钮🖌，创建扫描曲面，形成壶嘴，如图3-59所示。

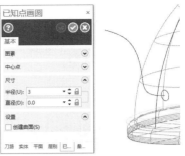

图3-58　绘制半径为3的圆形

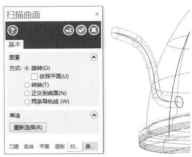

图3-59　创建扫描曲面

14 单击【曲面】选项卡【修剪】组中的【修剪到平面】按钮⊕，使用平面修剪曲面，如图3-60所示。

图3-60　选择修剪平面

15 在【修剪到平面】对话框中，设置修剪参数，创建修剪曲面，如图3-61所示。

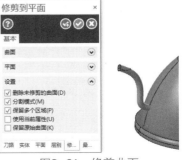

图3-61　修剪曲面

16 至此完成水壶模型的绘制，如图3-62所示。

图3-62　水壶模型

实例 **037**　⊙ 案例源文件：ywj/03/037.mcam

绘制水龙头

01 单击【线框】选项卡【圆弧】组中的【已知点画圆】按钮⊙，绘制圆形，半径为20，如图3-63所示。

图3-63　绘制半径为20的圆形

02 单击【曲面】选项卡【创建】组中的【拉伸曲面】按钮，创建拉伸曲面，形成底座，如图3-64所示。

图3-64　创建拉伸曲面

03 单击【曲面】选项卡【创建】组中的【拉伸曲面】按钮，创建拔模曲面，如图3-65所示。

04 单击【线框】选项卡【曲线】组中的【手动画曲线】按钮，绘制曲线图形，如图3-66所示。

图3-65　创建带拔模角度的拉伸曲面

图3-66　绘制曲线

05 绘制圆形，半径为8，如图3-67所示。

图3-67　绘制半径为8的圆形

06 单击【曲面】选项卡【创建】组中的【扫描曲面】按钮，创建扫描曲面，形成龙头，如图3-68所示。

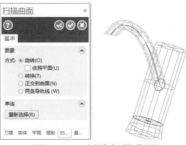

图3-68　创建扫描曲面

07 单击【线框】选项卡【圆弧】组中的【已知点画圆】按钮⊙，绘制圆形，半径为22，如图3-69所示。

08 创建拉伸曲面，如图3-70所示。

图3-69　绘制半径为22的圆形

图3-70　创建拉伸曲面

09 单击【线框】选项卡【形状】组中的【椭圆】按钮○，绘制椭圆图形，尺寸为10×5，如图3-71所示。

图3-71　绘制椭圆

10 创建拉伸曲面，形成手柄，如图3-72所示。

图3-72　创建拉伸曲面

11 至此完成水龙头模型的绘制，如图3-73所示。

图3-73　水龙头模型

实例 038 ⓐ案例源文件：ywj/03/038. mcam

绘制闹钟

01 单击【线框】选项卡【圆弧】组中的【已知点画圆】按钮⊙，绘制圆形，半径为50，如图3-74所示。

图3-74　绘制半径为50的圆形

02 单击【曲面】选项卡【创建】组中的【拉伸曲面】按钮🖫，创建拉伸曲面，形成主体部分，如图3-75所示。

图3-75　创建拉伸曲面

03 绘制圆形，半径为40，如图3-76所示。

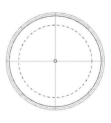

图3-76　绘制半径为40的圆形

04 单击【曲面】选项卡【修剪】组中的【修剪到曲线】按钮⊕，使用曲线修剪曲面，如图3-77所示。

05 创建拉伸曲面，形成表盘，如图3-78所示。

06 绘制矩形图形，尺寸为4×10，如图3-79所示。

图3-77 修剪曲面

图3-78 创建拉伸曲面

图3-79 绘制4×10的矩形

07 旋转复制图形，角度为30°，如图3-80所示。

图3-80 旋转复制矩形

08 平移图形，距离为40，如图3-81所示。

09 创建拉伸曲面，形成刻度，如图3-82所示。

10 单击【线框】选项卡【圆弧】组中的【三点画弧】按钮，绘制三点圆弧，如图3-83所示。

11 绘制斜线，如图3-84所示。

图3-81 平移图形

图3-82 创建拉伸曲面

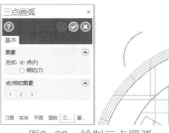

图3-83 绘制三点圆弧

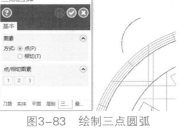

图3-84 绘制斜线

12 单击【曲面】选项卡【创建】组中的【旋转曲面】按钮，创建旋转曲面，形成铃铛，如图3-85所示。

13 继续创建对称的旋转曲面，形成铃铛，如图3-86所示。

图3-85 创建旋转曲面

图3-86 创建旋转曲面

14 再次绘制斜线，如图3-87所示。

15 绘制圆形，半径为2，如图3-88所示。

图3-87 绘制斜线

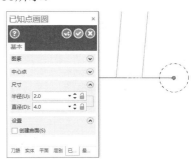

图3-88 绘制半径2的圆形

16 单击【曲面】选项卡【创建】组中的【扫描曲面】按钮，创建扫描曲面，形成支撑腿，如图3-89所示。

17 至此完成闹钟模型的绘制，如图3-90所示。

图3-89　创建扫描曲面

图3-90　闹钟模型

实例039　●案例源文件：ywj/03/039.mcam

绘制播放器壳体

01 单击【线框】选项卡【绘线】组中的【连续线】按钮 ／，绘制直线，长度为20、60，如图3-91所示。

图3-91　绘制直线图形

02 单击【线框】选项卡【修剪】组中的【图素倒圆角】按钮 ⌒，绘制圆角，半径为6，如图3-92所示。

图3-92　绘制半径为6的圆角

03 单击【曲面】选项卡【创建】组中的【拉伸曲面】按钮，创建拉伸曲面，形成主体部分，如图3-93所示。

图3-93　创建拉伸曲面

04 绘制两个圆形，半径均为6，如图3-94所示。

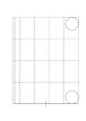

图3-94　绘制两个圆形

05 绘制直线并修剪，如图3-95所示。

图3-95　绘制直线

06 创建拉伸曲面，如图3-96所示。

图3-96　创建拉伸曲面

07 单击【曲面】选项卡【修剪】组中的【修剪到曲面】按钮，使用曲面修剪曲面，如图3-97所示。

> ◉提示•◦
>
> 曲面修剪必须有一个已知的曲面和至少一个图素作为修剪的边界，修剪的边界可以是曲线、曲面和平面。

图3-97　修剪突出的曲面

08 绘制两条直线，如图3-98所示。

图3-98　绘制直线

09 创建拉伸曲面，如图3-99所示。

图3-99　创建拉伸曲面

10 绘制圆形，半径为6，间距为10，如图3-100所示。

图3-100　绘制3个圆形

11 创建拉伸曲面，形成按键，如图3-101所示。

12 至此完成播放器壳体模型的绘制，如图3-102所示。

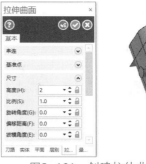

图3-101　创建拉伸曲面

图3-102　播放器壳体模型

实例 040
◎ 案例源文件　ywj/03/040. mcam

绘制水杯

01 单击【线框】选项卡【圆弧】组中的【已知点画圆】按钮⊙，绘制圆形，半径为30，如图3-103所示。

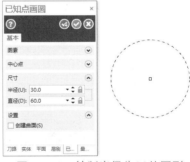

图3-103　绘制半径为30的圆形

02 创建拉伸曲面，形成杯身，如图3-104所示。

图3-104　创建带拔模角度的曲面

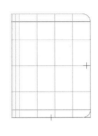

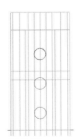

03 单击【曲面】选项卡【修剪】组中的【曲面圆角到曲面】按钮，创建曲面圆角，半径为5，如图3-105所示。

图3-105 创建曲面圆角

04 绘制圆形，半径为25.5，如图3-106所示。

图3-106 绘制半径为25.5的圆形

05 绘制直线，如图3-107所示。

图3-107 绘制直线

06 创建扫描曲面，形成杯底，如图3-108所示。

图3-108 创建扫描曲面

07 绘制曲线图形，如图3-109所示。

图3-109 绘制曲线

08 绘制圆形，半径为4，如图3-110所示。

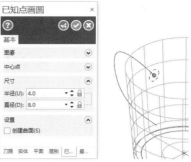

图3-110 绘制半径为4的圆形

09 单击【曲面】选项卡【创建】组中的【扫描曲面】按钮，创建扫描曲面，形成手柄，如图3-111所示。

图3-111 创建扫描曲面

10 单击【曲面】选项卡【修剪】组中的【修剪到曲面】按钮，使用曲面修剪曲面，如图3-112所示。

图3-112 修剪曲面

11 至此完成水杯模型的绘制，如图3-113所示。

图3-113 水杯模型

实例 041

案例源文件：ywj/03/041.mcam

绘制牙刷

01 单击【线框】选项卡【形状】组中的【椭圆】按钮○，绘制椭圆图形，尺寸为10×6，如图3-114所示。

图3-114　绘制10×6的椭圆

02 再次绘制椭圆图形，尺寸为8×4，如图3-115所示。

图3-115　绘制8×4的椭圆

03 继续绘制椭圆图形，尺寸为6×3，如图3-116所示。

图3-116　绘制6×3的椭圆

04 单击【转换】选项卡【位置】组中的【平移】按钮，向上平移中间的椭圆，距离为60，如图3-117所示。

05 向下平移小椭圆，距离为80，如图3-118所示。

图3-117　平移椭圆图形

图3-118　移动第二个椭圆图形

06 单击【曲面】选项卡【创建】组中的【举升】按钮，创建举升曲面，形成柄身，如图3-119所示。

图3-119　创建举升曲面

07 单击【曲面】选项卡【创建】组中的【拉伸曲面】按钮，创建拉伸曲面，形成柄舌部分，如图3-120所示。

图3-120　创建拉伸曲面

08 绘制椭圆图形，尺寸为10×20，如图3-121所示。

图3-121　绘制椭圆

09 创建拉伸曲面，形成刷头，如图3-122所示。

图3-122　创建拉伸曲面

10 绘制圆形，半径为1，如图3-123所示。

图3-123　绘制半径为1的圆形

11 创建拉伸曲面，形成刷毛，如图3-124所示。

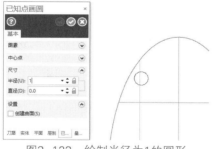

图3-124　创建拉伸曲面

12 单击【转换】选项卡【位置】组中的【直角阵列】按钮，阵列图形，参数设置和结果如图3-125所示。

13 至此完成牙刷模型的绘制，如图3-126所示。

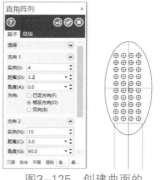

图3-125　创建曲面的　　图3-126　牙刷
　　　直角阵列　　　　　　　　　模型

实例042 　案例源文件：ywij/03/042.mcam

绘制瓶盖

01 单击【线框】选项卡【圆弧】组中的【已知点画圆】按钮⊙，绘制圆形，半径为30，如图3-127所示。

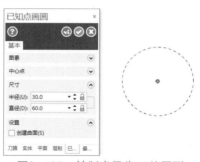

图3-127　绘制半径为30的圆形

02 单击【曲面】选项卡【创建】组中的【拉伸曲面】按钮，创建拉伸曲面，形成主体部分，如图3-128所示。

图3-128　创建拉伸曲面

03 单击【曲面】选项卡【修剪】组中的【曲面圆角到曲面】按钮，创建曲面圆角，半径为5，如图3-129所示。

图3-129　创建曲面圆角

04 绘制直线，如图3-130所示。

图3-130　绘制直线

05 单击【曲面】选项卡【创建】组中的【旋转曲面】按钮，创建旋转曲面，形成补面，如图3-131所示。

图3-131　创建旋转曲面

06 单击【线框】选项卡【形状】组中的【螺旋线(锥度)】按钮，绘制螺旋线，如图3-132所示。

图3-132　创建螺旋线

07 单击【转换】选项卡【位置】组中的【平移】按钮，平移图形，距离为7，如图3-133所示。

08 绘制圆形，半径为1，如图3-134所示。

图3-133　平移曲线

图3-134　绘制半径为1的圆形

09 单击【曲面】选项卡【创建】组中的【扫描曲面】按钮，创建扫描曲面，形成螺纹，如图3-135所示。

图3-135　创建扫描曲面

10 至此完成瓶盖模型的绘制，如图3-136所示。

图3-136　瓶盖模型

实例 043　● 案例源文件：ywj/03/043. mcam

绘制风机外壳

01 单击【线框】选项卡【圆弧】组中的【已知

点画圆】按钮⊕，绘制圆形，半径为100，如图3-137所示。

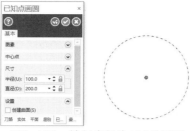

图3-137　绘制半径为100的圆形

02 再次绘制圆形，半径为120，与上步所绘制圆的圆心距为40，如图3-138所示。

图3-138　绘制半径为120的圆形

03 绘制直线并修剪，间距为100，如图3-139所示。

图3-139　绘制直线图形并修剪

04 单击【曲面】选项卡【创建】组中的【拉伸曲面】按钮▦，创建拉伸曲面，形成机壳主体，如图3-140所示。

图3-140　创建拉伸曲面

05 绘制圆形，半径为50，如图3-141所示。

06 单击【曲面】选项卡【修剪】组中的【修剪到曲线】按钮⊕，使用曲线修剪曲面，如图3-142所示。

图3-141　绘制半径为50的圆形

图3-142　修剪曲面

07 单击【曲面】选项卡【创建】组中的【围篱曲面】按钮✿，创建围篱曲面，如图3-143所示。

图3-143　创建围篱曲面

08 单击【曲面】选项卡【修剪】组中的【两曲面熔接】按钮▦，创建熔接曲面，如图3-144所示。

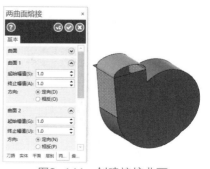

图3-144　创建熔接曲面

09 至此完成风机外壳模型，如图3-145所示。

图3-145　风机外壳模型

实例 044　案例源文件 ywwj/03/044.mcam

绘制通风管道

01 单击【线框】选项卡【形状】组中的【矩形】按钮□，绘制矩形图形，尺寸为70×70，如图3-146所示。

图3-146　绘制70×70的矩形

02 绘制直线，如图3-147所示。

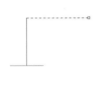

图3-147　绘制直线图形

03 单击【线框】选项卡【修剪】组中的【图素倒圆角】按钮⌒，绘制圆角，半径为50，如图3-148所示。

图3-148　绘制圆角

04 单击【曲面】选项卡【创建】组中的【扫描曲面】按钮✎，创建扫描曲面，形成管道主体，如图3-149所示。

图3-149　创建扫描曲面

05 单击【曲面】选项卡【创建】组中的【围篱曲面】按钮，创建围篱曲面，如图3-150所示。

图3-150　创建围篱曲面

06 单击【曲面】选项卡【修剪】组中的【延伸曲面】按钮，创建延伸曲面，如图3-151所示。

图3-151　创建曲面延伸

07 绘制矩形图形，尺寸为90×90，如图3-152所示。

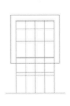

图3-152　绘制90×90的矩形

08 再次绘制矩形图形，尺寸为70×70，如图3-153所示。

图3-153 绘制70×70的矩形

09 单击【转换】选项卡【位置】组中的【平移】按钮，平移图形，距离为200，如图3-154所示。

图3-154 平移矩形

10 单击【曲面】选项卡【创建】组中的【拉伸曲面】按钮，创建拉伸曲面，形成管道另一端部分，如图3-155所示。

图3-155 创建拉伸曲面

11 单击【曲面】选项卡【创建】组中的【举升】按钮，创建举升曲面，如图3-156所示。

图3-156 创建举升曲面

12 至此完成通风管道模型的绘制，如图3-157所示。

图3-157 通风管道模型

实例 045 案例源文件：ywj/03/045.mcam

绘制底座

01 单击【线框】选项卡【形状】组中的【矩形】按钮，绘制矩形图形，尺寸为60×40，如图3-158所示。

图3-158 绘制60×40的矩形

02 单击【线框】选项卡【修剪】组中的【图素倒圆角】按钮，绘制圆角，半径为10，如图3-159所示。

图3-159 绘制半径为10的圆角

03 单击【曲面】选项卡【创建】组中的【拉伸曲面】按钮，创建拉伸曲面，形成底座主体，如图3-160所示。

图3-160 创建拉伸曲面

04 绘制同心圆，半径分别为6、10，如图3-161所示。

图3-161 绘制同心圆

05 单击【曲面】选项卡【创建】组中的【拉伸曲面】按钮，创建拉伸曲面，形成接口，如图3-162所示。

图3-162 创建高度为10的拉伸曲面

06 再次创建拉伸曲面，形成接口较细的部分，如图3-163所示。

图3-163 创建高度为20的拉伸曲面

07 单击【线框】选项卡【曲线】组中的【曲面交线】按钮，创建两个曲面的交线，如图3-164所示。

图3-164 创建曲面交线

08 单击【曲面】选项卡【修剪】组中的【修剪

到曲线】按钮，使用曲线修剪曲面，如图3-165所示。

图3-165 修剪曲面

09 单击【曲面】选项卡【修剪】组中的【修剪到曲面】按钮，使用曲面修剪曲面，如图3-166所示。

图3-166 修剪曲面

10 绘制两个矩形图形，尺寸均为20×60，如图3-167所示。

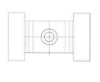

图3-167 绘制20×60的矩形

11 单击【曲面】选项卡【创建】组中的【网格】按钮，创建网格曲面，形成支撑部分，如图3-168所示。

图3-168 创建平面修剪

12 绘制4个圆形，半径均为8，如图3-169所示。

图3-169　绘制半径为8的圆形

13 单击【曲面】选项卡【修剪】组中的【修剪到曲线】按钮⊕，使用曲线修剪曲面，如图3-170所示。

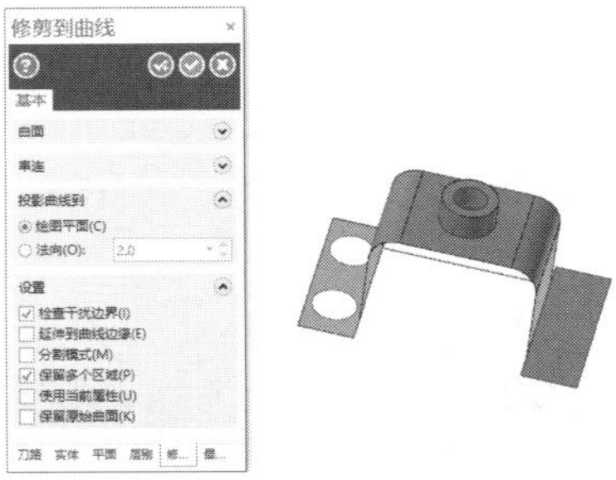

图3-170　修剪曲面

14 至此完成底座模型的绘制，如图3-171所示。

图3-171　底座模型

实例 046　绘制变速壳体
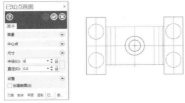
案例源文件：ywj/03/046.mcam

01 单击【线框】选项卡【圆弧】组中的【已知点画圆】按钮⊕，绘制圆形，半径为100，如图3-172所示。

图3-172　绘制半径为100的圆形

02 绘制矩形图形，尺寸为240×30，如图3-173所示。

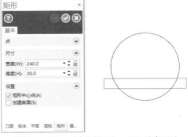

图3-173　绘制240×30的矩形

03 单击【线框】选项卡【修剪】组中的【修剪到图素】按钮，修剪图形，如图3-174所示。

图3-174　修剪图形

04 单击【曲面】选项卡【创建】组中的【拉伸曲面】按钮，创建拉伸曲面，形成主体部分，如图3-175所示。

图3-175　创建拉伸曲面

05 绘制圆形，半径为55，如图3-176所示。

图3-176　绘制半径为55的圆形

06 单击【转换】选项卡【位置】组中的【平移】按钮，平移图形，距离为200，如图3-177所示。

图3-177 平移圆形

07 单击【曲面】选项卡【创建】组中的【拉伸曲面】按钮，创建拉伸曲面，如图3-178所示。

图3-178 创建拉伸曲面

08 单击【曲面】选项卡【创建】组中的【拉伸曲面】按钮，创建对称的拉伸曲面，如图3-179所示。

图3-179 创建对称的拉伸曲面

09 单击【曲面】选项卡【修剪】组中的【修剪到曲线】按钮，使用曲线修剪曲面，形成孔洞，如图3-180所示。

图3-180 修剪曲面

10 绘制矩形图形，尺寸为50×50，如图3-181所示。

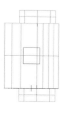

图3-181 绘制50×50的矩形

11 创建拉伸曲面，形成侧盖，如图3-182所示。

图3-182 创建拉伸曲面

12 单击【曲面】选项卡【修剪】组中的【修剪到曲面】按钮，使用曲面修剪曲面，如图3-183所示。

图3-183 修剪曲面

13 至此完成变速壳体模型的绘制，如图3-184所示。

图3-184 变速壳体模型

实例 047 案例源文件：ywj/03/047.mcam

绘制手柄

01 单击【线框】选项卡【形状】组中的【矩

形】按钮□，绘制矩形图形，尺寸为60×20，如图3-185所示。

图3-185　绘制60×20的矩形

02 在矩形两端绘制圆形并修剪，如图3-186所示。

图3-186　绘制圆形并修剪

03 单击【曲面】选项卡【创建】组中的【拉伸曲面】按钮，创建拉伸曲面，形成底座，如图3-187所示。

图3-187　创建拉伸曲面

04 绘制同心圆，半径分别为6、8，如图3-188所示。

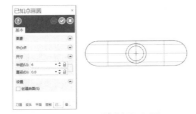

图3-188　绘制同心圆

05 单击【转换】选项卡【位置】组中的【平移】按钮，平移图形，距离为30，如图3-189所示。

图3-189　平移圆形

06 单击【曲面】选项卡【创建】组中的【举升】按钮，创建举升曲面，形成连接部分，如图3-190所示。

图3-190　创建举升曲面

07 单击【曲面】选项卡【基本曲面】组中的【球体】按钮，创建球体曲面，如图3-191所示。

图3-191　创建球体

08 单击【线框】选项卡【圆弧】组中的【三点画弧】按钮，绘制三点圆弧，如图3-192所示。

图3-192　绘制三点圆弧

09 绘制椭圆图形，尺寸为6×3，如图3-193所示。

图3-193　绘制椭圆

10 单击【曲面】选项卡【创建】组中的【扫描曲面】按钮，创建扫描曲面，形成手柄，如图3-194所示。

图3-194　创建扫描曲面

11 至此完成手柄模型的绘制，如图3-195所示。

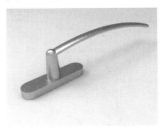

图3-195　手柄模型

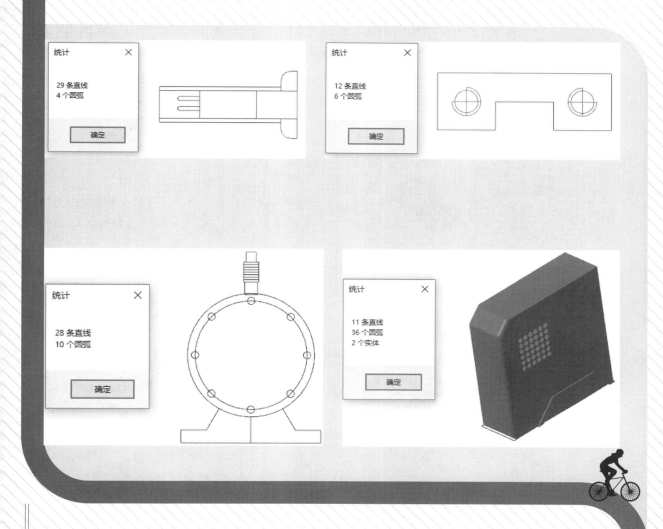

第 **4** 章　图形分析

固定座图形分析

01 单击【主页】选项卡【分析】组中的【图素分析】按钮，进行拉伸特征图素分析，如图4-1所示。

图4-1　基体图素分析

02 再次进行拉伸特征图素分析，如图4-2所示。

图4-2　凸台图素分析

◎提示·◎

　　选择实体特征进行图素分析可以分析指定编号的图素属性信息。

03 单击【主页】选项卡【分析】组中的【动态分析】按钮，进行拉伸特征动态分析，如图4-3所示。

图4-3　动态分析

04 单击【主页】选项卡【分析】组中的【位置分析】按钮，进行点的位置分析，如图4-4所示。

图4-4　点分析

05 单击【主页】选项卡【分析】组中的【实体检查】按钮，进行实体检查分析，如图4-5所示。

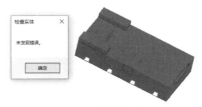

图4-5　检查分析

06 单击【主页】选项卡【分析】组中的【实体属性】按钮，进行拉伸特征属性分析，如图4-6所示。

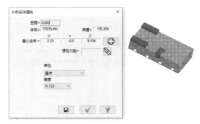

图4-6　分析实体属性

07 单击【主页】选项卡【分析】组中的【距离分析】按钮，进行两点间距离分析，如图4-7所示。

图4-7　距离分析

08 单击【主页】选项卡【分析】组中的【角度分析】按钮 ⚖️，进行两直线的角度分析，如图4-8所示。

图4-8　角度分析

09 单击【主页】选项卡【分析】组中的【拔模角度】按钮 ⚙️，进行拔模特征的角度分析，如图4-9所示。

图4-9　拔模角度分析

10 单击【主页】选项卡【分析】组中的【2D区域】按钮 ⊞，进行2D平面面积分析，如图4-10所示。

图4-10　平面面积分析

11 单击【主页】选项卡【分析】组中的【曲面面积】按钮 ⊞，进行曲面面积分析，如图4-11所示。

图4-11　曲面面积分析

12 单击【主页】选项卡【分析】组中的【串连分析】按钮 ✗，进行图素串连分析，如图4-12所示。

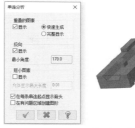

图4-12　串连分析

13 单击【主页】选项卡【分析】组中的【外形分析】按钮 ⊙，进行拉伸特征外形分析，如图4-13所示。

图4-13　外形分析

14 单击【主页】选项卡【分析】组中的【统计】按钮 Σ，进行实体统计分析，如图4-14所示。

图4-14　实体统计分析

实例 049

案例源文件：ywj/04/049.mcam

机箱图形分析

01 单击【主页】选项卡【分析】组中的【图素分析】按钮 ✗，进行拉伸特征分析，如图4-15所示。

图4-15　图素分析

02 单击【主页】选项卡【分析】组中的【动态分析】按钮，进行动态分析，如图4-16所示。

图4-16 动态分析

◎提示·◎

动态分析可以分析指定图素上任意位置的信息，指定分析的图素可以是直线、圆弧、样条曲线、曲面和实体等。

03 单击【主页】选项卡【分析】组中的【位置分析】按钮，进行点的位置分析，如图4-17所示。

图4-17 点分析

04 单击【主页】选项卡【分析】组中的【实体属性】按钮，进行实体属性分析，如图4-18所示。

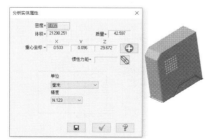

图4-18 实体属性分析

05 单击【主页】选项卡【分析】组中的【距离分析】按钮，进行两点间距离分析，如图4-19所示。

图4-19 距离分析

06 单击【主页】选项卡【分析】组中的【角度分析】按钮，进行两直线的角度分析，如图4-20所示。

图4-20 角度分析

07 单击【主页】选项卡【分析】组中的【2D区域】按钮，进行2D平面面积分析，如图4-21所示。

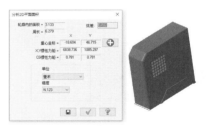

图4-21 平面面积分析

08 单击【主页】选项卡【分析】组中的【曲面面积】按钮，进行曲面面积分析，如图4-22所示。

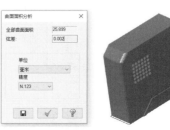

图4-22 曲面面积分析

09 单击【主页】选项卡【分析】组中的【串连分析】按钮 ，进行图素串连分析，如图4-23所示。

图4-23　串连分析

10 单击【主页】选项卡【分析】组中的【外形分析】按钮 ，进行外形分析，如图4-24所示。

图4-24　外形分析

11 单击【主页】选项卡【分析】组中的【统计】按钮 ，进行实体统计分析，如图4-25所示。

图4-25　实体统计分析

实例 050

◎案例源文件：ywj/04/050.mcam

USB头图形分析

01 单击【主页】选项卡【分析】组中的【图素分析】按钮 ，进行印模特征分析，如图4-26所示。

02 单击【主页】选项卡【分析】组中的【动态分析】按钮 ，进行动态分析，如图4-27所示。

03 单击【主页】选项卡【分析】组中的【位置分析】按钮 ，进行点的位置分析，如图4-28所示。

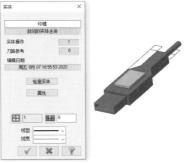

图4-26　印模特征分析

图4-27　动态分析

图4-28　点分析

04 单击【主页】选项卡【分析】组中的【实体属性】按钮 ，进行实体属性分析，如图4-29所示。

图4-29　实体属性分析

> ◎提示·◎
>
> 　实体属性分析可以测量指定实体的体积、质量和重心坐标等。

05 单击【主页】选项卡【分析】组中的【距离分析】按钮 ✎，进行两点间距离分析，如图4-30所示。

图4-30　距离分析

06 单击【主页】选项卡【分析】组中的【角度分析】按钮 ⊿，进行两直线的角度分析，如图4-31所示。

图4-31　角度分析

07 单击【主页】选项卡【分析】组中的【2D区域】按钮 ⊞，进行2D平面面积分析，如图4-32所示。

图4-32　平面面积分析

08 单击【主页】选项卡【分析】组中的【曲面面积】按钮 ⊞，进行曲面面积分析，如图4-33所示。

图4-33　曲面面积分析

09 单击【主页】选项卡【分析】组中的【串连分析】按钮 ✎，进行图素串连分析，如图4-34所示。

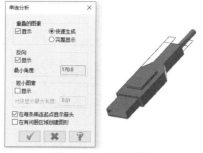

图4-34　串连分析

10 单击【主页】选项卡【分析】组中的【外形分析】按钮 ◌，进行外形分析，如图4-35所示。

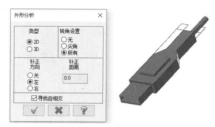

图4-35　外形分析

11 单击【主页】选项卡【分析】组中的【统计】按钮 Σ，进行实体统计分析，如图4-36所示。

图4-36　实体统计分析

实例 051　体模轮草图分析

案例源文件：ywj/04/051.mcam

01 单击【主页】选项卡【分析】组中的【图素分析】按钮 ✎，进行圆弧图素分析，如图4-37所示。

02 单击【主页】选项卡【分析】组中的【动态分析】按钮 ✎，进行动态分析，如图4-38所示。

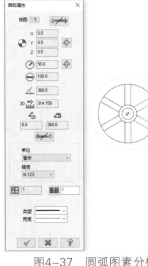

图4-37 圆弧图素分析

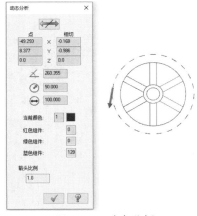

图4-38 动态分析

03 单击【主页】选项卡【分析】组中的【位置分析】按钮，进行点的位置分析，如图4-39所示。

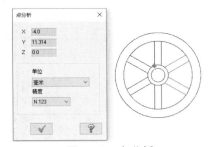

图4-39 点分析

04 单击【主页】选项卡【分析】组中的【图素分析】按钮，进行圆弧图素分析，如图4-40所示。

05 单击【主页】选项卡【分析】组中的【距离分析】按钮，进行两点间距离分析，如图4-41所示。

图4-40 圆弧分析

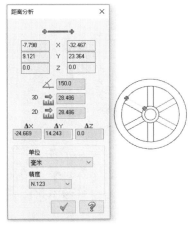

图4-41 距离分析

◎提示·◎

距离分析即两点间距，可以测量两点之间的距离。

06 单击【主页】选项卡【分析】组中的【分析沿曲线距离】按钮，进行沿曲线距离的分析，如图4-42所示。

图4-42 沿曲线分析距离

07 单击【主页】选项卡【分析】组中的【角度分析】按钮 ⚿️，进行两直线的角度分析，如图4-43所示。

图4-43　角度分析

08 单击【主页】选项卡【分析】组中的【2D区域】按钮 🔲️，进行2D平面面积分析，如图4-44所示。

图4-44　平面面积分析

09 单击【主页】选项卡【分析】组中的【串连分析】按钮 ⚙️，进行图素串连分析，如图4-45所示。

图4-45　串连分析

10 单击【主页】选项卡【分析】组中的【外形分析】按钮 ⚿️，进行外形分析，如图4-46所示。

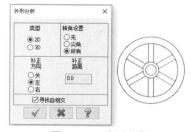

图4-46　外形分析

11 单击【主页】选项卡【分析】组中的【统计】按钮 Σ，进行实体统计分析，如图4-47所示。

图4-47　实体统计分析

实例 052　◎案例源文件：ywj/04/052.mcam

轴套草图分析

01 单击【主页】选项卡【分析】组中的【图素分析】按钮 ⚿️，进行直线图素分析，如图4-48所示。

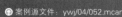

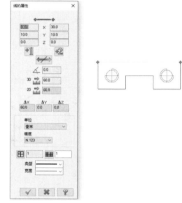

图4-48　直线图素分析

02 单击【主页】选项卡【分析】组中的【动态分析】按钮 ⚿️，进行圆弧动态分析，如图4-49所示。

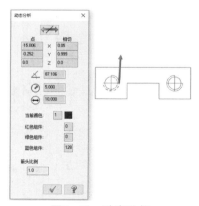

图4-49　动态分析

03 单击【主页】选项卡【分析】组中的【位置分析】按钮 ⚿️，进行点的位置分析，如图4-50所示。

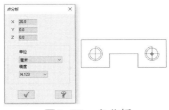

图4-50 点分析

04 单击【主页】选项卡【分析】组中的【图素分析】按钮，进行圆弧图素分析，如图4-51所示。

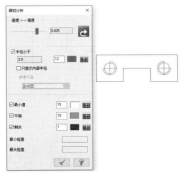

图4-51 圆弧图素分析

05 单击【主页】选项卡【分析】组中的【距离分析】按钮，进行两点间距离分析，如图4-52所示。

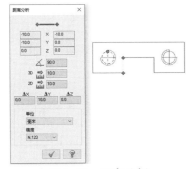

图4-52 距离分析

06 单击【主页】选项卡【分析】组中的【分析沿曲线距离】按钮，进行沿曲线距离的分析，如图4-53所示。

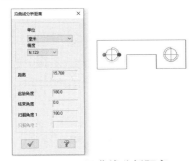

图4-53 沿曲线分析距离

07 单击【主页】选项卡【分析】组中的【角度分析】按钮，进行两直线的角度分析，如图4-54所示。

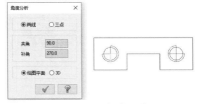

图4-54 角度分析

◎提示•◦

角度分析可以测量两条直线所组成的角度值。

08 单击【主页】选项卡【分析】组中的【2D区域】按钮，进行2D平面面积分析，如图4-55所示。

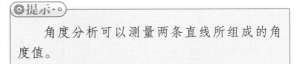

图4-55 平面面积分析

09 单击【主页】选项卡【分析】组中的【串连分析】按钮，进行图素串连分析，如图4-56所示。

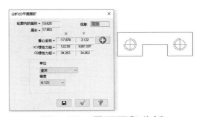

图4-56 串连分析

10 单击【主页】选项卡【分析】组中的【外形分析】按钮，进行外形分析，如图4-57所示。

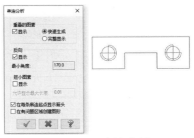

图4-57 外形分析

11 单击【主页】选项卡【分析】组中的【统计】按钮回，进行实体统计分析，如图4-58所示。

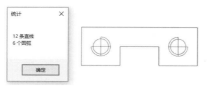

图4-58 实体统计分析

实例 053

⊙ 案例源文件：ywj/04/053.mcam

扇叶草图分析

01 单击【主页】选项卡【分析】组中的【图素分析】按钮\?，进行曲线图素分析，如图4-59所示。

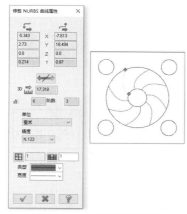

图4-59 曲线图素分析

02 单击【主页】选项卡【分析】组中的【动态分析】按钮\?，进行动态分析，如图4-60所示。

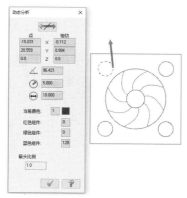

图4-60 动态分析

03 单击【主页】选项卡【分析】组中的【位置分析】按钮+?，进行点的位置分析，如图4-61所示。

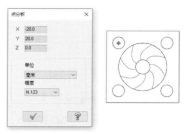

图4-61 点分析

04 单击【主页】选项卡【分析】组中的【距离分析】按钮\，进行两点间距离分析，如图4-62所示。

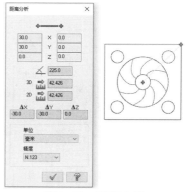

图4-62 距离分析

05 单击【主页】选项卡【分析】组中的【分析沿曲线距离】按钮～，进行沿曲线距离的分析，如图4-63所示。

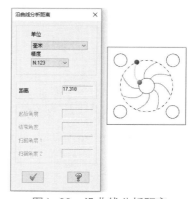

图4-63 沿曲线分析距离

06 单击【主页】选项卡【分析】组中的【角度分析】按钮∠，进行两直线的角度分析，如图4-64所示。

07 单击【主页】选项卡【分析】组中的【2D区域】按钮嚅?，进行2D平面面积分析，如图4-65所示。

图4-64　角度分析

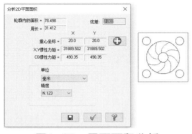

图4-65　平面面积分析

◉提示·◦

　　2D面积分析可以测量指定的串连图素所形成的封闭平面的面积。

08 单击【主页】选项卡【分析】组中的【串连分析】按钮🔧，进行图素串连分析，如图4-66所示。

图4-66　串连分析

09 单击【主页】选项卡【分析】组中的【外形分析】按钮◖?，进行外形分析，如图4-67所示。

图4-67　外形分析

10 单击【主页】选项卡【分析】组中的【统计】按钮∑，进行实体统计分析，如图4-68所示。

图4-68　实体统计分析

实例 054
◉ 案例源文件：ywj/04/054.mcam

插座头草图分析

01 单击【主页】选项卡【分析】组中的【图素分析】按钮🔧，进行直线图素分析，如图4-69所示。

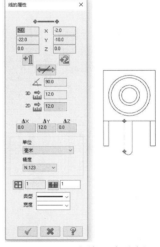

图4-69　直线图素分析

02 单击【主页】选项卡【分析】组中的【动态分析】按钮🔧，进行动态分析，如图4-70所示。

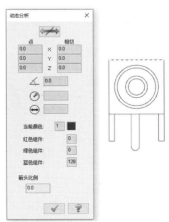

图4-70　动态分析

03 单击【主页】选项卡【分析】组中的【位置分析】按钮╬，进行点的位置分析，如图4-71所示。

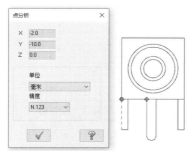

图4-71　点分析

04 单击【主页】选项卡【分析】组中的【图素分析】按钮✎，进行圆弧图素分析，如图4-72所示。

图4-72　圆弧图素分析

05 单击【主页】选项卡【分析】组中的【距离分析】按钮✎，进行两点间距离分析，如图4-73所示。

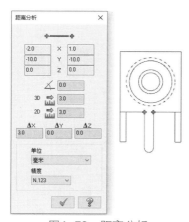

图4-73　距离分析

06 单击【主页】选项卡【分析】组中的【分析沿曲线距离】按钮～，进行沿曲线距离的分析，如图4-74所示。

图4-74　沿曲线分析距离

07 单击【主页】选项卡【分析】组中的【角度分析】按钮∠，进行两直线的角度分析，如图4-75所示。

图4-75　角度分析

08 单击【主页】选项卡【分析】组中的【2D区域】按钮⊞，进行2D平面面积分析，如图4-76所示。

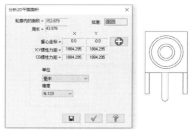

图4-76　平面面积分析

09 单击【主页】选项卡【分析】组中的【串连分析】按钮✎，进行图素串连分析，如图4-77所示。

图4-77　串连分析

10 单击【主页】选项卡【分析】组中的【外形分析】按钮 ，进行外形分析，如图4-78所示。

图4-78　外形分析

11 单击【主页】选项卡【分析】组中的【统计】按钮 ，进行实体统计分析，如图4-79所示。

 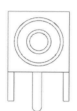

图4-79　实体统计分析

实例 055

◎ 案例源文件：ywj/04/055.mcam

接头草图分析

01 单击【主页】选项卡【分析】组中的【图素分析】按钮 ，进行直线图素分析，如图4-80所示。

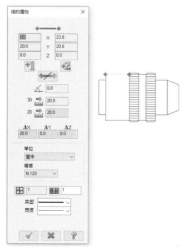

图4-80　直线图素分析

02 单击【主页】选项卡【分析】组中的【动态分析】按钮 ，进行动态分析，如图4-81所示。

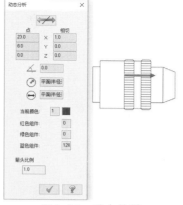

图4-81　动态分析

03 单击【主页】选项卡【分析】组中的【位置分析】按钮 ，进行点的位置分析，如图4-82所示。

图4-82　点分析

04 单击【主页】选项卡【分析】组中的【分析沿曲线距离】按钮 ，进行沿曲线距离的分析，如图4-83所示。

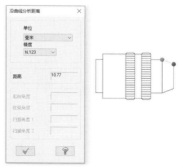

图4-83　沿曲线分析距离

05 单击【主页】选项卡【分析】组中的【角度分析】按钮 ，进行两直线的角度分析，如图4-84所示。

06 单击【主页】选项卡【分析】组中的【2D区域】按钮 ，进行2D平面面积分析，如图4-85所示。

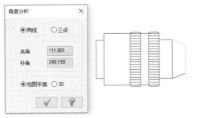

图4-84 角度分析

图4-85 平面面积分析

07 单击【主页】选项卡【分析】组中的【串连分析】按钮 ，进行图素串连分析，如图4-86所示。

图4-86 串连分析

08 单击【主页】选项卡【分析】组中的【外形分析】按钮 ，进行外形分析，如图4-87所示。

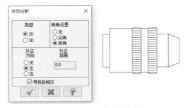

图4-87 外形分析

09 单击【主页】选项卡【分析】组中的【统计】按钮 ，进行实体统计分析，如图4-88所示。

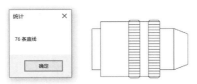

图4-88 实体统计分析

实例 056

案例源文件：ywj/04/056.mcam

电机壳草图分析

01 单击【主页】选项卡【分析】组中的【图素分析】按钮 ，进行圆弧图素分析，如图4-89所示。

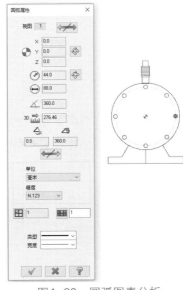

图4-89 圆弧图素分析

02 单击【主页】选项卡【分析】组中的【动态分析】按钮 ，进行动态分析，如图4-90所示。

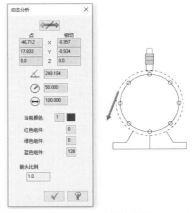

图4-90 动态分析

03 单击【主页】选项卡【分析】组中的【位置分析】按钮 ，进行点的位置分析，如图4-91所示。

04 单击【主页】选项卡【分析】组中的【距离分析】按钮 ，进行两点间距离分析，如图4-92所示。

图4-91　点分析

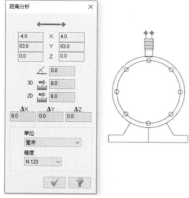

图4-92　距离分析

05 单击【主页】选项卡【分析】组中的【分析沿曲线距离】按钮～，进行沿曲线距离的分析，如图4-93所示。

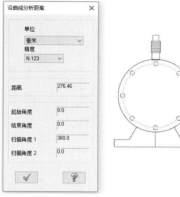

图4-93　沿曲线分析距离

06 单击【主页】选项卡【分析】组中的【角度分析】按钮，进行两直线的角度分析，如图4-94所示。

图4-94　角度分析

07 单击【主页】选项卡【分析】组中的【2D区域】按钮，进行2D平面面积分析，如图4-95所示。

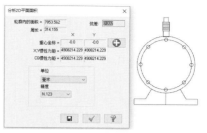

图4-95　平面面积分析

08 单击【主页】选项卡【分析】组中的【串连分析】按钮，进行图素串连分析，如图4-96所示。

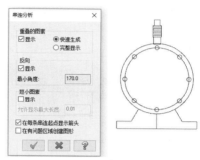

图4-96　串连分析

09 单击【主页】选项卡【分析】组中的【外形分析】按钮，进行外形分析，如图4-97所示。

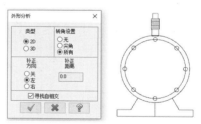

图4-97　外形分析

10 单击【主页】选项卡【分析】组中的【统计】按钮，进行实体统计分析，如图4-98所示。

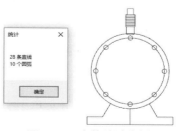

图4-98　实体统计分析

泵接头草图分析

01 单击【主页】选项卡【分析】组中的【图素分析】按钮，进行直线图素分析，如图4-99所示。

02 单击【主页】选项卡【分析】组中的【动态分析】按钮，进行动态分析，如图4-100所示。

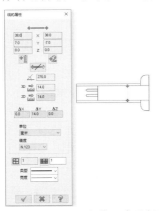

图4-99 直线图素分析　　图4-100 动态分析

03 单击【主页】选项卡【分析】组中的【位置分析】按钮，进行点的位置分析，如图4-101所示。

04 单击【主页】选项卡【分析】组中的【距离分析】按钮，进行两点间距离分析，如图4-102所示。

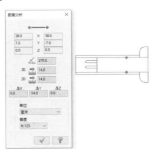

图4-101 点分析　　　　图4-102 距离分析

05 单击【主页】选项卡【分析】组中的【分析沿曲线距离】按钮，进行沿曲线距离的分析，如图4-103所示。

06 单击【主页】选项卡【分析】组中的【角度分析】按钮，进行两直线的角度分析，如图4-104所示。

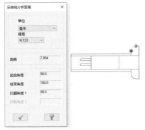

图4-103 沿曲线分析距离　　图4-104 角度分析

07 单击【主页】选项卡【分析】组中的【2D区域】按钮，进行2D平面面积分析，如图4-105所示。

图4-105 平面面积分析

08 单击【主页】选项卡【分析】组中的【串连分析】按钮，进行图素串连分析，如图4-106所示。

图4-106 串连分析

09 单击【主页】选项卡【分析】组中的【外形分析】按钮，进行外形分析，如图4-107所示。

图4-107 外形分析

10 单击【主页】选项卡【分析】组中的【统计】按钮，进行实体统计分析，如图4-108所示。

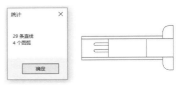

图4-108 实体统计分析

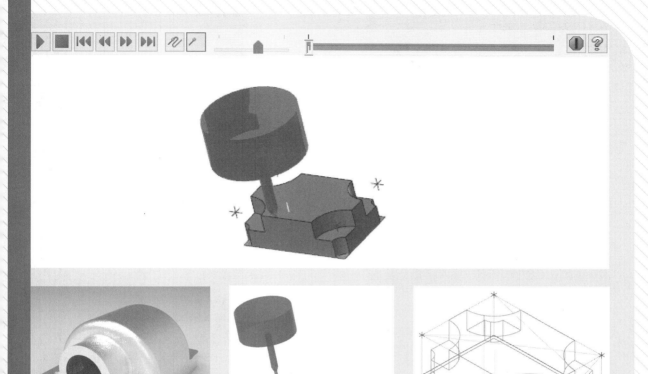

第 **5** 章 加工设置

几何建模

01 单击【线框】选项卡【形状】组中的【矩形】按钮□，绘制矩形图形，尺寸为100×80，如图5-1所示。

图5-1　绘制100×80的矩形

02 单击【实体】选项卡【创建】组中的【实体拉伸】按钮，创建拉伸实体，距离为14，形成底座部分，如图5-2所示。

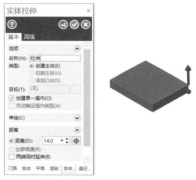

图5-2　创建拉伸特征

03 绘制矩形图形，尺寸为60×40，如图5-3所示。

图5-3　绘制60×40的矩形

04 单击【实体】选项卡【创建】组中的【旋转实体】按钮，创建旋转实体，形成圆柱体部分，如图5-4所示。

05 绘制圆形，半径为20，如图5-5所示。

图5-4　创建旋转特征

图5-5　绘制半径为20的圆形

06 单击【转换】选项卡【位置】组中的【平移】按钮，平移图形，距离为10，如图5-6所示。

图5-6　平移图形

07 单击【实体】选项卡【创建】组中的【实体拉伸】按钮，创建拉伸实体，距离为100，形成通道部分，如图5-7所示。

图5-7　创建拉伸特征

08 单击【实体】选项卡【创建】组中的【布尔运

算】按钮🔧，创建布尔结合运算，如图5-8所示。

图5-8　创建布尔结合运算

09 单击【实体】选项卡【修剪】组中的【固定半倒圆角】按钮🔘，创建实体倒圆角特征，半径为4，如图5-9所示。

图5-9　创建两个圆角

10 单击【实体】选项卡【修剪】组中的【固定半倒圆角】按钮🔘，创建实体倒圆角特征，半径为6，如图5-10所示。

图5-10　创建4个圆角

11 单击【实体】选项卡【修剪】组中的【固定半倒圆角】按钮🔘，创建实体倒圆角特征，半径为2，如图5-11所示。

图5-11　创建10个圆角

12 单击【线框】选项卡【绘线】组中的【绘点】按钮➕，绘制点图形，如图5-12所示。

图5-12　绘制点

13 单击【转换】选项卡【位置】组中的【平移】按钮🔧，平移图形，距离为40、30，如图5-13所示。

图5-13　平移点

14 单击【转换】选项卡【位置】组中的【直角阵列】按钮🔳，阵列图形，实例为2，距离为80、60，如图5-14所示。

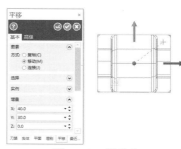

图5-14　创建直角阵列

15 单击【实体】选项卡【创建】组中的【孔】按钮🔘，创建4个沉头孔，直径为4，如图5-15所示。

图5-15　创建孔特征

16 单击【实体】选项卡【修剪】组中的【抽

壳】按钮，创建抽壳特征，如图5-16所示。

图5-16　创建抽壳特征

17 绘制圆形，半径为14，如图5-17所示。

图5-17　绘制半径为14的圆形

18 单击【实体】选项卡【创建】组中的【实体拉伸】按钮，创建拉伸切割实体，距离为100，形成孔，如图5-18所示。

图5-18　创建拉伸切割实体

19 至此完成模型的几何建模，如图5-19所示。

图5-19　完成几何建模

实例 059

案例源文件：ywj/05/059.mcam

加工刀具参数设置

01 单击【线框】选项卡【形状】组中的【矩形】按钮□，绘制矩形图形，尺寸为60×40，如图5-20所示。

图5-20　绘制60×40的矩形

02 单击【实体】选项卡【创建】组中的【实体拉伸】按钮，创建拉伸实体，距离为20，如图5-21所示。

图5-21　创建拉伸特征

03 单击【线框】选项卡【绘线】组中的【绘点】按钮+，绘制4个点图形，如图5-22所示。

图5-22　绘制4个点

04 单击【实体】选项卡【创建】组中的【孔】按钮，创建4个沉头孔，直径为10，如图5-23所示。

图5-23　创建孔特征

05 选择【机床】选项卡【机床类型】组中的【铣床】|【默认】命令，单击【铣削】选项卡【工具】组中的【刀具管理】按钮，选择刀具，如图5-24所示。

图5-24　创建刀具

◎提示·◦

　　选取刀具最直接的方式，就是从系统提供的多个刀具库中选择需要的刀具。打开所需刀具所在的刀具库后，若发现刀具数量很大，可以设置刀具过滤选项来缩小范围。

06 在【刀具管理】对话框中，右键单击创建的刀具，在弹出的快捷菜单中选择【编辑刀具】命令，如图5-25所示。

图5-25　选择【编辑刀具】命令

07 在【编辑刀具】对话框的【定义刀具图形】选项设置界面中，设置刀具参数，如图5-26所示。

图5-26　设置刀具参数

08 在【编辑刀具】对话框的【完成属性】选项设置界面中，设置刀具的其他属性，如图5-27所示。

图5-27　设置刀具的其他属性

◎提示·◦

　　刀具库中的刀具和加工群组中的刀具都是可以进行编辑修改的，不同的是，前者修改后是存储在了刀具库中，可被以后的加工选用，而后者的修改只能对当前的零件起作用。

09 在【刀具管理】对话框中，右键单击创建的刀具，在弹出的快捷菜单中选择【编辑刀柄】命令，如图5-28所示。

图5-28　选择【编辑刀柄】命令

10 在【编辑刀柄】对话框的【定义刀柄图形】选项设置界面中，设置刀柄图形参数，如图5-29所示。

图5-29　定义刀柄图形

11 在【编辑刀柄】对话框的【完成属性】选项设置界面中，设置刀柄的其他属性，如图5-30所示。

12 在【刀具管理】对话框中，右键单击创建的刀具，在弹出的快捷菜单中选择【编辑刀具夹持长度】命令，如图5-31所示。

13 在绘图区，选择实体模型上的点，放置刀具进刀点，如图5-32所示。

图5-30　设置刀柄的其他参数

图5-31　选择【编辑刀具夹持长度】命令

图5-32　选择进刀点

14 单击【铣削】选项卡【工具】组中的【测头】按钮，在弹出的【选择测头】对话框中，创建测头，如图5-33所示。

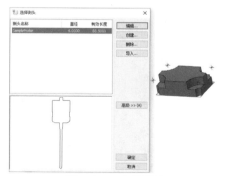

图5-33　选择测头

15 在弹出的【编辑测头】对话框中，编辑测头参数，如图5-34所示。

16 单击【铣削】选项卡【工具】组中的【刀路排版】按钮，在弹出的【自动排版】对话框

中，设置刀路排版，如图5-35所示。

图5-34　设置侧头参数

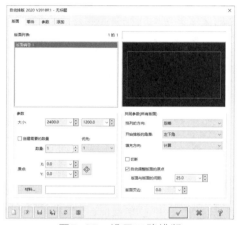

图5-35　设置刀路排版

17 单击【铣削】选项卡【工具】组中的【检查刀柄】按钮，在弹出的【检查刀柄】对话框中，设置基本参数，如图5-36所示。

图5-36　检查刀柄

实例 060 　案例源文件：ywj/05/060.mcam
程序编制

01 选择【机床】选项卡【机床类型】组中的【铣床】|【默认】命令，单击【铣削】选项卡

2D组中的【外形】按钮 ，创建外形铣削，如图5-37所示。

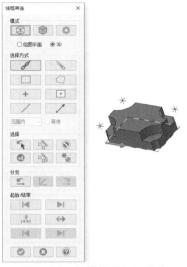

图5-37　创建铣削加工程序

02 在【2D刀路-外形铣削】对话框中，设置加工参数，创建外形铣削加工程序，如图5-38所示。

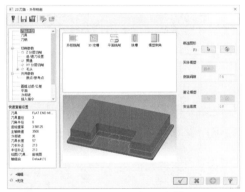

图5-38　设置加工参数

03 单击【机床】选项卡【后处理】组中的【生成】按钮G1，创建后处理程序，如图5-39所示。

图5-39　创建后处理程序

04 在完成的加工程序中，修改加工程序内容，

如图5-40所示。

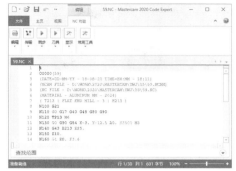

图5-40　编辑程序内容

05 在后处理加工程序界面中，单击【保存】按钮 进行保存，如图5-41所示。

图5-41　保存程序内容

实例 061

路径仿真

01 单击【机床】选项卡【模拟】组中的【刀路模拟】按钮 ，进行加工刀具路径程序的模拟演示，如图5-42所示。

图5-42　刀具路径模拟

◎提示･◦

　　刀具路径模拟用来检测刀具在沿着设计好的路径进行切削的过程中，是否存在过切等错误。这样可以避免因设计缺陷造成的零件报废。

02 在绘图区操作杆上，选择操作按钮进行加工路径的仿真播放，如图5-43所示。

图5-43　播放刀具路径仿真

03 单击绘图区操作杆中的【设置停止条件】按钮，在弹出的【暂停设定】对话框中，设置播放暂停的条件，如图5-44所示。

图5-44　暂停设定

04 在【路径模拟】对话框中，单击【将刀路保存为图形】按钮，保存刀路模拟图片，如图5-45所示。

图5-45　保存仿真图形

05 单击【主页】选项卡【模型】组中的【验证】按钮，进行加工的实体验证过程，如图5-46所示。

图5-46　实体验证加工过程

06 单击【主页】选项卡【模型】组中的【模拟】按钮，进行实体加工的模拟过程，如图5-47所示。

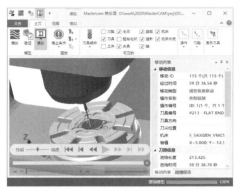

图5-47　实体模拟加工过程

◎提示·◎

实体加工模拟可以对在【刀路】管理器中选择的一个或多个操作进行仿真加工，以检测加工效果及加工过程中的碰撞情况。

实例 062　机床设置

◎ 案例源文件：ywj/05/062.mcam

01 单击【机床】选项卡【机床设置】组中的【控制定义】按钮，在弹出的【控制定义】对话框中，设置机床参数，如图5-48所示。

图5-48　设置机床参数

02 在【控制定义】对话框的【文件】选项设置界面中，设置机床文件参数，如图5-49所示。

03 在【控制定义】对话框的【NC输出】选项设置界面中，设置NC输出参数，如图5-50所示。

04 在【控制定义】对话框的【杂项整/实变数】选项设置界面中，设置机床杂项参数，如图5-51所示。

MasterCAM 2020 完全实训手册

图5-49　设置文件参数

图5-50　设置NC输出参数

图5-51　设置杂项参数

05 在【控制定义】对话框的【刀具】选项设置界面中，设置机床刀具参数，如图5-52所示。

图5-52　设置刀具参数

06 在【控制定义】对话框的【进给速率】选项

设置界面中，设置机床进给速率参数，如图5-53所示。

图5-53　设置进给速率

07 在【控制定义】对话框的【切削补正】选项设置界面中，设置机床切削补正参数，如图5-54所示。

图5-54　设置切削补正

08 在【控制定义】对话框的【默认操作】选项设置界面中，设置机床默认操作参数，如图5-55所示。

图5-55　设置默认操作

09 单击【机床】选项卡【机床设置】组中的【机床定义】按钮■，在弹出的【机床定义管理】对话框中，设置机床坐标系属性，如图5-56所示。

10 在【机床定义管理】对话框的【机床配置】组中，右键单击坐标系选项，在弹出的快捷菜单中选择【属性】命令，如图5-57所示。

图5-56 设置机床配置

图5-57 设置坐标系属性

11 在弹出的【机床组件管理-直线轴】对话框中，设置机床直线轴属性，如图5-58所示。

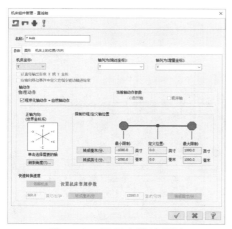

图5-58 设置直线轴属性

12 单击【机床】选项卡【机床设置】组中的【材料】按钮，在弹出的【材料列表】对话框中，设置材料参数，如图5-59所示。

图5-59 设置材料参数

实例 063 ⊙ 案例源文件：ywj/05/063.mcam

毛坯设置

01 单击【铣削】选项卡【毛坯】组中的【毛坯模型】按钮，弹出【毛坯模型】对话框，创建加工毛坯，如图5-60所示。

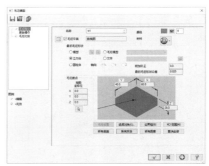

图5-60 创建毛坯

> ⊙提示·⊙
>
> 单击【边界盒】按钮，弹出【边界盒】操控板，可以设置毛坯边界选项。

02 在【毛坯模型】对话框的【原始操作】选项设置界面中，设置毛坯模型计算选项，如图5-61所示。

图5-61 设置毛坯模型计算

03 在【毛坯模型】对话框的【毛坯比较】选项设置界面中，设置毛坯比较参数，如图5-62所示。

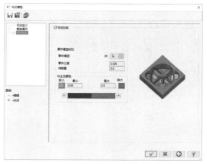

图5-62 设置毛坯比较参数

04 完成毛坯设置后，在绘图区查看创建的毛坯模型，如图5-63所示。

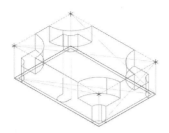

图5-63　查看毛坯模型

实例 064　安全区域设置
案例源文件：ywj/05/064.mcam

01 打开外形铣削加工模型树，单击【参数】选项，设置加工参数，如图5-64所示。

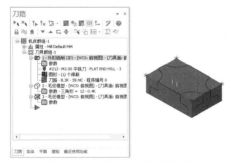

图5-64　设置外形铣削参数

02 在弹出的【2D刀路-外形铣削】对话框中，切换到【共同参数】选项设置界面，设置刀路的加工参数，如图5-65所示。

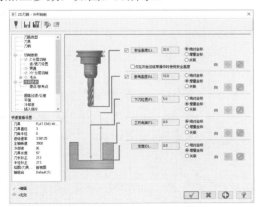

图5-65　设置共同参数

03 在【2D刀路-外形铣削】对话框中，切换到【原点/参考点】选项设置界面，设置机床原点和参考点参数，如图5-66所示。

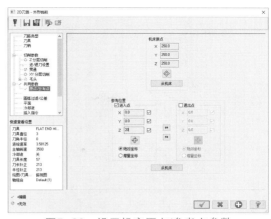

图5-66　设置机床原点/参考点参数

实例 065　加工参数设置
案例源文件：ywj/05/065.mcam

01 打开外形铣削加工模型树，单击【参数】选项，设置加工参数，如图5-67所示。

图5-67　设置外形铣削参数

02 在弹出的【2D刀路-外形铣削】对话框中，切换到【切削参数】选项设置界面，设置切削参数，如图5-68所示。

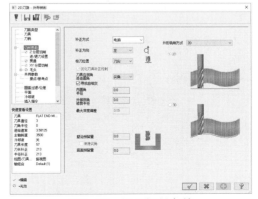

图5-68　设置切削参数

03 在【2D刀路-外形铣削】对话框中，切换到

【Z分层切削】选项设置界面，设置分层切削参数，如图5-69所示。

图5-69　设置Z分层切削

04 在【2D刀路-外形铣削】对话框中，切换到【进/退刀设置】选项设置界面，设置进退刀参数，如图5-70所示。

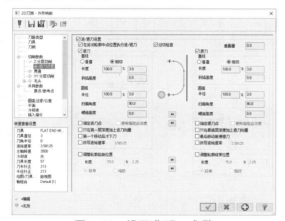

图5-70　设置进/退刀参数

05 在【2D刀路-外形铣削】对话框中，切换到【贯通】选项设置界面，设置贯通参数，如图5-71所示。

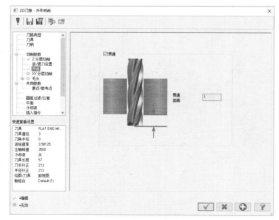

图5-71　设置贯通参数

06 在【2D刀路-外形铣削】对话框中，切换到【XY分层切削】选项设置界面，设置XY分层切削参数，如图5-72所示。

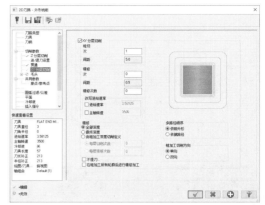

图5-72　设置XY分层切削参数

07 在【2D刀路-外形铣削】对话框中，切换到【毛头】选项设置界面，设置毛头参数，如图5-73所示。

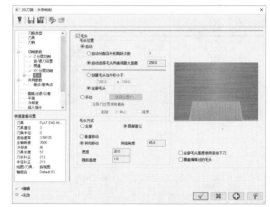

图5-73　设置毛头参数

08 在【2D刀路-外形铣削】对话框中，切换到【圆弧过滤/公差】选项设置界面，设置圆弧过滤公差参数，如图5-74所示。

图5-74　设置圆弧过滤公差参数

09 在【2D刀路-外形铣削】对话框中，切换到【平面】选项设置界面，设置平面参数，如图5-75所示。

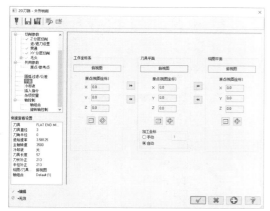

图5-75　设置平面参数

10 在【2D刀路-外形铣削】对话框中，切换到【冷却液】选项设置界面，设置冷却液参数，如图5-76所示。

图5-76　设置冷却液参数

11 在【2D刀路-外形铣削】对话框中，切换到【旋转轴控制】选项设置界面，设置旋转轴控制参数，如图5-77所示。

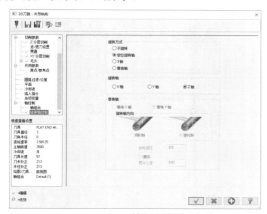

图5-77　设置旋转轴控制参数

01 单击【机床】选项卡【后处理】组中的【生成】按钮 G1，创建后处理程序，如图5-78所示。

图5-78　创建后处理程序

◎提示・◎

　　CAM软件的最终目的是要生成运行于数控机床的NC程序，后处理器的作用是将包含所有加工说明和信息的NCI文件转换为NC文件。在对生成的刀具路径进行刀路模拟和实体验证模拟无误后，可以进行后处理操作。

02 在加工程序界面中，在【NC功能】选项卡的【常用工具】组中，单击【NC配置】按钮，设置程序参数，如图5-79所示。

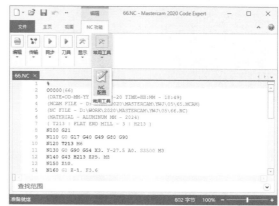

图5-79　设置NC配置参数

03 弹出【NC配置】对话框，在【通道】选项卡中，设置通道参数，如图5-80所示。

04 在【NC配置】对话框的【同步点】选项卡中，设置同步点参数，如图5-81所示。

图5-80　设置通道参数

图5-81　设置同步点参数

05 在【NC配置】对话框的【行号】选项卡中，设置行号，如图5-82所示。

图5-82　设置行号

01 单击【机床】选项卡【加工报表】组中的【创建】按钮，弹出【加工报表】对话框，创建加工报表，如图5-83所示。

图5-83　创建加工报表

02 单击【机床】选项卡【加工报表】组中的【图像捕捉】按钮，弹出【图像捕捉】对话框，保存加工图片，如图5-84所示。

图5-84　捕捉加工图像

03 生成的加工报表报告，如图5-85所示。

图5-85　输出加工报表报告

第 **6** 章　外形铣削加工

2D外形铣削加工

01 选择【机床】选项卡【机床类型】组中的【铣床】|【默认】命令，进入铣削加工环境，如图6-1所示。

图6-1　进入加工环境

02 单击【铣削】选项卡【工具】组中的【刀具管理】按钮，弹出【刀具管理】对话框，创建刀具，如图6-2所示。

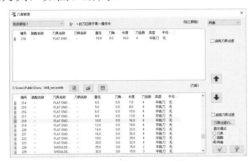

图6-2　创建加工刀具

03 单击【线框】选项卡【修剪】组中的【图素倒圆角】按钮，绘制圆角，半径为4，如图6-3所示。

图6-3　绘制半径为4的圆角

04 单击【铣削】选项卡2D组中的【外形】按钮，创建2D外形铣削加工，在绘图区选择加工线框串连，如图6-4所示。

05 在【2D刀路-外形铣削】对话框中，切换到【刀路类型】选项设置界面，设置刀路类型，如图6-5所示。

图6-4　创建2D外形铣削加工

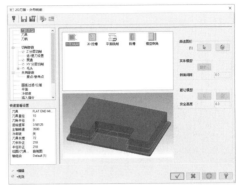

图6-5　设置刀路类型

06 在【2D刀路-外形铣削】对话框中，切换到【刀具】选项设置界面，创建刀具，如图6-6所示。

图6-6　设置加工刀具

07 在【2D刀路-外形铣削】对话框中，切换到【刀柄】选项设置界面，设置刀柄参数，如图6-7所示。

08 在【2D刀路-外形铣削】对话框中，切换到【切削参数】选项设置界面，设置切削参数，如图6-8所示。

09 在【2D刀路-外形铣削】对话框中，切换到【Z分层切削】选项设置界面，设置分层切削参数，如图6-9所示。

图6-7 选择刀柄

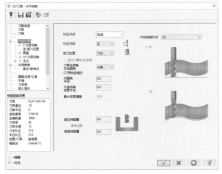

图6-8 设置切削参数

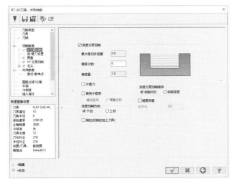

图6-9 设置Z分层切削参数

10 在【2D刀路-外形铣削】对话框中，切换到【进/退刀设置】选项设置界面，设置进退刀参数，如图6-10所示。

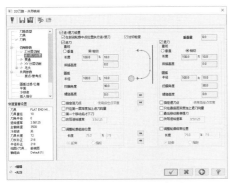

图6-10 设置进退刀参数

11 在【2D刀路-外形铣削】对话框中，切换到【共同参数】选项设置界面，设置刀具共同参数，如图6-11所示。

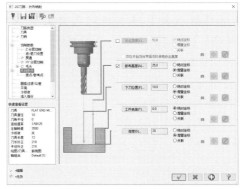

图6-11 设置共同参数

◎提示•◎

在实际加工中，为了提高操作的安全性，如避免刀具由一个加工特征移动到下一个加工特征的过程中会产生与工件的碰撞，需要进行高度设置。

12 在【2D刀路-外形铣削】对话框中，切换到【旋转轴控制】选项设置界面，设置加工旋转轴控制参数，如图6-12所示。

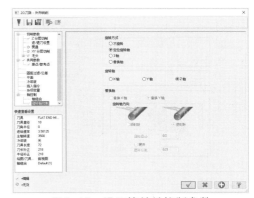

图6-12 设置旋转轴控制参数

13 单击【机床】选项卡【模拟】组中的【刀路模拟】按钮，进行加工刀具路径程序的模拟演示，如图6-13所示。至此完成2D外形铣削加工。

图6-13 加工路径模拟

2D外形倒角加工

01 选择【机床】选项卡【机床类型】组中的【铣床】|【默认】命令，单击【铣削】选项卡2D组中的【外形】按钮■，创建2D外形倒角铣削，在绘图区选择加工线框串连，如图6-14所示。

图6-14　创建2D外形倒角加工

02 在【2D刀路-外形铣削】对话框中，切换到【刀路类型】选项设置界面，设置刀路类型，如图6-15所示。

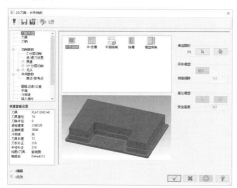

图6-15　选择刀路类型

03 在【选择刀具】对话框中，选择加工刀具，如图6-16所示。

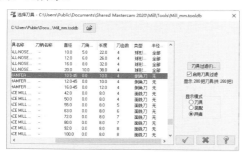

图6-16　选择加工刀具

04 在【2D刀路-外形铣削】对话框中，切换到【刀柄】选项设置界面，设置刀柄参数，如图6-17所示。

图6-17　选择刀柄

05 在【2D刀路-外形铣削】对话框中，切换到【切削参数】选项设置界面，设置切削参数，如图6-18所示。

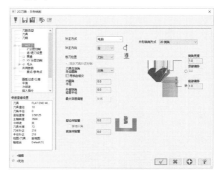

图6-18　设置切削参数

◎提示◦·

　　在实际加工中，由于刀具的直径或所选刀具与实际加工用的刀具在直径上存在差异，会导致加工误差，为了解决这个问题，需要进行补偿设置。

06 在【2D刀路-外形铣削】对话框中，切换到【Z分层切削】选项设置界面，设置分层切削参数，如图6-19所示。

图6-19　设置分层切削参数

07 在【2D刀路-外形铣削】对话框中，切换到【进/退刀设置】选项设置界面，设置进退刀参数，如图6-20所示。

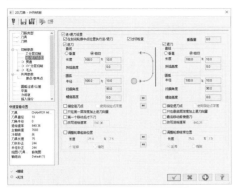

图6-20 设置进退刀参数

08 在【2D刀路-外形铣削】对话框中，切换到【共同参数】选项设置界面，设置刀具共同参数，如图6-21所示。

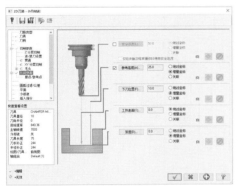

图6-21 设置共同参数

09 在【2D刀路-外形铣削】对话框中，切换到【旋转轴控制】选项设置界面，设置加工旋转轴控制参数，如图6-22所示。

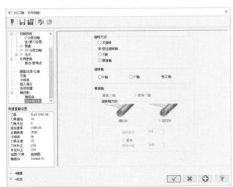

图6-22 设置旋转轴控制参数

10 单击【机床】选项卡【模拟】组中的【刀路模拟】按钮，进行加工刀具路径程序的模拟演示，如图6-23所示。至此完成2D外形倒角加工。

图6-23 加工刀路模拟

实例 070   案例源文件: ywj/06/070.mcam

2D外形残料加工

01 选择【机床】选项卡【机床类型】组中的【铣床】|【默认】命令，单击【铣削】选项卡2D组中的【外形】按钮，创建2D外形残料加工，在绘图区选择加工线框串连，如图6-24所示。

图6-24 创建2D外形残料加工程序

02 在【2D刀路-外形铣削】对话框中，切换到【刀路类型】选项设置界面，设置刀路类型，如图6-25所示。

图6-25 选择刀路类型

03 在【2D刀路-外形铣削】对话框中，切换到【刀具】选项设置界面，创建刀具，如图6-26所示。

图6-26 设置刀具

04 在【2D刀路-外形铣削】对话框中，切换到【刀柄】选项设置界面，设置刀柄参数，如图6-27所示。

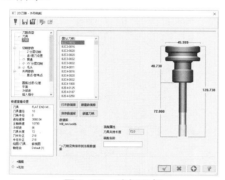

图6-27 选择刀柄

05 在【2D刀路-外形铣削】对话框中，切换到【切削参数】选项设置界面，设置切削参数，如图6-28所示。

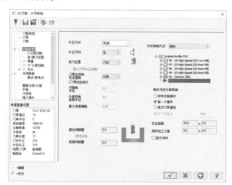

图6-28 设置切削参数

06 在【2D刀路-外形铣削】对话框中，切换到【Z分层切削】选项设置界面，设置分层切削参数，如图6-29所示。

◎提示·○

在对一个平面进行铣削操作时，可以设置分层切削中粗加工的次数和间距、精加工的次数和间距等参数。

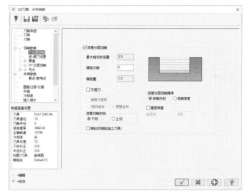

图6-29 设置分层切削参数

07 在【2D刀路-外形铣削】对话框中，切换到【进/退刀设置】选项设置界面，设置进退刀参数，如图6-30所示。

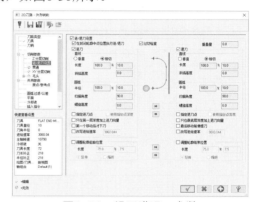

图6-30 设置进退刀参数

08 在【2D刀路-外形铣削】对话框中，切换到【共同参数】选项设置界面，设置刀具共同参数，如图6-31所示。

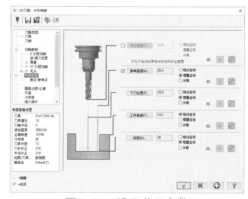

图6-31 设置共同参数

09 在【2D刀路-外形铣削】对话框中，切换到【旋转轴控制】选项设置界面，设置加工旋转轴控制参数，如图6-32所示。

10 单击【机床】选项卡【模拟】组中的【刀路模拟】按钮，进行加工刀具路径程序的模拟演示，如图6-33所示。至此完成2D外形残料加工。

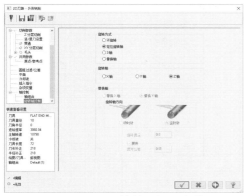

图6-32　设置旋转轴控制参数

图6-33　刀具路径模拟

实例 071 ●案例源文件：ywwj/06/071.mcam

斜插外形加工

01 选择【机床】选项卡【机床类型】组中的【铣床】|【默认】命令，单击【铣削】选项卡2D组中的【外形】按钮，创建斜插外形加工，在绘图区选择加工线框串连，如图6-34所示。

图6-34　创建斜插外形加工程序

02 在【2D刀路-外形铣削】对话框中，切换到【刀路类型】选项设置界面，设置刀路类型，如图6-35所示。

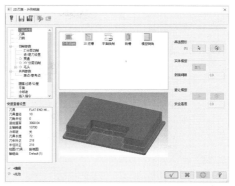

图6-35　设置刀路类型

03 在【2D刀路-外形铣削】对话框中，切换到【刀具】选项设置界面，创建刀具，如图6-36所示。

图6-36　设置刀具

◎提示·◎

刀具参数包括刀具的类型、刀具的形状尺寸、刀具的进给率、主轴转速及下刀速率等。

04 在【2D刀路-外形铣削】对话框中，切换到【刀柄】选项设置界面，设置刀柄参数，如图6-37所示。

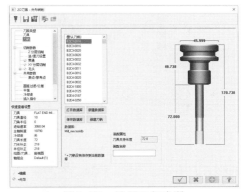

图6-37　设置刀柄参数

05 在【2D刀路-外形铣削】对话框中，切换到【切削参数】选项设置界面，设置切削参数，

如图6-38所示。

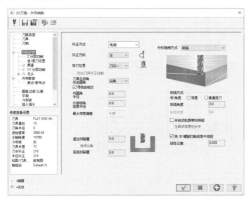

图6-38　设置切削参数

06 在【2D刀路-外形铣削】对话框中，切换到【进/退刀设置】选项设置界面，设置进退刀参数，如图6-39所示。

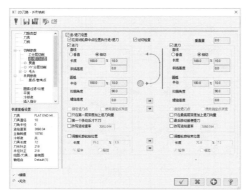

图6-39　设置进退刀参数

07 在【2D刀路-外形铣削】对话框中，切换到【共同参数】选项设置界面，设置刀具共同参数，如图6-40所示。

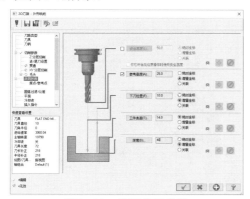

图6-40　设置共同参数

08 在【2D刀路-外形铣削】对话框中，切换到【旋转轴控制】选项设置界面，设置加工旋转轴参数，如图6-41所示。

09 这样就完成斜插外形加工，单击【机床】

选项卡【模拟】组中的【刀路模拟】按钮，进行加工刀具路径程序的模拟演示，如图6-42所示。

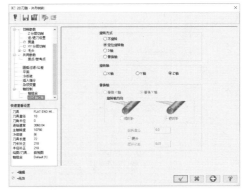

图6-41　设置旋转轴控制

图6-42　刀具路径模拟

实例 072　案例源文件：ywj/06/072.mcam
摆线式加工

01 选择【机床】选项卡【机床类型】组中的【铣床】|【默认】命令，单击【铣削】选项卡2D组中的【外形】按钮，创建摆线式加工，在绘图区选择加工线框串连，如图6-43所示。

图6-43　摆线式加工程序

02 在【2D刀路-外形铣削】对话框中，切换到【刀路类型】选项设置界面，设置刀路类型，如图6-44所示。

图6-44　设置刀路类型

03 在【2D刀路-外形铣削】对话框中，切换到【刀具】选项设置界面，创建刀具，如图6-45所示。

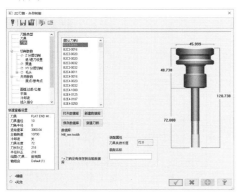

图6-45　设置刀具

04 在【2D刀路-外形铣削】对话框中，切换到【刀柄】选项设置界面，设置刀柄参数，如图6-46所示。

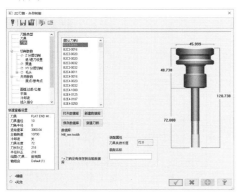

图6-46　设置刀柄参数

05 在【2D刀路-外形铣削】对话框中，切换到【切削参数】选项设置界面，设置切削参数，如图6-47所示。

06 在【2D刀路-外形铣削】对话框中，切换到【进/退刀设置】选项设置界面，设置进退刀参

数，如图6-48所示。

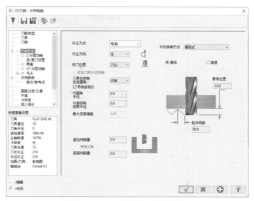

图6-47　设置切削参数

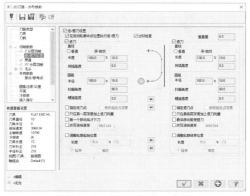

图6-48　设置进退刀参数

07 在【2D刀路-外形铣削】对话框中，切换到【共同参数】选项设置界面，设置刀具共同参数，如图6-49所示。

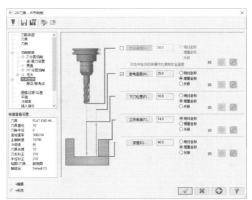

图6-49　设置共同参数

08 在【2D刀路-外形铣削】对话框中，切换到【旋转轴控制】选项设置界面，设置加工旋转轴参数，如图6-50所示。

09 这样就完成摆线式加工，单击【机床】选项卡【模拟】组中的【刀路模拟】按钮，进行加工刀具路径程序的模拟演示，如图6-51所示。

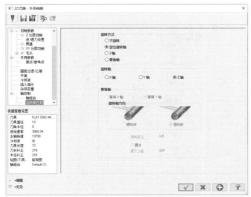

图6-50　设置旋转轴控制

图6-51　刀具路径模拟

实例 073 ◎ 案例源文件：ywj/06/073.mcam

3D外形加工

01 选择【机床】选项卡【机床类型】组中的【铣床】|【默认】命令，单击【铣削】选项卡2D组中的【外形】按钮，创建3D外形加工，在绘图区选择加工线框串连，如图6-52所示。

图6-52　创建3D外形加工程序

02 在【2D刀路-外形铣削】对话框中，切换到【刀路类型】选项设置界面，设置刀路类型，如图6-53所示。

03 在【2D刀路-外形铣削】对话框中，切换到【刀具】选项设置界面，创建刀具，如图6-54

所示。

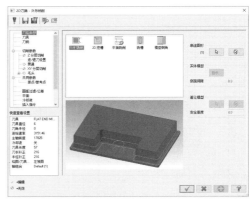

图6-53　设置刀路类型

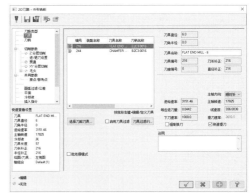

图6-54　设置刀具

04 在【2D刀路-外形铣削】对话框中，切换到【刀柄】选项设置界面，设置刀柄参数，如图6-55所示。

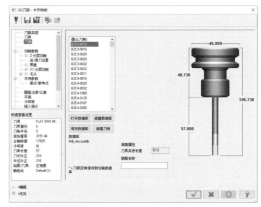

图6-55　设置刀柄参数

05 在【2D刀路-外形铣削】对话框中，切换到【切削参数】选项设置界面，设置切削参数，如图6-56所示。

06 在【2D刀路-外形铣削】对话框中，切换到【Z分层切削】选项设置界面，设置分层切削参数，如图6-57所示。

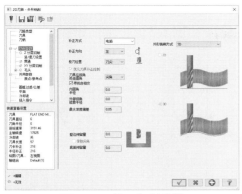

图6-56　设置切削参数

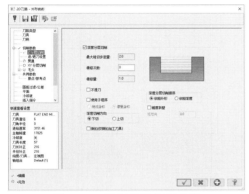

图6-57　设置分层切削参数

07 在【2D刀路-外形铣削】对话框中，切换到【进/退刀设置】选项设置界面，设置进退刀参数，如图6-58所示。

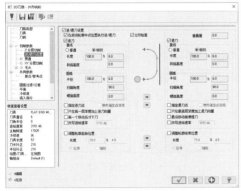

图6-58　设置进退刀参数

08 在【2D刀路-外形铣削】对话框中，切换到【共同参数】选项设置界面，设置刀具共同参数，如图6-59所示。

09 在【2D刀路-外形铣削】对话框中，切换到【平面】选项设置界面，设置坐标系和加工平面，如图6-60所示。

10 在【2D刀路-外形铣削】对话框中，切换到【旋转轴控制】选项设置界面，设置加工旋转

轴参数，如图6-61所示。

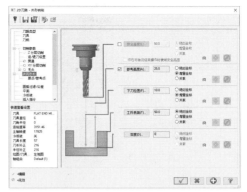

图6-59　设置共同参数

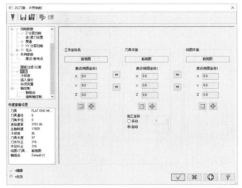

图6-60　设置平面参数

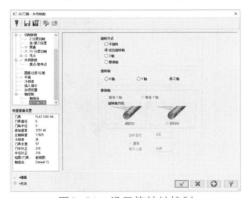

图6-61　设置旋转轴控制

11 单击【机床】选项卡【模拟】组中的【刀路模拟】按钮，进行加工刀具路径程序的模拟演示，如图6-62所示。这样就完成3D外形加工。

图6-62　刀具路径模拟

实例 074　 案例源文件：ywj/06/074.mcam

3D外形倒角加工

01 选择【机床】选项卡【机床类型】组中的【铣床】|【默认】命令，单击【铣削】选项卡2D组中的【外形】按钮，创建3D外形倒角铣削，在绘图区选择加工线框串连，如图6-63所示。

图6-63　创建3D外形倒角加工

02 在【2D刀路-外形铣削】对话框中，切换到【刀路类型】选项设置界面，设置刀路类型，如图6-64所示。

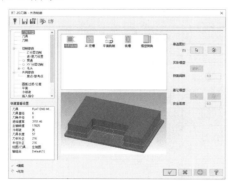

图6-64　设置刀路类型

03 在【2D刀路-外形铣削】对话框中，切换到【刀具】选项设置界面，创建刀具，如图6-65所示。

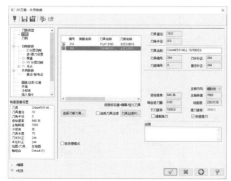

图6-65　设置刀具

04 在【2D刀路-外形铣削】对话框中，切换到【刀柄】选项设置界面，设置刀柄参数，如图6-66所示。

图6-66　设置刀柄参数

05 在【2D刀路-外形铣削】对话框中，切换到【切削参数】选项设置界面，设置切削参数，如图6-67所示。

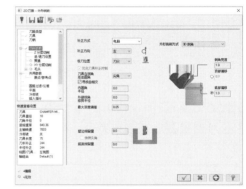

图6-67　设置切削参数

06 在【2D刀路-外形铣削】对话框中，切换到【Z分层切削】选项设置界面，设置分层切削参数，如图6-68所示。

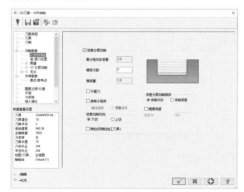

图6-68　设置分层切削参数

07 在【2D刀路-外形铣削】对话框中，切换到【进/退刀设置】选项设置界面，设置进退刀参数，如图6-69所示。

MasterCAM 2020 完全实训手册

图6-69　设置进退刀参数

08 在【2D刀路-外形铣削】对话框中，切换到【共同参数】选项设置界面，设置刀具共同参数，如图6-70所示。

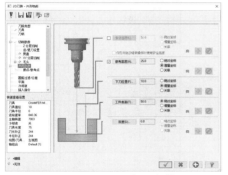

图6-70　设置共同参数

09 在【2D刀路-外形铣削】对话框中，切换到【平面】选项设置界面，设置坐标系和加工平面，如图6-71所示。

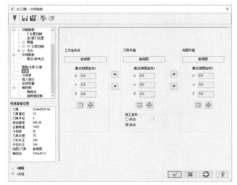

图6-71　设置平面参数

10 在【2D刀路-外形铣削】对话框中，切换到【旋转轴控制】选项设置界面，设置加工旋转轴参数，如图6-72所示。

11 单击【机床】选项卡【模拟】组中的【刀路模拟】按钮，进行加工刀具路径程序的模拟演示，如图6-73所示。这样就完成3D外形倒角加工。

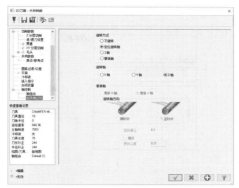

图6-72　设置旋转轴控制

图6-73　刀具路径模拟

实例 075　　　◉ 案例源文件：ywj/06/075.mcam

固定座铣削加工

01 单击【线框】选项卡【形状】组中的【矩形】按钮，绘制矩形图形，尺寸为60×40，如图6-74所示。

图6-74　绘制60×40的矩形

02 单击【实体】选项卡【创建】组中的【实体拉伸】按钮，创建拉伸实体，距离为20，如图6-75所示。

图6-75　创建拉伸特征

03 单击【线框】选项卡【绘线】组中的【绘点】按钮**+**，绘制两个点图形，如图6-76所示。

图6-76 绘制两个点

04 单击【实体】选项卡【创建】组中的【孔】按钮，创建简单孔，直径为10，如图6-77所示。

图6-77 创建孔特征

05 单击【实体】选项卡【修剪】组中的【单一距离倒角】按钮，创建实体倒角特征，如图6-78所示。

图6-78 创建倒角特征

06 选择【机床】选项卡【机床类型】组中的【铣床】|【默认】命令，单击【铣削】选项卡2D组中的【外形】按钮，创建2D外形铣削加工，在绘图区选择加工线框串连，如图6-79所示。

图6-79 创建2D外形铣削加工程序

07 在【2D刀路-外形铣削】对话框中，切换到【刀路类型】选项设置界面，设置刀路类型，如图6-80所示。

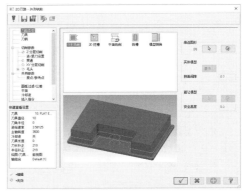

图6-80 设置刀路类型

08 在【2D刀路-外形铣削】对话框中，切换到【刀具】选项设置界面，创建刀具，如图6-81所示。

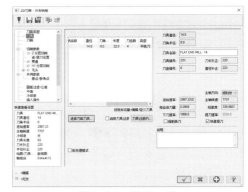

图6-81 设置刀具

09 在【2D刀路-外形铣削】对话框中，切换到【刀柄】选项设置界面，设置刀柄参数，如图6-82所示。

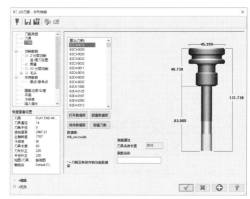

图6-82 设置刀柄参数

10 在【2D刀路-外形铣削】对话框中，切换到【切削参数】选项设置界面，设置切削参数，

如图6-83所示。

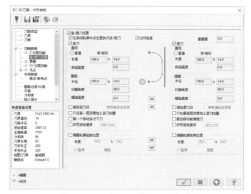

图6-83 设置切削参数

11 在【2D刀路-外形铣削】对话框中，切换到【进/退刀设置】选项设置界面，设置进退刀参数，如图6-84所示。

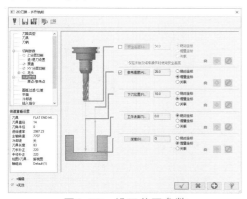

图6-84 设置进退刀参数

12 在【2D刀路-外形铣削】对话框中，切换到【共同参数】选项设置界面，设置刀具共同参数，如图6-85所示。

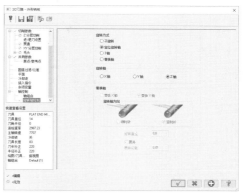

图6-85 设置共同参数

13 在【2D刀路-外形铣削】对话框中，切换到【旋转轴控制】选项设置界面，设置加工旋转轴参数，如图6-86所示。

14 这样就完成固定座铣削加工，单击【机床】

选项卡【模拟】组中的【刀路模拟】按钮≋，进行加工刀具路径程序的模拟演示，如图6-87所示。

图6-86 设置旋转轴控制

图6-87 刀具路径模拟

机箱铣削加工

01 选择【机床】选项卡【机床类型】组中的【铣床】|【默认】命令，单击【铣削】选项卡2D组中的【外形】按钮▣，创建外形铣削，在绘图区选择加工线框串连，如图6-88所示。

图6-88 创建外形铣削加工程序

02 在【2D刀路-外形铣削】对话框中，切换到【刀路类型】选项设置界面，设置刀路类型，如图6-89所示。

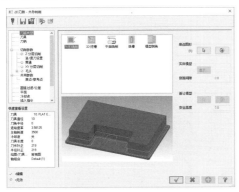

图6-89　设置刀路类型

03 在【2D刀路-外形铣削】对话框中，切换到【刀具】选项设置界面，创建刀具，如图6-90所示。

图6-90　设置刀具

04 在【2D刀路-外形铣削】对话框中，切换到【刀柄】选项设置界面，设置刀柄参数，如图6-91所示。

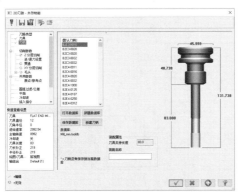

图6-91　设置刀柄参数

05 在【2D刀路-外形铣削】对话框中，切换到【切削参数】选项设置界面，设置切削参数，如图6-92所示。

06 在【2D刀路-外形铣削】对话框中，切换到【Z分层切削】选项设置界面，设置分层切削参

数，如图6-93所示。

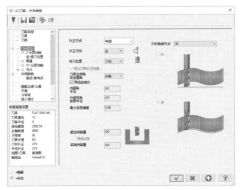

图6-92　设置切削参数

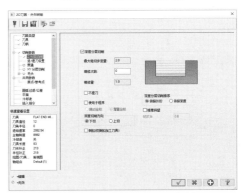

图6-93　设置分层切削参数

07 在【2D刀路-外形铣削】对话框中，切换到【进/退刀设置】选项设置界面，设置进退刀参数，如图6-94所示。

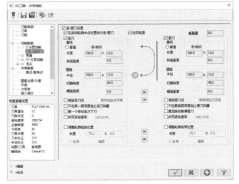

图6-94　设置进退刀参数

08 在【2D刀路-外形铣削】对话框中，切换到【共同参数】选项设置界面，设置刀具共同参数，如图6-95所示。

09 在【2D刀路-外形铣削】对话框中，切换到【平面】选项设置界面，设置坐标系和加工平面，如图6-96所示。

10 在【2D刀路-外形铣削】对话框中，切换到【旋转轴控制】选项设置界面，设置加工旋转

轴参数，如图6-97所示。

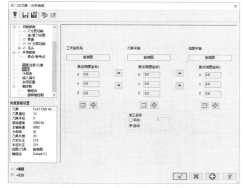

图6-95　设置共同参数

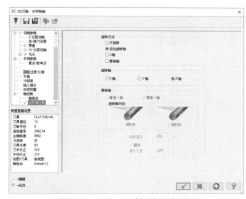

图6-96　设置平面参数

图6-97　设置旋转轴控制

11 这样就完成机箱铣削加工。单击【机床】选项卡【模拟】组中的【刀路模拟】按钮，进行加工刀具路径程序的模拟演示，如图6-98所示。

图6-98　刀具路径模拟

管道接头铣削加工

01 选择【机床】选项卡【机床类型】组中的【铣床】|【默认】命令，单击【铣削】选项卡2D组中的【外形】按钮，创建外形铣削，在绘图区选择加工线框串连，如图6-99所示。

图6-99　创建外形铣削加工程序

02 在【2D刀路-外形铣削】对话框中，切换到【刀路类型】选项设置界面，设置刀路类型，如图6-100所示。

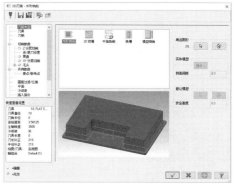

图6-100　设置刀路类型

03 在【2D刀路-外形铣削】对话框中，切换到【刀具】选项设置界面，创建刀具，如图6-101所示。

04 在【2D刀路-外形铣削】对话框中，切换到【刀柄】选项设置界面，设置刀柄参数，如图6-102所示。

05 在【2D刀路-外形铣削】对话框中，切换到【切削参数】选项设置界面，设置切削参数，如图6-103所示。

图6-101 设置刀具

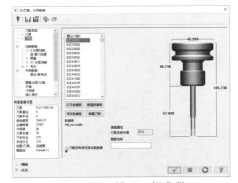

图6-102 设置刀柄参数

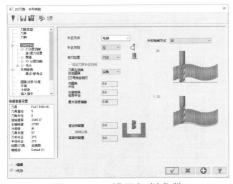

图6-103 设置切削参数

06 在【2D刀路-外形铣削】对话框中,切换到【Z分层切削】选项设置界面,设置分层切削参数,如图6-104所示。

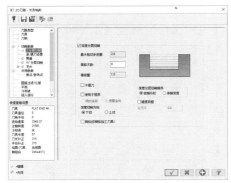

图6-104 设置分层切削参数

07 在【2D刀路-外形铣削】对话框中,切换到【进/退刀设置】选项设置界面,设置进退刀参数,如图6-105所示。

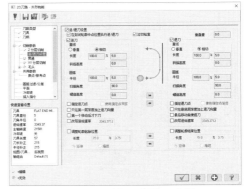

图6-105 设置进退刀参数

08 在【2D刀路-外形铣削】对话框中,切换到【共同参数】选项设置界面,设置刀具共同参数,如图6-106所示。

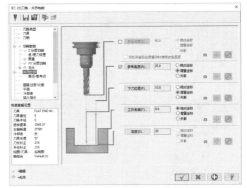

图6-106 设置共同参数

09 在【2D刀路-外形铣削】对话框中,切换到【平面】选项设置界面,设置坐标系和加工平面,如图6-107所示。

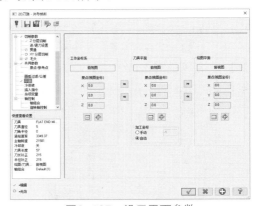

图6-107 设置平面参数

10 在【2D刀路-外形铣削】对话框中,切换到【旋转轴控制】选项设置界面,设置加工旋转轴参数，如图6-108所示。

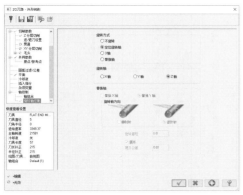

图6-108 设置旋转轴控制

11 这样就完成管道接头铣削加工。单击【机床】选项卡【模拟】组中的【刀路模拟】按钮 ≈，进行加工刀具路径程序的模拟演示，如图6-109所示。

图6-109 刀具路径模拟

实例 078 ⊙案例源文件：ywwj/06/078.mcam

三通铣削加工

01 单击【线框】选项卡【圆弧】组中的【已知点画圆】按钮 ⊙，绘制圆形，半径为40，如图6-110所示。

图6-110 绘制半径为40的圆形

02 选择【机床】选项卡【机床类型】组中的【铣床】|【默认】命令，单击【铣削】选项卡2D组中的【外形】按钮 ，创建外形铣削，在绘图区选择加工线框串连，如图6-111所示。

03 在【2D刀路-外形铣削】对话框中，切换到【刀路类型】选项设置界面，设置刀路类型，

如图6-112所示。

图6-111 创建外形铣削加工程序

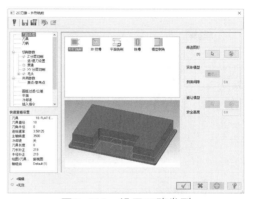

图6-112 设置刀路类型

04 在【2D刀路-外形铣削】对话框中，切换到【刀具】选项设置界面，创建刀具，如图6-113所示。

图6-113 设置刀具

05 在【2D刀路-外形铣削】对话框中，切换到【刀柄】选项设置界面，设置刀柄参数，如图6-114所示。

06 在【2D刀路-外形铣削】对话框中，切换到【切削参数】选项设置界面，设置切削参数，

如图6-115所示。

图6-114　设置刀柄参数

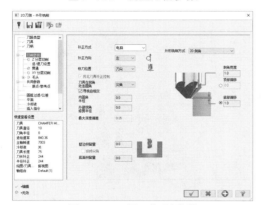

图6-115　设置切削参数

07 在【2D刀路-外形铣削】对话框中，切换到【进/退刀设置】选项设置界面，设置进退刀参数，如图6-116所示。

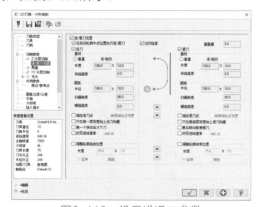

图6-116　设置进退刀参数

08 在【2D刀路-外形铣削】对话框中，切换到【共同参数】选项设置界面，设置刀具共同参数，如图6-117所示。

09 在【2D刀路-外形铣削】对话框中，切换到【旋转轴控制】选项设置界面，设置加工旋转轴参数，如图6-118所示。

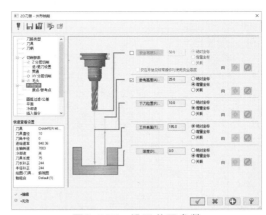

图6-117　设置共同参数

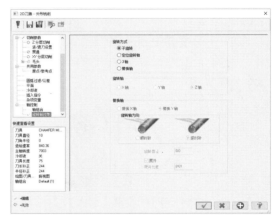

图6-118　设置旋转轴控制

10 这样就完成三通铣削加工。单击【机床】选项卡【模拟】组中的【刀路模拟】按钮，进行加工刀具路径程序的模拟演示，如图6-119所示。

图6-119　刀具路径模拟

实例 079 ⊕ 案例源文件：ywj/06/079.mcam

手柄铣削加工

01 选择【机床】选项卡【机床类型】组中的【铣床】|【默认】命令，单击【铣削】选项卡2D组中的【外形】按钮，创建外形铣削，在绘图区选择加工线框串连，如图6-120所示。

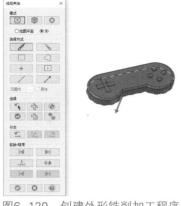

图6-120　创建外形铣削加工程序

02 在【2D刀路-外形铣削】对话框中，切换到【刀路类型】选项设置界面，设置刀路类型，如图6-121所示。

图6-121　设置刀路类型

03 在【2D刀路-外形铣削】对话框中，切换到【刀具】选项设置界面，创建刀具，如图6-122所示。

图6-122　设置刀具

04 在【2D刀路-外形铣削】对话框中，切换到【刀柄】选项设置界面，设置刀柄参数，如图6-123所示。

05 在【2D刀路-外形铣削】对话框中，切换到【切削参数】选项设置界面，设置切削参数，如图6-124所示。

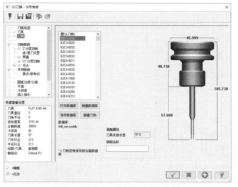

图6-123　设置刀柄参数

图6-124　设置切削参数

06 在【2D刀路-外形铣削】对话框中，切换到【进/退刀设置】选项设置界面，设置进退刀参数，如图6-125所示。

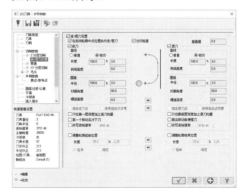

图6-125　设置进退刀参数

07 在【2D刀路-外形铣削】对话框中，切换到【共同参数】选项设置界面，设置刀具共同参数，如图6-126所示。

08 在【2D刀路-外形铣削】对话框中，切换到【旋转轴控制】选项设置界面，设置加工旋转轴参数，如图6-127所示。

09 单击【机床】选项卡【模拟】组中的【刀路模拟】按钮，进行加工刀具路径程序的模拟演示，如图6-128所示。这样就完成手柄铣削加工。

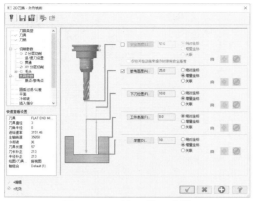

图6-126　设置共同参数

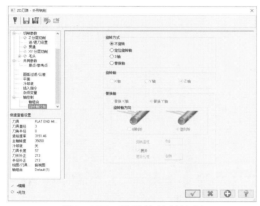

图6-127　设置旋转轴控制

图6-128　刀具路径模拟

实例 080

案例源文件：ywj/06/080.mcam

阀门铣削加工

01 选择【机床】选项卡【机床类型】组中的【铣床】|【默认】命令，单击【铣削】选项卡2D组中的【外形】按钮，创建外形铣削，在绘图区选择加工线框串连，如图6-129所示。

02 在【2D刀路-外形铣削】对话框中，切换到【刀路类型】选项设置界面，设置刀路类型，如图6-130所示。

图6-129　创建外形铣削加工程序

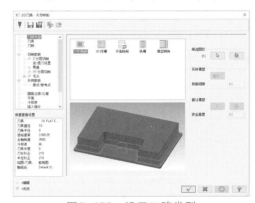

图6-130　设置刀路类型

03 在【2D刀路-外形铣削】对话框中，切换到【刀具】选项设置界面，创建刀具，如图6-131所示。

图6-131　设置刀具

04 在【2D刀路-外形铣削】对话框中，切换到【刀柄】选项设置界面，设置刀柄参数，如图6-132所示。

05 在【2D刀路-外形铣削】对话框中，切换到【切削参数】选项设置界面，设置切削参数，如图6-133所示。

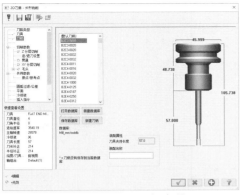

图6-132 设置刀柄参数

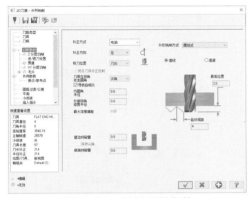

图6-133 设置切削参数

06 在【2D刀路-外形铣削】对话框中，切换到【进/退刀设置】选项设置界面，设置进退刀参数，如图6-134所示。

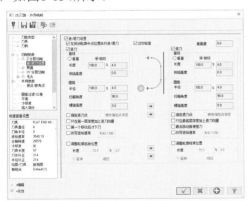

图6-134 设置进退刀参数

07 在【2D刀路-外形铣削】对话框中，切换到【共同参数】选项设置界面，设置刀具共同参数，如图6-135所示。

08 在【2D刀路-外形铣削】对话框中，切换到【平面】选项设置界面，设置坐标系和加工平面，如图6-136所示。

09 在【2D刀路-外形铣削】对话框中，切换到【旋转轴控制】选项设置界面，设置加工旋转

轴参数，如图6-137所示。

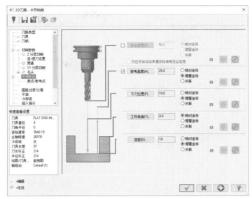

图6-135 设置共同参数

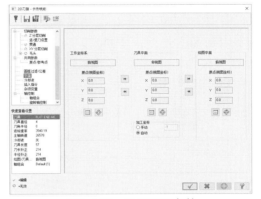

图6-136 设置平面参数

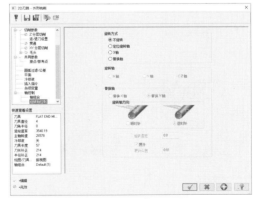

图6-137 设置旋转轴控制

10 这样就完成阀门铣削加工。单击【机床】选项卡【模拟】组中的【刀路模拟】按钮，进行加工刀具路径程序的模拟演示，如图6-138所示。

图6-138 刀具路径模拟

01 单击【线框】选项卡【形状】组中的【矩形】按钮□，绘制矩形图形，尺寸为40×10，如图6-139所示。

图6-139 绘制40×10的矩形

02 单击【线框】选项卡【圆弧】组中的【已知点画圆】按钮⊙，绘制圆形并修剪，半径为5，如图6-140所示。

图6-140 绘制圆形并修剪

03 单击【实体】选项卡【创建】组中的【实体拉伸】按钮，创建拉伸实体，距离为10，如图6-141所示。

图6-141 创建拉伸特征

04 选择【机床】选项卡【机床类型】组中的【铣床】|【默认】命令，单击【铣削】选项卡2D组中的【外形】按钮，创建外形铣削，在绘图区选择加工线框串连，如图6-142所示。

05 在【2D刀路-外形铣削】对话框中，切换到【刀路类型】选项设置界面，设置刀路类型，如图6-143所示。

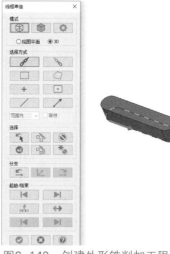

图6-142 创建外形铣削加工程序

图6-143 设置刀路类型

06 在【2D刀路-外形铣削】对话框中，切换到【刀具】选项设置界面，创建刀具，如图6-144所示。

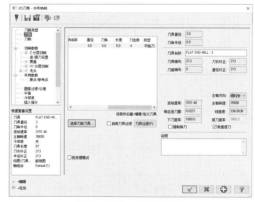

图6-144 设置刀具

07 在【2D刀路-外形铣削】对话框中，切换到【刀柄】选项设置界面，设置刀柄参数，如图6-145所示。

08 在【2D刀路-外形铣削】对话框中，切换到【切削参数】选项设置界面，设置切削参数，如图6-146所示。

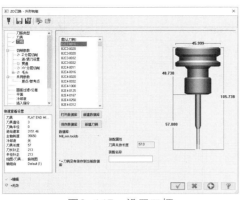

图6-145 设置刀柄

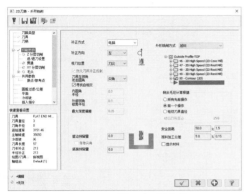

图6-146 设置切削参数

09 在【2D刀路-外形铣削】对话框中，切换到【Z分层切削】选项设置界面，设置分层切削参数，如图6-147所示。

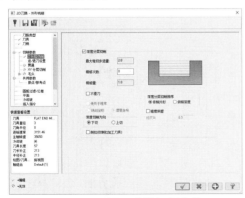

图6-147 设置分层切削参数

10 在【2D刀路-外形铣削】对话框中，切换到【进/退刀设置】选项设置界面，设置进退刀参数，如图6-148所示。

11 在【2D刀路-外形铣削】对话框中，切换到【共同参数】选项设置界面，设置刀具共同参数，如图6-149所示。

12 在【2D刀路-外形铣削】对话框中，切换到【旋转轴控制】选项设置界面，设置加工旋转

轴参数，如图6-150所示。

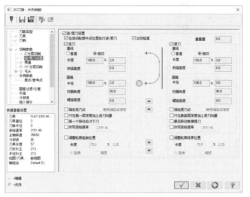

图6-148 设置进退刀参数

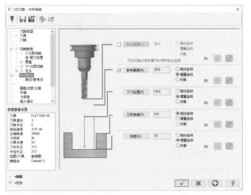

图6-149 设置共同参数

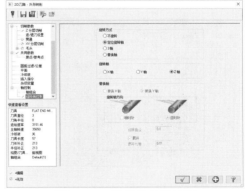

图6-150 设置旋转轴控制

13 这样就完成花键铣削加工。单击【机床】选项卡【模拟】组中的【刀路模拟】按钮，进行加工刀具路径程序的模拟演示，如图6-151所示。

图6-151 刀具路径模拟

手轮铣削加工

01 选择【机床】选项卡【机床类型】组中的【铣床】|【默认】命令，单击【铣削】选项卡 2D组中的【外形】按钮，创建外形铣削，在绘图区选择加工线框串连，如图6-152所示。

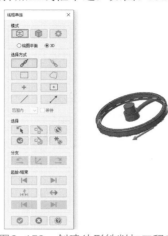

图6-152 创建外形铣削加工程序

02 在【2D刀路-外形铣削】对话框中，切换到【刀路类型】选项设置界面，设置刀路类型，如图6-153所示。

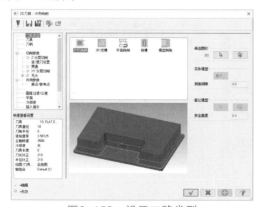

图6-153 设置刀路类型

03 在【2D刀路-外形铣削】对话框中，切换到【刀具】选项设置界面，创建刀具，如图6-154所示。

04 在【2D刀路-外形铣削】对话框中，切换到【刀柄】选项设置界面，设置刀柄参数，如图6-155所示。

05 在【2D刀路-外形铣削】对话框中，切换到【切削参数】选项设置界面，设置切削参数，如图6-156所示。

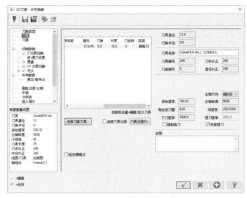

图6-154 设置刀具

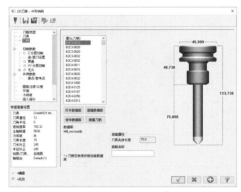

图6-155 设置刀柄

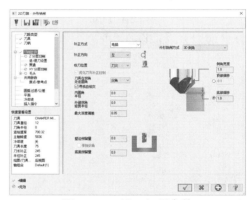

图6-156 设置切削参数

06 在【2D刀路-外形铣削】对话框中，切换到【进/退刀设置】选项设置界面，设置进退刀参数，如图6-157所示。

07 在【2D刀路-外形铣削】对话框中，切换到【共同参数】选项设置界面，设置刀具共同参数，如图6-158所示。

08 在【2D刀路-外形铣削】对话框中，切换到【平面】选项设置界面，设置坐标系和加工平面，如图6-159所示。

09 在【2D刀路-外形铣削】对话框中，切换到【旋转轴控制】选项设置界面，设置加工旋转

轴参数，如图6-160所示。

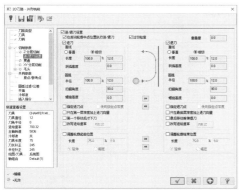

图6-157　设置进退刀参数

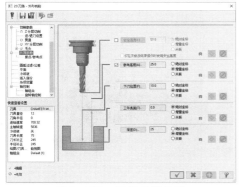

图6-158　设置共同参数

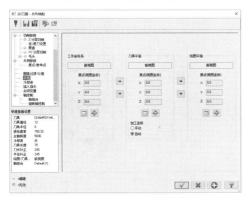

图6-159　设置平面参数

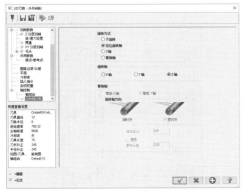

图6-160　设置旋转轴控制

10 这样就完成手轮铣削加工。单击【机床】选项卡【模拟】组中的【刀路模拟】按钮，进行加工刀具路径程序的模拟演示，如图6-161所示。

图6-161　刀具路径模拟

实例 083
案例源文件：ywj/06/083.mcam

导块铣削加工

01 单击【线框】选项卡【形状】组中的【矩形】按钮□，绘制矩形图形，尺寸为40×30，如图6-162所示。

图6-162　绘制40×30的矩形

02 单击【实体】选项卡【创建】组中的【实体拉伸】按钮，创建拉伸实体，距离为14，如图6-163所示。

图6-163　创建拉伸特征

03 单击【线框】选项卡【绘线】组中的【连续线】按钮，绘制长度为10的直线，如图6-164所示。

04 单击【线框】选项卡【绘线】组中的【连续线】按钮，绘制梯形，如图6-165所示。

图6-164　绘制长度为10的直线

图6-165　绘制梯形

05 单击【实体】选项卡【创建】组中的【实体拉伸】按钮，创建拉伸实体，距离为40，形成槽，如图6-166所示。

图6-166　创建拉伸切割特征

06 单击【线框】选项卡【绘线】组中的【连续线】按钮，绘制空间直线，如图6-167所示。

图6-167　绘制直线

07 选择【机床】选项卡【机床类型】组中的【铣床】|【默认】命令，单击【铣削】选项卡2D组中的【外形】按钮，创建外形铣削，在绘图区选择加工线框串连，如图6-168所示。

08 在【2D刀路-外形铣削】对话框中，切换到【刀路类型】选项设置界面，设置刀路类型，如图6-169所示。

图6-168　创建外形铣削加工程序

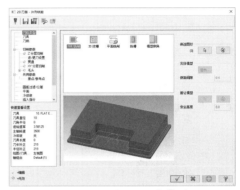

图6-169　设置刀路类型

09 在【2D刀路-外形铣削】对话框中，切换到【刀具】选项设置界面，创建刀具，如图6-170所示。

图6-170　设置刀具

10 在【2D刀路-外形铣削】对话框中，切换到【刀柄】选项设置界面，设置刀柄参数，如图6-171所示。

11 在【2D刀路-外形铣削】对话框中，切换到【切削参数】选项设置界面，设置切削参数，如图6-172所示。

12 在【2D刀路-外形铣削】对话框中，切换到【Z分层切削】选项设置界面，设置分层切削参数，如图6-173所示。

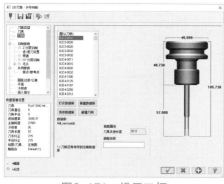

图6-171 设置刀柄

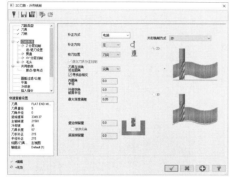

图6-172 设置切削参数

图6-173 设置分层切削参数

13 在【2D刀路-外形铣削】对话框中，切换到【进/退刀设置】选项设置界面，设置进退刀参数，如图6-174所示。

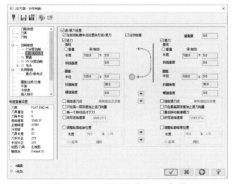

图6-174 设置进退刀参数

14 在【2D刀路-外形铣削】对话框中，切换到【共同参数】选项设置界面，设置刀具共同参数，如图6-175所示。

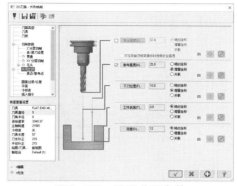

图6-175 设置共同参数

15 在【2D刀路-外形铣削】对话框中，切换到【平面】选项设置界面，设置坐标系和加工平面，如图6-176所示。

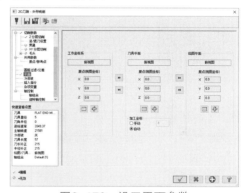

图6-176 设置平面参数

16 在【2D刀路-外形铣削】对话框中，切换到【旋转轴控制】选项设置界面，设置加工旋转轴参数，如图6-177所示。

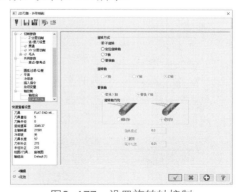

图6-177 设置旋转轴控制

17 这样就完成导块铣削加工。单击【机床】选项卡【模拟】组中的【刀路模拟】按钮，进行加工刀具路径程序的模拟演示，如图6-178所示。

图6-178　刀具路径模拟

实例 084 ⊕ 案例源文件：ywvj/06/084.mcam

滑块铣削加工

01 单击【线框】选项卡【形状】组中的【矩形】按钮□，绘制矩形图形，尺寸为50×20，如图6-179所示。

图6-179　绘制50×20的矩形

02 单击【实体】选项卡【创建】组中的【实体拉伸】按钮，创建拉伸实体，距离为20，如图6-180所示。

图6-180　创建拉伸特征

03 单击【实体】选项卡【修剪】组中的【依照实体面拔模】按钮，创建实体拔模特征，如图6-181所示。

图6-181　创建拔模特征

04 单击【实体】选项卡【修剪】组中的【单一距离倒角】按钮，创建实体倒角特征，如图6-182所示。

图6-182　创建倒角特征

05 选择【机床】选项卡【机床类型】组中的【铣床】|【默认】命令，单击【铣削】选项卡2D组中的【外形】按钮，创建外形铣削，在绘图区选择加工线框串连，如图6-183所示。

图6-183　创建外形铣削加工程序

06 在【2D刀路-外形铣削】对话框中，切换到【刀路类型】选项设置界面，设置刀路类型，如图6-184所示。

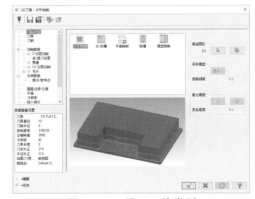

图6-184　设置刀路类型

07 在【2D刀路-外形铣削】对话框中，切换到

【刀具】选项设置界面，创建刀具，如图6-185所示。

图6-185　设置刀具

08 在【2D刀路-外形铣削】对话框中，切换到【刀柄】选项设置界面，设置刀柄参数，如图6-186所示。

图6-186　设置刀柄参数

09 在【2D刀路-外形铣削】对话框中，切换到【切削参数】选项设置界面，设置切削参数，如图6-187所示。

图6-187　设置切削参数

10 在【2D刀路-外形铣削】对话框中，切换到【Z分层切削】选项设置界面，设置分层切削参数，如图6-188所示。

11 在【2D刀路-外形铣削】对话框中，切换到

【进/退刀设置】选项设置界面，设置进退刀参数，如图6-189所示。

图6-188　设置分层切削参数

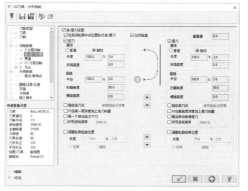

图6-189　设置进退刀参数

12 在【2D刀路-外形铣削】对话框中，切换到【共同参数】选项设置界面，设置刀具共同参数，如图6-190所示。

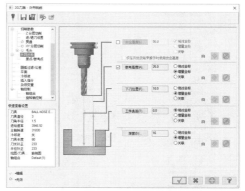

图6-190　设置共同参数

13 在【2D刀路-外形铣削】对话框中，切换到【旋转轴控制】选项设置界面，设置加工旋转轴参数，如图6-191所示。

14 这样就完成滑块铣削加工。单击【机床】选项卡【模拟】组中的【刀路模拟】按钮，进行加工刀具路径程序的模拟演示，如图6-192所示。

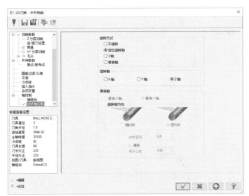

图6-191 设置旋转轴控制

图6-192 刀具路径模拟

实例 085

导轨铣削加工

案例源文件: ywj/06/085.mcam

01 单击【线框】选项卡【形状】组中的【矩形】按钮□,绘制矩形图形,尺寸为70×10,如图6-193所示。

图6-193 绘制70×10的矩形

02 单击【实体】选项卡【创建】组中的【实体拉伸】按钮,创建拉伸实体,距离为4,如图6-194所示。

图6-194 创建拉伸特征

03 单击【线框】选项卡【圆弧】组中的【已知点画圆】按钮⊙,绘制圆形,半径为2,如图6-195所示。

图6-195 绘制两个圆形

04 单击【实体】选项卡【创建】组中的【实体拉伸】按钮,创建拉伸实体,距离为60,如图6-196所示。

图6-196 创建拉伸切割特征

05 选择【机床】选项卡【机床类型】组中的【铣床】|【默认】命令,单击【铣削】选项卡2D组中的【外形】按钮,创建外形铣削,在绘图区选择加工线框串连,如图6-197所示。

图6-197 创建外形铣削加工程序

06 在【2D刀路-外形铣削】对话框中,切换到【刀路类型】选项设置界面,设置刀路类型,如图6-198所示。

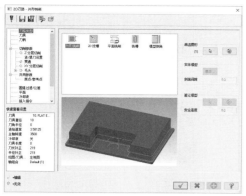

图6-198　设置刀路类型

07 在【2D刀路-外形铣削】对话框中，切换到【刀具】选项设置界面，创建刀具，如图6-199所示。

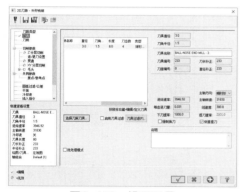

图6-199　设置刀具

08 在【2D刀路-外形铣削】对话框中，切换到【刀柄】选项设置界面，设置刀柄参数，如图6-200所示。

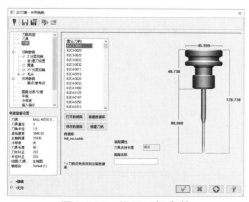

图6-200　设置刀柄参数

09 在【2D刀路-外形铣削】对话框中，切换到【切削参数】选项设置界面，设置切削参数，如图6-201所示。

10 在【2D刀路-外形铣削】对话框中，切换到【Z分层切削】选项设置界面，设置分层切削参

数，如图6-202所示。

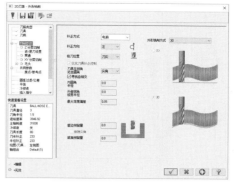

图6-201　设置切削参数

图6-202　设置分层切削参数

11 在【2D刀路-外形铣削】对话框中，切换到【进/退刀设置】选项设置界面，设置进退刀参数，如图6-203所示。

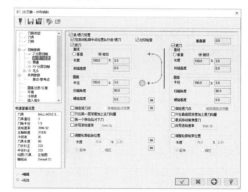

图6-203　设置进退刀参数

12 在【2D刀路-外形铣削】对话框中，切换到【共同参数】选项设置界面，设置刀具共同参数，如图6-204所示。

13 在【2D刀路-外形铣削】对话框中，切换到【平面】选项设置界面，设置坐标系和加工平面，如图6-205所示。

14 在【2D刀路-外形铣削】对话框中，切换到【旋转轴控制】选项设置界面，设置加工旋转

轴参数，如图6-206所示。

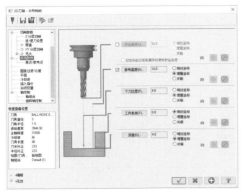

图6-204　设置共同参数

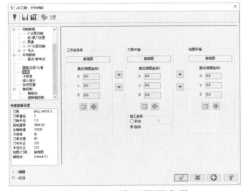

图6-205　设置平面参数

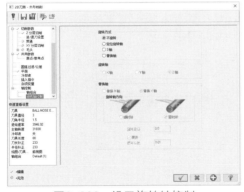

图6-206　设置旋转轴控制

15 这样就完成导轨铣削加工。单击【机床】选项卡【模拟】组中的【刀路模拟】按钮，进行加工刀具路径程序的模拟演示，如图6-207所示。

图6-207　刀具路径模拟

MasterCAM 2020 完全实训手册

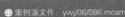

拨轮铣削加工

01 单击【线框】选项卡【圆弧】组中的【已知点画圆】按钮⊙，绘制圆形，半径为30，如图6-208所示。

图6-208　绘制半径为30的圆形

02 选择【机床】选项卡【机床类型】组中的【铣床】|【默认】命令，单击【铣削】选项卡2D组中的【外形】按钮，创建外形铣削，在绘图区选择加工线框串连，如图6-209所示。

图6-209　创建外形铣削加工程序

03 在【2D刀路-外形铣削】对话框中，切换到【刀路类型】选项设置界面，设置刀路类型，如图6-210所示。

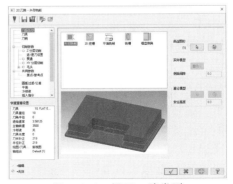

图6-210　设置刀路类型

04 在【2D刀路-外形铣削】对话框中，切换到【刀具】选项设置界面，创建刀具，如图6-211所示。

图6-211　设置刀具

05 在【2D刀路-外形铣削】对话框中，切换到【刀柄】选项设置界面，设置刀柄参数，如图6-212所示。

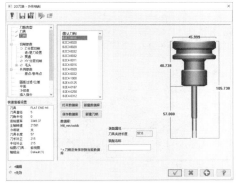

图6-212　设置刀柄参数

06 在【2D刀路-外形铣削】对话框中，切换到【切削参数】选项设置界面，设置切削参数，如图6-213所示。

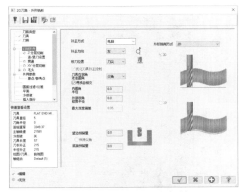

图6-213　设置切削参数

07 在【2D刀路-外形铣削】对话框中，切换到【进/退刀设置】选项设置界面，设置进退刀参数，如图6-214所示。

08 在【2D刀路-外形铣削】对话框中，切换到【共同参数】选项设置界面，设置刀具共同参数，如图6-215所示。

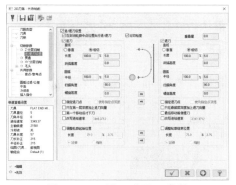

图6-214　设置进退刀参数

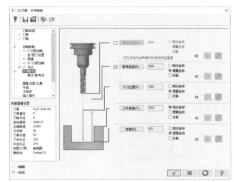

图6-215　设置共同参数

09 在【2D刀路-外形铣削】对话框中，切换到【旋转轴控制】选项设置界面，设置加工旋转轴参数，如图6-216所示。

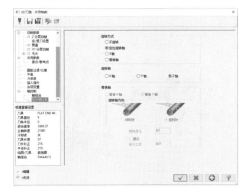

图6-216　设置旋转轴控制

10 这样就完成拨轮铣削加工。单击【机床】选项卡【模拟】组中的【刀路模拟】按钮，进行加工刀具路径程序的模拟演示，如图6-217所示。

图6-217　刀具路径模拟

盒盖铣削加工

01 单击【线框】选项卡【形状】组中的【矩形】按钮□，绘制矩形图形，尺寸为20×10，如图6-218所示。

图6-218 绘制20×10的矩形

02 单击【线框】选项卡【修剪】组中的【图素倒圆角】按钮⌒，绘制圆角，半径为2，如图6-219所示。

图6-219 绘制半径为2的圆角

03 单击【实体】选项卡【创建】组中的【实体拉伸】按钮，创建拉伸实体，距离为4，如图6-220所示。

图6-220 创建拉伸特征

04 单击【实体】选项卡【修剪】组中的【抽壳】按钮，创建抽壳特征，如图6-221所示。

05 单击【线框】选项卡【修剪】组中的【串连补正】按钮，绘制偏移曲线，如图6-222所示。

06 选择【机床】选项卡【机床类型】组中的【铣床】|【默认】命令，单击【铣削】选项卡2D组中的【外形】按钮，创建外形铣削，在绘图区选择加工线框串连，如图6-223所示。

图6-221 创建抽壳特征

图6-222 绘制偏移图形

图6-223 创建外形铣削加工程序

07 在【2D刀路-外形铣削】对话框中，切换到【刀路类型】选项设置界面，设置刀路类型，如图6-224所示。

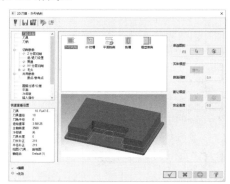

图6-224 设置刀路类型

08 在【2D刀路-外形铣削】对话框中，切换到【刀具】选项设置界面，创建刀具，如图6-225所示。

图6-225　设置刀具

09 在【2D刀路-外形铣削】对话框中，切换到【刀柄】选项设置界面，设置刀柄参数，如图6-226所示。

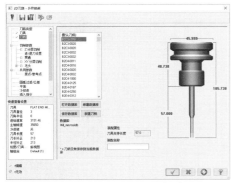

图6-226　设置刀柄参数

10 在【2D刀路-外形铣削】对话框中，切换到【切削参数】选项设置界面，设置切削参数，如图6-227所示。

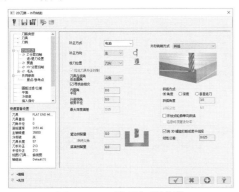

图6-227　设置切削参数

11 在【2D刀路-外形铣削】对话框中，切换到【进/退刀设置】选项设置界面，设置进退刀参数，如图6-228所示。

12 在【2D刀路-外形铣削】对话框中，切换到【共同参数】选项设置界面，设置刀具共同参数，如图6-229所示。

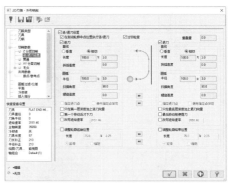

图6-228　设置进退刀参数

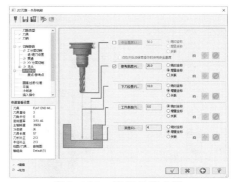

图6-229　设置共同参数

13 在【2D刀路-外形铣削】对话框中，切换到【旋转轴控制】选项设置界面，设置加工旋转轴参数，如图6-230所示。

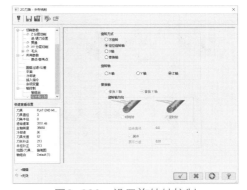

图6-230　设置旋转轴控制

14 这样就完成盒盖铣削加工。单击【机床】选项卡【模拟】组中的【刀路模拟】按钮，进行加工刀具路径程序的模拟演示，如图6-231所示。

图6-231　刀具路径模拟

第 **7** 章 二维挖槽加工

标准挖槽加工

案例源文件：ywj/07/088.mcam

01 选择【机床】选项卡【机床类型】组中的【铣床】|【默认】命令，单击【铣削】选项卡2D组中的【挖槽】按钮，创建2D挖槽工序，在绘图区选择加工线框串连，如图7-1所示。

图7-1　创建2D挖槽加工程序

02 在【2D刀路-2D挖槽】对话框中，切换到【刀路类型】选项设置界面，设置刀路类型，如图7-2所示。

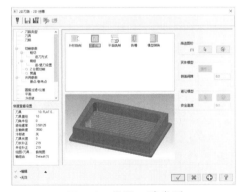

图7-2　设置刀路类型

> **（●提示·○**
>
> 　　2D标准挖槽加工专门对平面槽形工件进行加工，且二维加工轮廓必须是封闭的，不能是开放的。

03 在【2D刀路-2D挖槽】对话框中，切换到【刀具】选项设置界面，创建刀具，如图7-3所示。

04 在【2D刀路-2D挖槽】对话框中，切换到【刀柄】选项设置界面，设置刀柄参数，如图7-4所示。

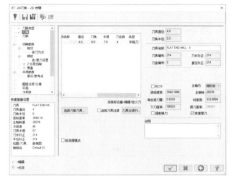

图7-3　设置刀具

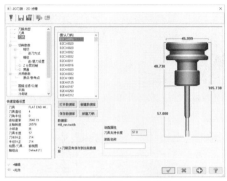

图7-4　设置刀柄参数

05 在【2D刀路-2D挖槽】对话框中，切换到【切削参数】选项设置界面，设置切削参数，如图7-5所示。

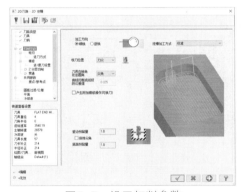

图7-5　设置切削参数

06 在【2D刀路-2D挖槽】对话框中，切换到【粗切】选项设置界面，设置粗切参数，如图7-6所示。

07 在【2D刀路-2D挖槽】对话框中，切换到【进刀方式】选项设置界面，设置进刀方式，如图7-7所示。

08 在【2D刀路-2D挖槽】对话框中，切换到【精修】选项设置界面，设置精修参数，如图7-8所示。

09 在【2D刀路-2D挖槽】对话框中，切换到

【进/退刀设置】选项设置界面，设置进退刀参数，如图7-9所示。

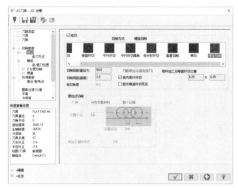

图7-6　设置粗切参数

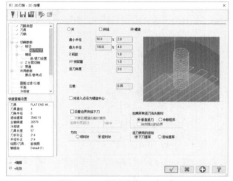

图7-7　设置进刀方式

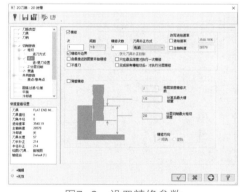

图7-8　设置精修参数

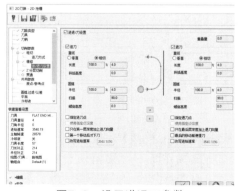

图7-9　设置进退刀参数

10 在【2D刀路-2D挖槽】对话框中，切换到【Z分层切削】选项设置界面，设置分层切削参数，如图7-10所示。

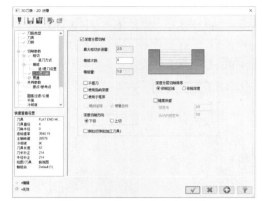

图7-10　设置分层切削参数

11 在【2D刀路-2D挖槽】对话框中，切换到【贯通】选项设置界面，设置贯通参数，如图7-11所示。

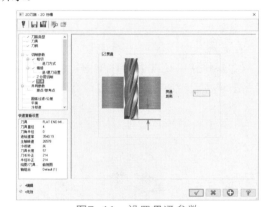

图7-11　设置贯通参数

12 在【2D刀路-2D挖槽】对话框中，切换到【共同参数】选项设置界面，设置刀具共同参数，如图7-12所示。

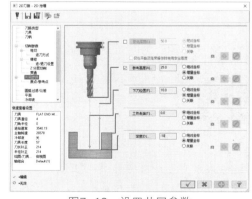

图7-12　设置共同参数

13 在【2D刀路-2D挖槽】对话框中，切换到

【平面】选项设置界面，设置坐标系和加工平面，如图7-13所示。

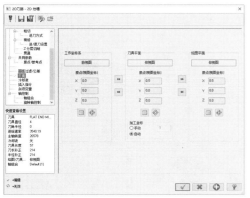

图7-13　设置平面参数

14 在【2D刀路-2D挖槽】对话框中，切换到【旋转轴控制】选项设置界面，设置加工旋转轴控制参数，如图7-14所示。

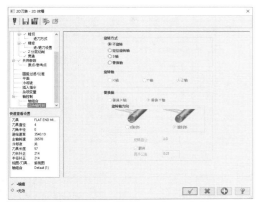

图7-14　设置旋转轴控制参数

⊙提示·∘

　　2D标准挖槽加工采用逐层加工的方式，在每一层内，刀具会以最少的刀具路径、最快的速度去除残料，因此2D标准挖槽加工效率非常高。

15 这样就完成标准挖槽加工。单击【机床】选项卡【模拟】组中的【刀路模拟】按钮≋，进行加工刀具路径程序的模拟演示，如图7-15所示。

图7-15　刀具路径模拟

实例 089　案例源文件：ywj/07/089.mcam

打开挖槽加工

01 单击【线框】选项卡【形状】组中的【矩形】按钮□，绘制矩形图形，尺寸为10×20，并移动，如图7-16所示。

 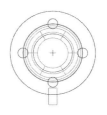

图7-16　绘制10×20的矩形

02 单击【实体】选项卡【创建】组中的【实体拉伸】按钮🗗，创建拉伸实体，距离为8，如图7-17所示。

图7-17　创建拉伸特征

03 选择【机床】选项卡【机床类型】组中的【铣床】|【默认】命令，单击【铣削】选项卡2D组中的【挖槽】按钮▣，创建2D挖槽工序，在绘图区选择加工线框串连，如图7-18所示。

图7-18　创建2D挖槽加工程序

　　用2D标准挖槽加工槽形的轮廓时，参数设置非常方便，系统根据轮廓自动计算走刀次数，无须自己计算。

04 在【2D刀路-2D挖槽】对话框中，切换到【刀路类型】选项设置界面，设置刀路类型，如图7-19所示。

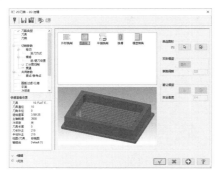

图7-19　设置刀路类型

05 在【2D刀路-2D挖槽】对话框中，切换到【刀具】选项设置界面，创建刀具，如图7-20所示。

图7-20　设置刀具

06 在【2D刀路-2D挖槽】对话框中，切换到【刀柄】选项设置界面，设置刀柄参数，如图7-21所示。

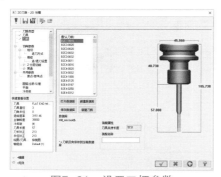

图7-21　设置刀柄参数

07 在【2D刀路-2D挖槽】对话框中，切换到【切削

参数】选项设置界面，设置切削参数，如图7-22所示。

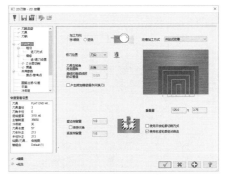

图7-22　设置切削参数

08 在【2D刀路-2D挖槽】对话框中，切换到【粗切】选项设置界面，设置粗切参数，如图7-23所示。

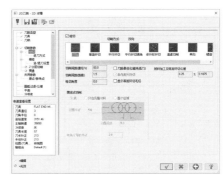

图7-23　设置粗切参数

09 在【2D刀路-2D挖槽】对话框中，切换到【进刀方式】选项设置界面，设置进刀方式，如图7-24所示。

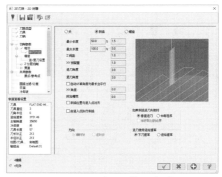

图7-24　设置进刀方式

10 在【2D刀路-2D挖槽】对话框中，切换到【Z分层切削】选项设置界面，设置分层切削参数，如图7-25所示。

11 在【2D刀路-2D挖槽】对话框中，切换到【共同参数】选项设置界面，设置刀具共同参数，如图7-26所示。

图7-25 设置分层切削参数

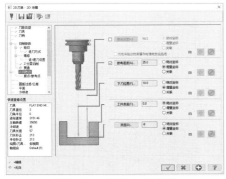

图7-26 设置共同参数

12 在【2D刀路-2D挖槽】对话框中，切换到【平面】选项设置界面，设置坐标系和加工平面，如图7-27所示。

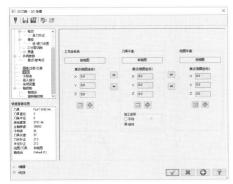

图7-27 设置平面参数

13 这样就完成打开挖槽加工。单击【机床】选项卡【模拟】组中的【刀路模拟】按钮，进行加工刀具路径程序的模拟演示，如图7-28所示。

图7-28 刀具路径模拟

 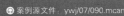
残料挖槽加工

01 单击【线框】选项卡【圆弧】组中的【已知点画圆】按钮⊙，绘制圆形，半径为18，如图7-29所示。

图7-29 绘制半径为18的圆形

02 选择【机床】选项卡【机床类型】组中的【铣床】|【默认】命令，单击【铣削】选项卡2D组中的【挖槽】按钮，创建2D挖槽工序，在绘图区选择加工线框串连，如图7-30所示。

图7-30 创建2D挖槽加工程序

03 在【2D刀路-2D挖槽】对话框中，切换到【刀路类型】选项设置界面，设置刀路类型，如图7-31所示。

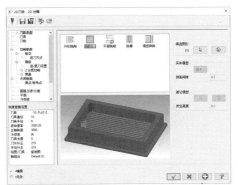

图7-31 设置刀路类型

第7章 二维挖槽加工

04 在【2D刀路-2D挖槽】对话框中，切换到【刀具】选项设置界面，创建刀具，如图7-32所示。

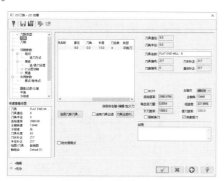

图7-32 设置刀具

05 在【2D刀路-2D挖槽】对话框中，切换到【刀柄】选项设置界面，设置刀柄参数，如图7-33所示。

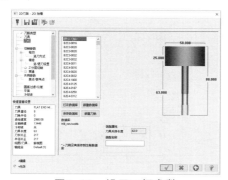

图7-33 设置刀柄参数

06 在【2D刀路-2D挖槽】对话框中，切换到【切削参数】选项设置界面，设置切削参数，如图7-34所示。

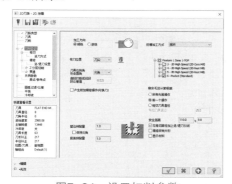

图7-34 设置切削参数

07 在【2D刀路-2D挖槽】对话框中，切换到【粗切】选项设置界面，设置粗切参数，如图7-35所示。

08 在【2D刀路-2D挖槽】对话框中，切换到【共同参数】选项设置界面，设置刀具共同参

数，如图7-36所示。

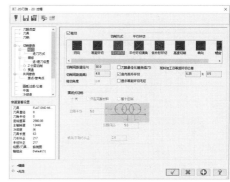

图7-35 设置粗切参数

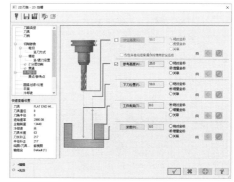

图7-36 设置共同参数

09 在【2D刀路-2D挖槽】对话框中，切换到【平面】选项设置界面，设置坐标系和加工平面，如图7-37所示。

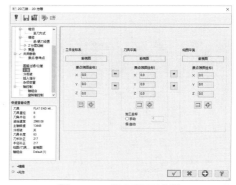

图7-37 设置平面参数

10 这样就完成残料挖槽加工。单击【机床】选项卡【模拟】组中的【刀路模拟】按钮，进行加工刀具路径程序的模拟演示，如图7-38所示。

图7-38 刀具路径模拟

实例 091

案例源文件：ywj/07/091.mcam

平面铣削挖槽加工

01 选择【机床】选项卡【机床类型】组中的【铣床】|【默认】命令，单击【铣削】选项卡2D组中的【挖槽】按钮圆，创建2D挖槽工序，在绘图区选择加工线框串连，如图7-39所示。

图7-39 创建2D挖槽加工程序

02 在【2D刀路-2D挖槽】对话框中，切换到【刀路类型】选项设置界面，设置刀路类型，如图7-40所示。

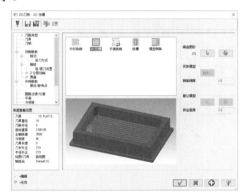

图7-40 设置刀路类型

03 在【2D刀路-2D挖槽】对话框中，切换到【刀具】选项设置界面，创建刀具，如图7-41所示。

04 在【2D刀路-2D挖槽】对话框中，切换到【刀柄】选项设置界面，设置刀柄参数，如图7-42所示。

05 在【2D刀路-2D挖槽】对话框中，切换到【切削参数】选项设置界面，设置切削参数，如图7-43所示。

06 在【2D刀路-2D挖槽】对话框中，切换到【粗切】选项设置界面，设置粗切参数，如图7-44所示。

图7-41 设置刀具

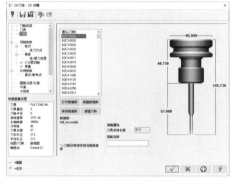

图7-42 设置刀柄参数

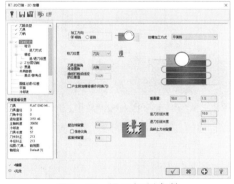

图7-43 设置切削参数

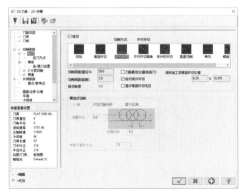

图7-44 设置粗切参数

07 在【2D刀路-2D挖槽】对话框中，切换到【共同参数】选项设置界面，设置刀具共同参数，如图7-45所示。

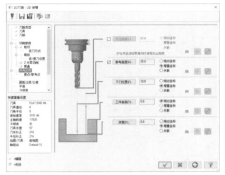

图7-45　设置共同参数

08 在【2D刀路-2D挖槽】对话框中，切换到【平面】选项设置界面，设置坐标系和加工平面，如图7-46所示。

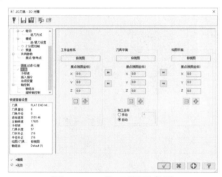

图7-46　设置平面参数

09 这样就完成平面铣削挖槽加工。单击【机床】选项卡【模拟】组中的【刀路模拟】按钮，进行加工刀具路径程序的模拟演示，如图7-47所示。

图7-47　刀具路径模拟

实例 092
⊛ 案例源文件：ywj/07/092.mcam

使用岛屿深度

01 选择【机床】选项卡【机床类型】组中的【铣床】|【默认】命令，单击【铣削】选项

卡2D组中的【挖槽】按钮，创建2D挖槽工序，在绘图区选择加工线框串连，如图7-48所示。

图7-48　创建2D挖槽加工程序

02 在【2D刀路-2D挖槽】对话框中，切换到【刀路类型】选项设置界面，设置刀路类型，如图7-49所示。

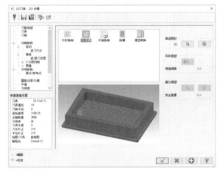

图7-49　设置刀路类型

03 在【2D刀路-2D挖槽】对话框中，切换到【刀具】选项设置界面，创建刀具，如图7-50所示。

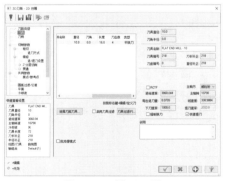

图7-50　设置刀具

04 在【2D刀路-2D挖槽】对话框中，切换到【刀柄】选项设置界面，设置刀柄参数，如图7-51

所示。

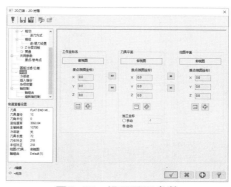

图7-51　设置刀柄参数

05 在【2D刀路-2D挖槽】对话框中，切换到【切削参数】选项设置界面，设置切削参数，如图7-52所示。

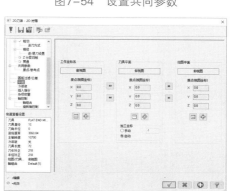

图7-52　设置切削参数

06 在【2D刀路-2D挖槽】对话框中，切换到【粗切】选项设置界面，设置粗切参数，如图7-53所示。

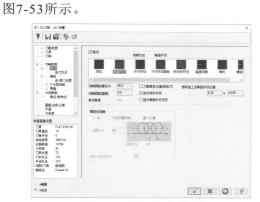

图7-53　设置粗切参数

07 在【2D刀路-2D挖槽】对话框中，切换到【共同参数】选项设置界面，设置刀具共同参数，如图7-54所示。

08 在【2D刀路-2D挖槽】对话框中，切换到【平面】选项设置界面，设置坐标系和加工平面，如图7-55所示。

图7-54　设置共同参数

图7-55　设置平面参数

09 这样就完成使用岛屿深度的操作。单击【机床】选项卡【模拟】组中的【刀路模拟】按钮，进行加工刀具路径程序的模拟演示，如图7-56所示。

图7-56　刀具路径模拟

实例 093　⊕ 案例源文件：ywj/07/093.mcam

旋盖挖槽加工

01 选择【机床】选项卡【机床类型】组中的【铣床】|【默认】命令，单击【铣削】选项卡2D组中的【挖槽】按钮，创建2D挖槽工序，在绘图区选择加工线框串连，如图7-57所示。

02 在【2D刀路-2D挖槽】对话框中，切换到【刀路类型】选项设置界面，设置刀路类型，如图7-58所示。

图7-57 创建2D挖槽加工程序

图7-58 设置刀路类型

03 在【2D刀路-2D挖槽】对话框中,切换到【刀具】选项设置界面,创建刀具,如图7-59所示。

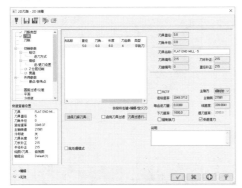

图7-59 设置刀具

04 在【2D刀路-2D挖槽】对话框中,切换到【刀柄】选项设置界面,设置刀柄参数,如图7-60所示。

05 在【2D刀路-2D挖槽】对话框中,切换到【切削参数】选项设置界面,设置切削参数,如图7-61所示。

06 在【2D刀路-2D挖槽】对话框中,切换到【粗切】选项设置界面,设置粗切参数,如

图7-62所示。

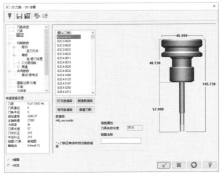

图7-60 设置刀柄参数

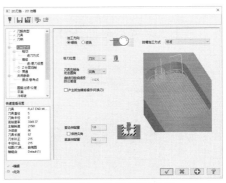

图7-61 设置切削参数

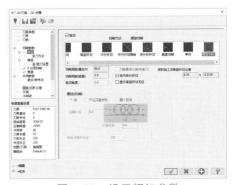

图7-62 设置粗切参数

07 在【2D刀路-2D挖槽】对话框中,切换到【共同参数】选项设置界面,设置刀具共同参数,如图7-63所示。

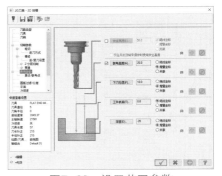

图7-63 设置共同参数

MasterCAM 2020 完全实训手册

08 在【2D刀路-2D挖槽】对话框中，切换到【旋转轴控制】选项设置界面，设置加工旋转轴控制参数，如图7-64所示。

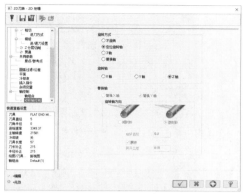

图7-64　设置旋转轴控制参数

09 这样就完成旋盖挖槽加工。单击【机床】选项卡【模拟】组中的【刀路模拟】按钮，进行加工刀具路径程序的模拟演示，如图7-65所示。

图7-65　刀具路径模拟

实例 094

案例源文件：ywj/07/094.mcam

法兰挖槽加工（一）

01 单击【线框】选项卡【圆弧】组中的【已知点画圆】按钮⊙，绘制圆形，半径为20，如图7-66所示。

图7-66　绘制半径为20的圆形

02 单击【实体】选项卡【创建】组中的【实体拉伸】按钮，创建拉伸实体，距离为8，如图7-67所示。

图7-67　创建拉伸特征

03 单击【实体】选项卡【修剪】组中的【单一距离倒角】按钮，创建实体倒角特征，如图7-68所示。

图7-68　创建倒角特征

04 绘制圆形，半径为4，如图7-69所示。

图7-69　绘制4个圆形

05 单击【实体】选项卡【创建】组中的【实体拉伸】按钮，创建拉伸切割实体，距离为8，如图7-70所示。

图7-70　创建拉伸切割特征

06 单击【线框】选项卡【形状】组中的【矩形】按钮□，绘制矩形图形，尺寸为4×60，如图7-71所示。

图7-71 绘制4×60的矩形

07 单击【实体】选项卡【创建】组中的【实体拉伸】按钮🏺，创建拉伸实体，距离为2，如图7-72所示。

图7-72 创建拉伸切割特征

08 单击【线框】选项卡【绘线】组中的【绘点】按钮➕，绘制点图形，如图7-73所示。

图7-73 绘制空间点

09 单击【实体】选项卡【创建】组中的【孔】按钮◈，创建简单孔，直径为6，如图7-74所示。

图7-74 创建孔特征

10 绘制圆形，半径为3，如图7-75所示。这样零件模型就制作完成，下面进行加工设置。

图7-75 绘制半径为3的圆形

11 选择【机床】选项卡【机床类型】组中的【铣床】|【默认】命令，单击【铣削】选项卡2D组中的【挖槽】按钮▣，创建2D挖槽工序，在绘图区选择加工线框串连，如图7-76所示。

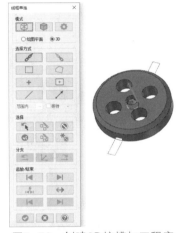

图7-76 创建2D挖槽加工程序

12 在【2D刀路-2D挖槽】对话框中，切换到【刀路类型】选项设置界面，设置刀路类型，如图7-77所示。

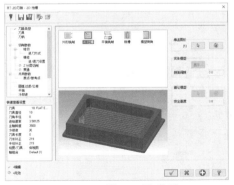

图7-77 设置刀路类型

13 在【2D刀路-2D挖槽】对话框中，切换到【刀具】选项设置界面，创建刀具，如图7-78所示。

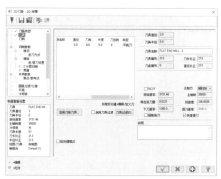

图7-78　设置刀具

14 在【2D刀路-2D挖槽】对话框中，切换到【刀柄】选项设置界面，设置刀柄参数，如图7-79所示。

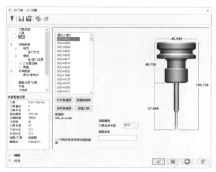

图7-79　设置刀柄参数

15 在【2D刀路-2D挖槽】对话框中，切换到【切削参数】选项设置界面，设置切削参数，如图7-80所示。

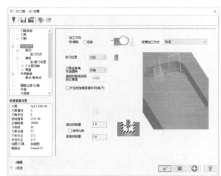

图7-80　设置切削参数

16 在【2D刀路-2D挖槽】对话框中，切换到【粗切】选项设置界面，设置粗切参数，如图7-81所示。

17 在【2D刀路-2D挖槽】对话框中，切换到【共同参数】选项设置界面，设置刀具共同参数，如图7-82所示。

18 在【2D刀路-2D挖槽】对话框中，切换到【旋转轴控制】选项设置界面，设置加工旋转

轴控制参数，如图7-83所示。

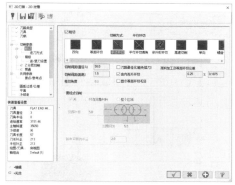

图7-81　设置粗切参数

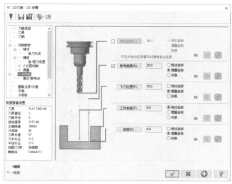

图7-82　设置共同参数

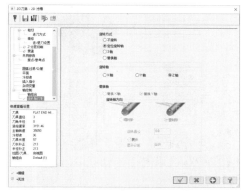

图7-83　设置旋转轴控制参数

19 这样就完成法兰挖槽加工操作。单击【机床】选项卡【模拟】组中的【刀路模拟】按钮，进行加工刀具路径程序的模拟演示，如图7-84所示。

图7-84　刀具路径模拟

法兰挖槽加工（二）

01 使用实例094的法兰零件，单击【线框】选项卡【圆弧】组中的【已知点画圆】按钮⊙，在零件上绘制圆形，半径为18，如图7-85所示。

图7-85 绘制半径为18的圆形

02 选择【机床】选项卡【机床类型】组中的【铣床】|【默认】命令，单击【铣削】选项卡2D组中的【挖槽】按钮◩，创建2D挖槽工序，在绘图区选择加工线框串连，如图7-86所示。

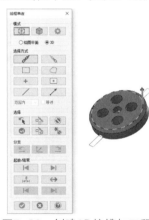

图7-86 创建2D挖槽加工程序

03 在【2D刀路-2D挖槽】对话框中，切换到【刀路类型】选项设置界面，设置刀路类型，如图7-87所示。

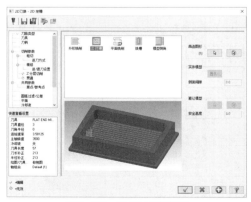

图7-87 设置刀路类型

04 在【2D刀路-2D挖槽】对话框中，切换到【刀具】选项设置界面，创建刀具，如图7-88所示。

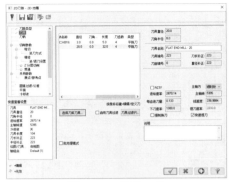

图7-88 设置刀具

05 在【2D刀路-2D挖槽】对话框中，切换到【刀柄】选项设置界面，设置刀柄参数，如图7-89所示。

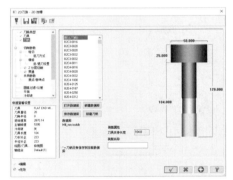

图7-89 设置刀柄参数

06 在【2D刀路-2D挖槽】对话框中，切换到【切削参数】选项设置界面，设置切削参数，如图7-90所示。

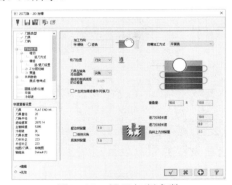

图7-90 设置切削参数

07 在【2D刀路-2D挖槽】对话框中，切换到【共同参数】选项设置界面，设置刀具共同参数，如图7-91所示。

08 单击【机床】选项卡【模拟】组中的【刀路

模拟】按钮，进行加工刀具路径程序的模拟演示，如图7-92所示。

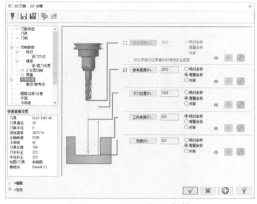

图7-91 设置共同参数

图7-92 刀具路径模拟

实例 096　⊕ 案例源文件：ywj/07/096.mcam

法兰挖槽加工（三）

01 接着用前面实例的零件，单击【线框】选项卡【圆弧】组中的【已知点画圆】按钮⊙，绘制圆形，半径为20，如图7-93所示。

图7-93 绘制半径为20的圆形

02 单击【实体】选项卡【创建】组中的【实体拉伸】按钮，创建拉伸实体，距离为20，如图7-94所示。

03 选择【机床】选项卡【机床类型】组中的【铣床】|【默认】命令，单击【铣削】选项卡2D组中的【挖槽】按钮，创建2D挖槽工序，在绘图区选择加工线框串连，如图7-95所示。

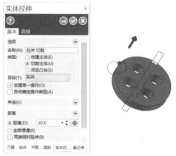

图7-94 创建拉伸切割特征

图7-95 创建2D挖槽加工程序

04 在【2D刀路-2D挖槽】对话框中，切换到【刀路类型】选项设置界面，设置刀路类型，如图7-96所示。

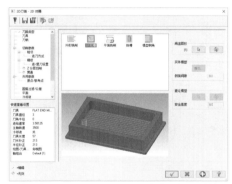

图7-96 设置刀路类型

05 在【2D刀路-2D挖槽】对话框中，切换到【刀具】选项设置界面，创建刀具，如图7-97所示。

06 在【2D刀路-2D挖槽】对话框中，切换到【刀柄】选项设置界面，设置刀柄参数，如图7-98所示。

07 在【2D刀路-2D挖槽】对话框中，切换到【切削参数】选项设置界面，设置切削参数，如图7-99所示。

08 在【2D刀路-2D挖槽】对话框中，切换到【粗切】选项设置界面，设置粗切参数，如图7-100所示。

图7-97 创建刀具

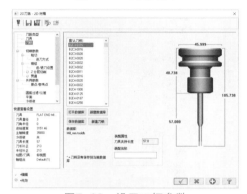

图7-98 设置刀柄参数

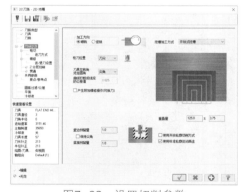

图7-99 设置切削参数

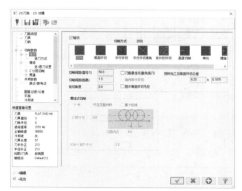

图7-100 设置粗切参数

09 在【2D刀路-2D挖槽】对话框中，切换到【共同参数】选项设置界面，设置刀具共同参数，如图7-101所示。

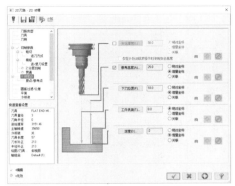

图7-101 设置共同参数

10 在【2D刀路-2D挖槽】对话框中，切换到【平面】选项设置界面，设置坐标系和加工平面，如图7-102所示。

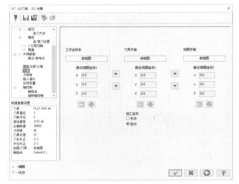

图7-102 设置平面参数

11 单击【机床】选项卡【模拟】组中的【刀路模拟】按钮≋，进行加工刀具路径程序的模拟演示，如图7-103所示。

图7-103 刀具路径模拟

实例 097 ● 案例源文件：ywj/07/097.mcam

法兰挖槽加工（四）

01 打开前面实例的法兰零件，选择【机床】选项卡【机床类型】组中的【铣床】|【默认】命

令，单击【铣削】选项卡2D组中的【挖槽】按钮图，创建2D挖槽工序，在绘图区选择加工线框串连，如图7-104所示。

图7-104 创建2D挖槽加工程序

02 在【2D刀路-2D挖槽】对话框中，切换到【刀路类型】选项设置界面，设置刀路类型，如图7-105所示。

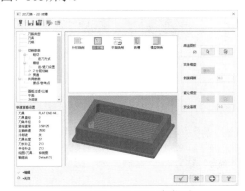

图7-105 设置刀路类型

03 在【2D刀路-2D挖槽】对话框中，切换到【刀具】选项设置界面，创建刀具，如图7-106所示。

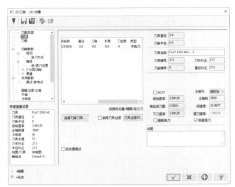

图7-106 创建刀具

04 在【2D刀路-2D挖槽】对话框中，切换到【刀柄】选项设置界面，设置刀柄参数，如图7-107所示。

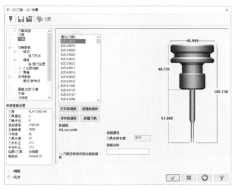

图7-107 设置刀柄参数

05 在【2D刀路-2D挖槽】对话框中，切换到【切削参数】选项设置界面，设置切削参数，如图7-108所示。

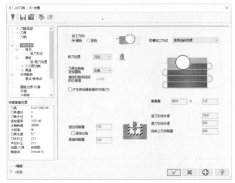

图7-108 设置切削参数

06 在【2D刀路-2D挖槽】对话框中，切换到【粗切】选项设置界面，设置粗切参数，如图7-109所示。

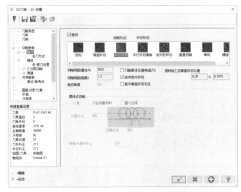

图7-109 设置粗切参数

07 在【2D刀路-2D挖槽】对话框中，切换到【共同参数】选项设置界面，设置刀具共同参数，如图7-110所示。

08 在【2D刀路-2D挖槽】对话框中，切换到【平面】选项设置界面，设置坐标系和加工平面，如图7-111所示。

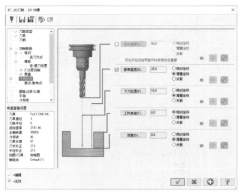

图7-110　设置共同参数

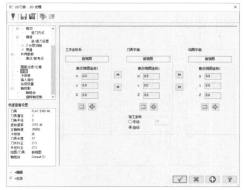

图7-111　设置平面参数

09 单击【机床】选项卡【模拟】组中的【刀路模拟】按钮≈，进行加工刀具路径程序的模拟演示，如图7-112所示。

图7-112　设置刀具路径模拟

实例 098　　⊙ 案例源文件: ywj/07/098.mcam

盖子挖槽加工

01 选择【机床】选项卡【机床类型】组中的【铣床】|【默认】命令，单击【铣削】选项卡2D组中的【挖槽】按钮⊠，创建2D挖槽工序，在绘图区选择加工线框串连，如图7-113所示。

02 在【2D刀路-2D挖槽】对话框中，切换到【刀路类型】选项设置界面，设置刀路类型，如图7-114所示。

图7-113　创建2D挖槽加工程序

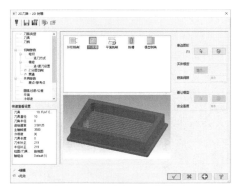

图7-114　设置刀路类型

03 在【2D刀路-2D挖槽】对话框中，切换到【刀具】选项设置界面，创建刀具，如图7-115所示。

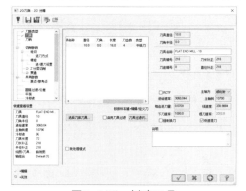

图7-115　创建刀具

04 在【2D刀路-2D挖槽】对话框中，切换到【刀柄】选项设置界面，设置刀柄参数，如图7-116所示。

05 在【2D刀路-2D挖槽】对话框中，切换到【切削参数】选项设置界面，设置切削参数，如图7-117所示。

06 在【2D刀路-2D挖槽】对话框中，切换到【粗切】选项设置界面，设置粗切参数，如

图7-118所示。

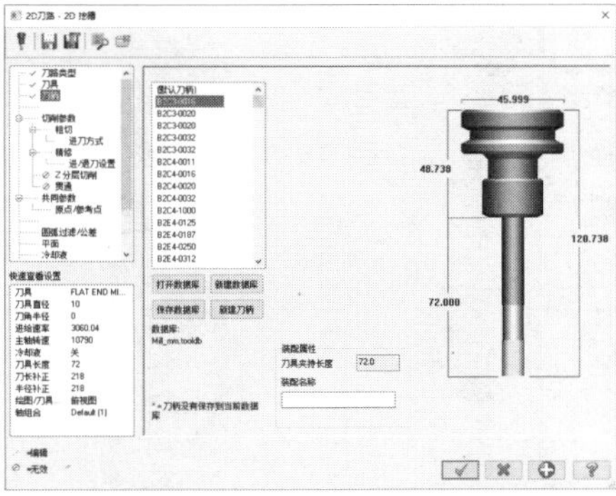

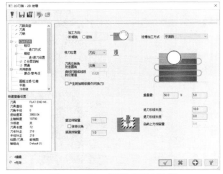

图7-116 设置刀柄参数

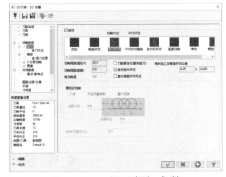

图7-117 设置切削参数

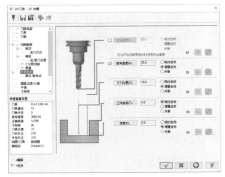

图7-118 设置粗切参数

07 在【2D刀路-2D挖槽】对话框中，切换到【共同参数】选项设置界面，设置刀具共同参数，如图7-119所示。

图7-119 设置共同参数

08 在【2D刀路-2D挖槽】对话框中，切换到【平面】选项设置界面，设置坐标系和加工平面，如图7-120所示。

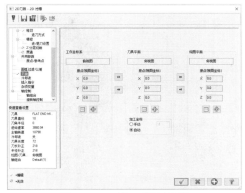

图7-120 设置平面参数

09 这样就完成盖子挖槽加工。单击【机床】选项卡【模拟】组中的【刀路模拟】按钮，进行加工刀具路径程序的模拟演示，如图7-121所示。

图7-121 刀具路径模拟

实例 099 ⓦ 案例源文件: ywj/07/099.mcam

固定座挖槽加工

01 单击【线框】选项卡【绘线】组中的【连续线】按钮，绘制4条空间直线，如图7-122所示。

图7-122 绘制4条空间直线

02 选择【机床】选项卡【机床类型】组中的【铣床】|【默认】命令，单击【铣削】选项卡2D组中的【挖槽】按钮，创建2D挖槽工

序，在绘图区选择加工线框串连，如图7-123所示。

图7-123 创建2D挖槽加工程序

03 在【2D刀路-2D挖槽】对话框中，切换到【刀路类型】选项设置界面，设置刀路类型，如图7-124所示。

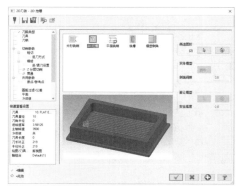

图7-124 设置刀路类型

04 在【2D刀路-2D挖槽】对话框中，切换到【刀具】选项设置界面，创建刀具，如图7-125所示。

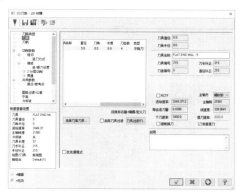

图7-125 创建刀具

05 在【2D刀路-2D挖槽】对话框中，切换到【刀柄】选项设置界面，设置刀柄参数，如图7-126所示。

06 在【2D刀路-2D挖槽】对话框中，切换到【切削

参数】选项设置界面，设置切削参数，如图7-127所示。

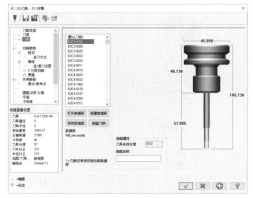

图7-126 设置刀柄参数

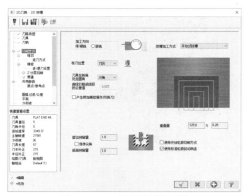

图7-127 设置切削参数

07 在【2D刀路-2D挖槽】对话框中，切换到【粗切】选项设置界面，设置粗切参数，如图7-128所示。

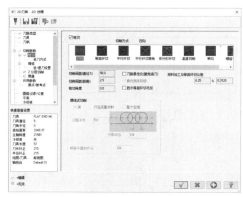

图7-128 设置粗切参数

08 在【2D刀路-2D挖槽】对话框中，切换到【共同参数】选项设置界面，设置刀具共同参数，如图7-129所示。

09 在【2D刀路-2D挖槽】对话框中，切换到【平面】选项设置界面，设置坐标系和加工平面，如图7-130所示。

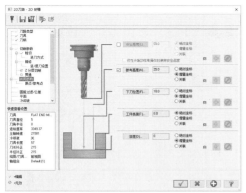

图7-129 设置共同参数

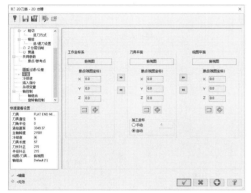

图7-130 设置平面参数

10 这样就完成固定座挖槽加工。单击【机床】选项卡【模拟】组中的【刀路模拟】按钮≋，进行加工刀具路径程序的模拟演示，如图7-131所示。

图7-131 刀具路径模拟

实例100 〔●案例源文件: ywj/07/100.mcam〕

接头挖槽加工

01 单击【线框】选项卡【绘线】组中的【连续线】按钮╱，绘制4条空间直线，如图7-132所示。

02 选择【机床】选项卡【机床类型】组中的【铣床】|【默认】命令，单击【铣削】选项卡2D组中的【挖槽】按钮▣，创建2D挖槽工序，

在绘图区选择加工线框串连，如图7-133所示。

图7-132 绘制4条空间直线

图7-133 创建2D挖槽加工程序

03 在【2D刀路-2D挖槽】对话框中，切换到【刀路类型】选项设置界面，设置刀路类型，如图7-134所示。

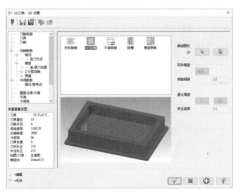

图7-134 设置刀路类型

04 在【2D刀路-2D挖槽】对话框中，切换到【刀具】选项设置界面，创建刀具，如图7-135所示。

05 在【2D刀路-2D挖槽】对话框中，切换到【刀柄】选项设置界面，设置刀柄参数，如图7-136所示。

06 在【2D刀路-2D挖槽】对话框中，切换到【切削参数】选项设置界面，设置切削参数，

如图7-137所示。

图7-135 创建刀具

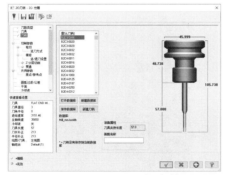

图7-136 设置刀柄参数

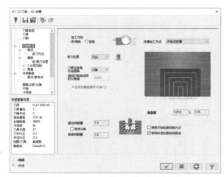

图7-137 设置切削参数

07 在【2D刀路-2D挖槽】对话框中，切换到【粗切】选项设置界面，设置粗切参数，如图7-138所示。

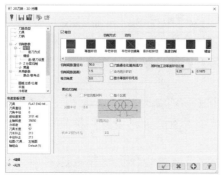

图7-138 设置粗切参数

08 在【2D刀路-2D挖槽】对话框中，切换到【共同参数】选项设置界面，设置刀具共同参数，如图7-139所示。

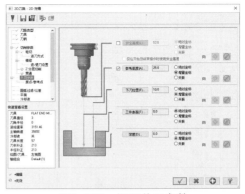

图7-139 设置共同参数

09 在【2D刀路-2D挖槽】对话框中，切换到【平面】选项设置界面，设置坐标系和加工平面，如图7-140所示。

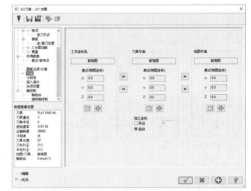

图7-140 设置平面参数

10 这样就完成接头挖槽加工。单击【机床】选项卡【模拟】组中的【刀路模拟】按钮，进行加工刀具路径程序的模拟演示，如图7-141所示。

图7-141 刀具路径模拟

实例 101 ◉ 案例源文件：ywj/07/101.mcam

盒子挖槽加工

01 单击【线框】选项卡【形状】组中的【矩

162

形】按钮□，绘制矩形图形，尺寸为20×10，如图7-142所示。

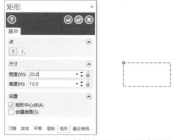

图7-142　绘制20×10的矩形

02 单击【线框】选项卡【修剪】组中的【倒角】按钮◢，绘制倒角，距离为2，如图7-143所示。

图7-143　绘制倒角

03 单击【实体】选项卡【创建】组中的【实体拉伸】按钮🗐，创建拉伸实体，距离为5，如图7-144所示。

图7-144　创建拉伸特征

04 单击【实体】选项卡【修剪】组中的【抽壳】按钮🕮，创建抽壳特征，如图7-145所示。

图7-145　创建抽壳特征

05 单击【线框】选项卡【圆弧】组中的【已知点画圆】按钮⊕，绘制圆形，半径为2，如图7-146所示。

图7-146　绘制半径为2的圆形

06 单击【实体】选项卡【创建】组中的【实体拉伸】按钮🗐，创建拉伸实体，距离为3，如图7-147所示。

图7-147　创建拉伸特征

07 选择【机床】选项卡【机床类型】组中的【铣床】|【默认】命令，单击【铣削】选项卡2D组中的【挖槽】按钮🔳，创建2D挖槽工序，在绘图区选择加工线框串连，如图7-148所示。

图7-148　创建2D挖槽加工程序

08 在【2D刀路-2D挖槽】对话框中，切换到【刀路类型】选项设置界面，设置刀路类型，如图7-149所示。

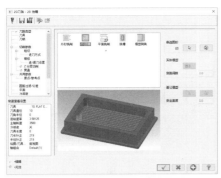

图7-149 设置刀路类型

09 在【2D刀路-2D挖槽】对话框中，切换到【刀具】选项设置界面，创建刀具，如图7-150所示。

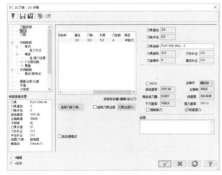

图7-150 创建刀具

10 在【2D刀路-2D挖槽】对话框中，切换到【刀柄】选项设置界面，设置刀柄参数，如图7-151所示。

图7-151 设置刀柄参数

11 在【2D刀路-2D挖槽】对话框中，切换到【切削参数】选项设置界面，设置切削参数，如图7-152所示。

12 在【2D刀路-2D挖槽】对话框中，切换到【粗切】选项设置界面，设置粗切参数，如图7-153所示。

13 在【2D刀路-2D挖槽】对话框中，切换到【共同参数】选项设置界面，设置刀具共同参

数，如图7-154所示。

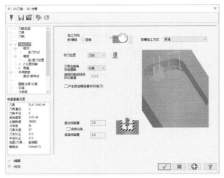

图7-152 设置切削参数

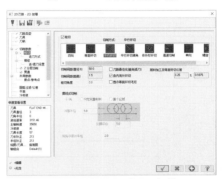

图7-153 设置粗切参数

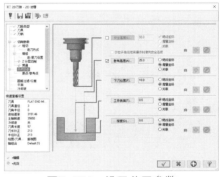

图7-154 设置共同参数

14 在【2D刀路-2D挖槽】对话框中，切换到【旋转轴控制】选项设置界面，设置加工旋转轴控制参数，如图7-155所示。

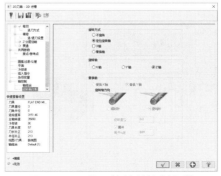

图7-155 设置旋转轴控制参数

15 单击【机床】选项卡【模拟】组中的【刀路模拟】按钮≋，进行加工刀具路径程序的模拟演示，如图7-156所示。

图7-156　刀具路径模拟

01 单击【线框】选项卡【形状】组中的【矩形】按钮▢，绘制矩形图形，尺寸为60×30，如图7-157所示。

图7-157　绘制60×30的矩形

02 单击【线框】选项卡【修剪】组中的【图素倒圆角】按钮⌐，绘制圆角，半径为5，如图7-158所示。

图7-158　绘制圆角

03 单击【实体】选项卡【创建】组中的【实体拉伸】按钮▤，创建拉伸实体，如图7-159所示。

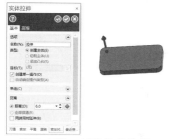

图7-159　创建拉伸特征

04 单击【线框】选项卡【修剪】组中的【串连补

正】按钮⤵，绘制偏移曲线，如图7-160所示。

图7-160　绘制偏移曲线

05 单击【实体】选项卡【创建】组中的【实体拉伸】按钮▤，创建拉伸切割实体，距离为2，如图7-161所示。

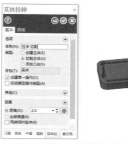

图7-161　创建拉伸切割特征

06 选择【机床】选项卡【机床类型】组中的【铣床】|【默认】命令，单击【铣削】选项卡2D组中的【挖槽】按钮▣，创建2D挖槽工序，在绘图区选择加工线框串连，如图7-162所示。

图7-162　创建2D挖槽加工程序

07 在【2D刀路-2D挖槽】对话框中，切换到【刀路类型】选项设置界面，设置刀路类型，如图7-163所示。

08 在【2D刀路-2D挖槽】对话框中，切换到【刀具】选项设置界面，创建刀具，如图7-164所示。

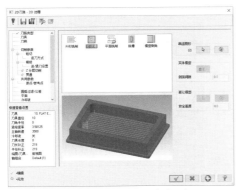

图7-163 设置刀路类型

图7-166 设置切削参数

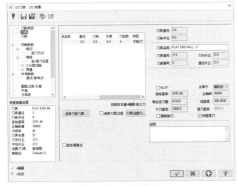

图7-164 创建刀具

09 在【2D刀路-2D挖槽】对话框中，切换到【刀柄】选项设置界面，设置刀柄参数，如图7-165所示。

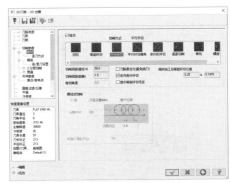

图7-167 设置粗切参数

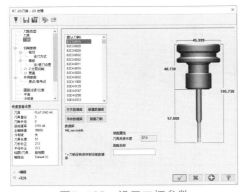

图7-165 设置刀柄参数

10 在【2D刀路-2D挖槽】对话框中，切换到【切削参数】选项设置界面，设置切削参数，如图7-166所示。

11 在【2D刀路-2D挖槽】对话框中，切换到【粗切】选项设置界面，设置粗切参数，如图7-167所示。

12 在【2D刀路-2D挖槽】对话框中，切换到【共同参数】选项设置界面，设置刀具共同参数，如图7-168所示。

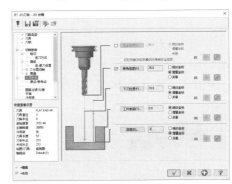

图7-168 设置共同参数

13 在【2D刀路-2D挖槽】对话框中，切换到【平面】选项设置界面，设置坐标系和加工平面，如图7-169所示。

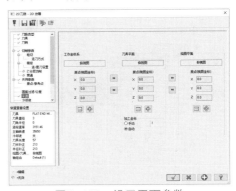

图7-169 设置平面参数

14 这样就完成盒盖挖槽加工。单击【机床】选项卡【模拟】组中的【刀路模拟】按钮≋，进行加工刀具路径程序的模拟演示，如图7-170所示。

图7-170　刀具路径模拟

实例103

案例源文件：ywj/07/103.mcam

机箱顶盖挖槽加工

01 单击【线框】选项卡【圆弧】组中的【已知点画圆】按钮⊙，绘制圆形，半径为6，如图7-171所示。

图7-171　绘制半径为6的圆形

02 单击【实体】选项卡【创建】组中的【实体拉伸】按钮，创建拉伸切割实体，距离为1，如图7-172所示。

图7-172　创建拉伸切割特征

03 选择【机床】选项卡【机床类型】组中的【铣床】|【默认】命令，单击【铣削】选项卡2D组中的【挖槽】按钮，创建2D挖槽工序，在绘图区选择加工线框串连，如图7-173所示。

图7-173　创建2D挖槽加工程序

04 在【2D刀路-2D挖槽】对话框中，切换到【刀路类型】选项设置界面，设置刀路类型，如图7-174所示。

图7-174　设置刀路类型

05 在【2D刀路-2D挖槽】对话框中，切换到【刀具】选项设置界面，创建刀具，如图7-175所示。

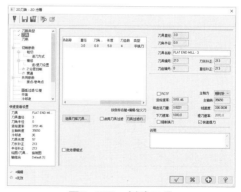

图7-175　创建刀具

06 在【2D刀路-2D挖槽】对话框中，切换到【刀柄】选项设置界面，设置刀柄参数，如图7-176所示。

图7-176 设置刀柄参数

07 在【2D刀路-2D挖槽】对话框中,切换到【切削参数】选项设置界面,设置切削参数,如图7-177所示。

图7-177 设置切削参数

08 在【2D刀路-2D挖槽】对话框中,切换到【粗切】选项设置界面,设置粗切参数,如图7-178所示。

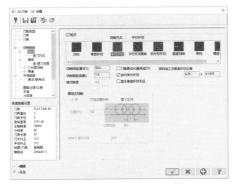

图7-178 设置粗切参数

09 在【2D刀路-2D挖槽】对话框中,切换到【共同参数】选项设置界面,设置刀具共同参数,如图7-179所示。

10 这样就完成机箱顶盖挖槽加工。单击【机床】选项卡【模拟】组中的【刀路模拟】按钮,进行加工刀具路径程序的模拟演示,如图7-180所示。

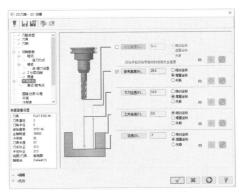

图7-179 设置共同参数

图7-180 刀具路径模拟

实例 104 ⊙ 案例源文件: ywj/07/104.mcam

传动箱顶盖挖槽加工

01 单击【线框】选项卡【形状】组中的【矩形】按钮□,绘制矩形图形,尺寸为60×30,如图7-181所示。

图7-181 绘制60×30的矩形

02 单击【实体】选项卡【创建】组中的【实体拉伸】按钮,创建拉伸实体,距离为30,如图7-182所示。

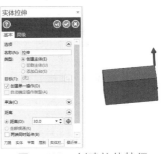

图7-182 创建拉伸特征

03 单击【实体】选项卡【修剪】组中的【固定半倒圆角】按钮■，创建实体倒圆角特征，半径为20，如图7-183所示。

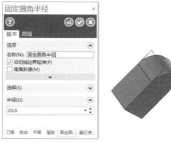

图7-183　创建圆角特征

04 单击【实体】选项卡【修剪】组中的【抽壳】按钮■，创建抽壳特征，如图7-184所示。

图7-184　创建抽壳特征

05 单击【线框】选项卡【圆弧】组中的【已知点画圆】按钮⊙，绘制圆形，半径为10，如图7-185所示。

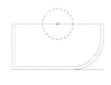

图7-185　绘制半径为10的圆形

06 单击【实体】选项卡【创建】组中的【实体拉伸】按钮■，创建拉伸切割实体，距离为30，如图7-186所示。

图7-186　创建拉伸切割特征

07 选择【机床】选项卡【机床类型】组中的【铣床】|【默认】命令，单击【铣削】选项卡2D组中的【挖槽】按钮■，创建2D挖槽工序，在绘图区选择加工线框串连，如图7-187所示。

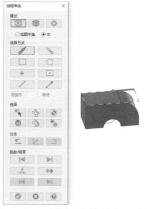

图7-187　创建2D挖槽加工程序

08 在【2D刀路-2D挖槽】对话框中，切换到【刀路类型】选项设置界面，设置刀路类型，如图7-188所示。

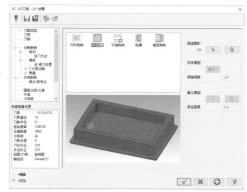

图7-188　设置刀路类型

09 在【2D刀路-2D挖槽】对话框中，切换到【刀具】选项设置界面，创建刀具，如图7-189所示。

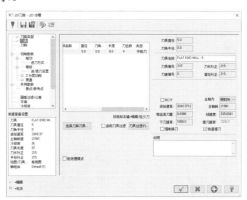

图7-189　创建刀具

⑩在【2D刀路-2D挖槽】对话框中，切换到【刀柄】选项设置界面，设置刀柄参数，如图7-190所示。

图7-190　设置刀柄参数

⑪在【2D刀路-2D挖槽】对话框中，切换到【切削参数】选项设置界面，设置切削参数，如图7-191所示。

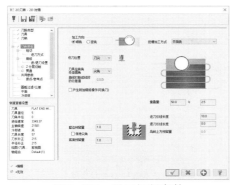

图7-191　设置切削参数

⑫在【2D刀路-2D挖槽】对话框中，切换到【粗切】选项设置界面，设置粗切参数，如图7-192所示。

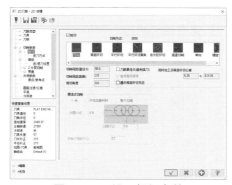

图7-192　设置粗切参数

⑬在【2D刀路-2D挖槽】对话框中，切换到【共同参数】选项设置界面，设置刀具共同参数，如图7-193所示。

⑭在【2D刀路-2D挖槽】对话框中，切换到

【平面】选项设置界面，设置坐标系和加工平面，如图7-194所示。

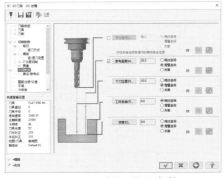

图7-193　设置共同参数

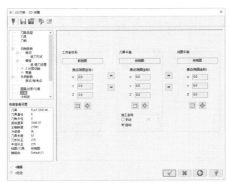

图7-194　设置平面参数

⑮这样就完成传动箱顶盖挖槽加工。单击【机床】选项卡【模拟】组中的【刀路模拟】按钮，进行加工刀具路径程序的模拟演示，如图7-195所示。

图7-195　设置刀具路径模拟

实例105　动力舱顶盖挖槽加工
案例源文件：ywj/07/105.mcam

①单击【线框】选项卡【形状】组中的【矩形】按钮□，绘制矩形图形，尺寸为100×60，如图7-196所示。

②单击【实体】选项卡【创建】组中的【实体拉伸】按钮，创建拉伸实体，距离为30，如图7-197所示。

图7-196 绘制100×60的矩形

图7-197 创建拉伸特征

03 单击【实体】选项卡【修剪】组中的【固定半倒圆角】按钮●，创建实体倒圆角特征，半径为20，如图7-198所示。

图7-198 创建圆角特征

04 单击【实体】选项卡【修剪】组中的【抽壳】按钮●，创建抽壳特征，如图7-199所示。

图7-199 创建抽壳特征

05 单击【线框】选项卡【圆弧】组中的【已知点画圆】按钮⊙，绘制圆形，半径为10，如图7-200所示。

图7-200 绘制两个圆形

06 单击【实体】选项卡【创建】组中的【实体拉伸】按钮■，创建拉伸实体，距离为4，如图7-201所示。

图7-201 创建拉伸切割特征

07 选择【机床】选项卡【机床类型】组中的【铣床】|【默认】命令，单击【铣削】选项卡2D组中的【挖槽】按钮圖，创建2D挖槽工序，在绘图区选择加工线框串连，如图7-202所示。

图7-202 创建2D挖槽加工程序

08 在【2D刀路-2D挖槽】对话框中，切换到【刀路类型】选项设置界面，设置刀路类型，如图7-203所示。

09 在【2D刀路-2D挖槽】对话框中，切换到【刀具】选项设置界面，创建刀具，如图7-204所示。

10 在【2D刀路-2D挖槽】对话框中，切换到【刀柄】选项设置界面，设置刀柄参数，如

图7-205所示。

图7-203　设置刀路类型

图7-204　创建刀具

图7-205　设置刀柄参数

11 在【2D刀路-2D挖槽】对话框中，切换到
【切削参数】选项设置界面，设置切削参数，
如图7-206所示。

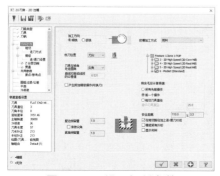

图7-206　设置切削参数

12 在【2D刀路-2D挖槽】对话框中，切换到【粗
切】选项设置界面，设置粗切参数，如图7-207
所示。

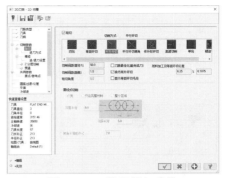

图7-207　设置粗切参数

13 在【2D刀路-2D挖槽】对话框中，切换到
【共同参数】选项设置界面，设置刀具共同参
数，如图7-208所示。

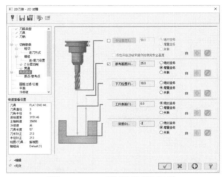

图7-208　设置共同参数

14 这样就完成动力舱顶盖挖槽加工。单击
【机床】选项卡【模拟】组中的【刀路模拟】
按钮，进行加工刀具路径程序的模拟演示，
如图7-209所示。

图7-209　刀具路径模拟

实例 106

案例源文件：ywwj/07/106.mcam

顶盖挖槽加工（一）

01 选择【机床】选项卡【机床类型】组中的【铣
床】|【默认】命令，单击【铣削】选项卡2D组中

的【挖槽】按钮，创建2D挖槽工序，在绘图区选择加工线框串连，如图7-210所示。

图7-210　创建2D挖槽加工程序

02 在【2D刀路-2D挖槽】对话框中，切换到【刀路类型】选项设置界面，设置刀路类型，如图7-211所示。

图7-211　设置刀路类型

03 在【2D刀路-2D挖槽】对话框中，切换到【刀具】选项设置界面，创建刀具，如图7-212所示。

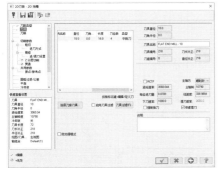

图7-212　创建刀具

04 在【2D刀路-2D挖槽】对话框中，切换到【刀柄】选项设置界面，设置刀柄参数，如图7-213所示。

05 在【2D刀路-2D挖槽】对话框中，切换到【切削参数】选项设置界面，设置切削参数，如图7-214所示。

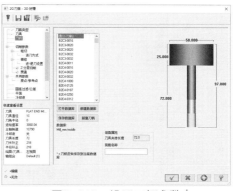

图7-213　设置刀柄参数

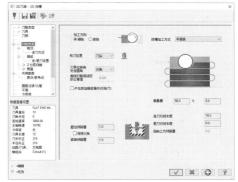

图7-214　设置切削参数

06 在【2D刀路-2D挖槽】对话框中，切换到【粗切】选项设置界面，设置粗切参数，如图7-215所示。

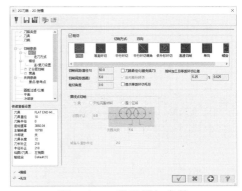

图7-215　设置粗切参数

07 在【2D刀路-2D挖槽】对话框中，切换到【共同参数】选项设置界面，设置刀具共同参数，如图7-216所示。

08 在【2D刀路-2D挖槽】对话框中，切换到【平面】选项设置界面，设置坐标系和加工平面，如图7-217所示。

09 这样就完成顶盖挖槽加工。单击【机床】选项卡【模拟】组中的【刀路模拟】按钮，进行加工刀具路径程序的模拟演示，如图7-218所示。

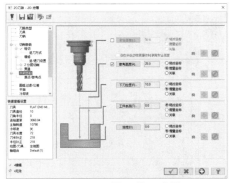

图7-216　设置共同参数

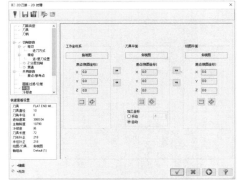

图7-217　设置平面参数

图7-218　刀具路径模拟

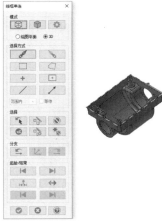

图7-219　创建2D挖槽加工程序

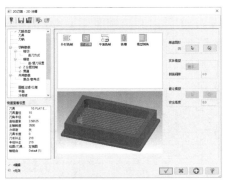

图7-220　设置刀路类型

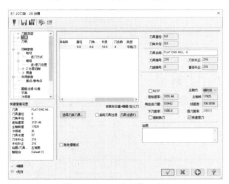

图7-221　创建刀具

实例 107

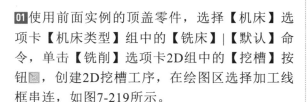

⊕ 案例源文件：ywwj/07/107.mcam

顶盖挖槽加工（二）

01 使用前面实例的顶盖零件，选择【机床】选项卡【机床类型】组中的【铣床】|【默认】命令，单击【铣削】选项卡2D组中的【挖槽】按钮▣，创建2D挖槽工序，在绘图区选择加工线框串连，如图7-219所示。

02 在【2D刀路-2D挖槽】对话框中，切换到【刀路类型】选项设置界面，设置刀路类型，如图7-220所示。

03 在【2D刀路-2D挖槽】对话框中，切换到【刀具】选项设置界面，创建刀具，如图7-221所示。

04 在【2D刀路-2D挖槽】对话框中，切换到【刀柄】选项设置界面，设置刀柄参数，如图7-222所示。

05 在【2D刀路-2D挖槽】对话框中，切换到【切削参数】选项设置界面，设置切削参数，如图7-223所示。

06 在【2D刀路-2D挖槽】对话框中，切换到【粗切】选项设置界面，设置粗切参数，如图7-224所示。

07 在【2D刀路-2D挖槽】对话框中，切换到【共同参数】选项设置界面，设置刀具共同参数，如图7-225所示。

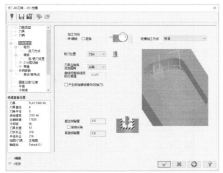

图7-222　设置刀柄参数

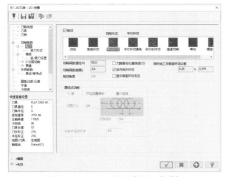

图7-223　设置切削参数

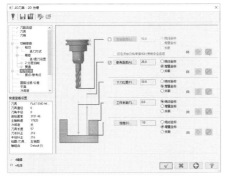

图7-224　设置粗切参数

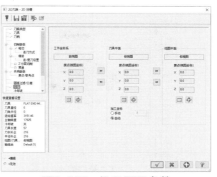

图7-226　设置平面参数

09 单击【机床】选项卡【模拟】组中的【刀路模拟】按钮≋，进行加工刀具路径程序的模拟演示，如图7-227所示。

图7-227　刀具路径模拟

实例 108　　案例源文件：ywj/07/108.mcam

顶盖挖槽加工（三）

01 使用前面案例的顶盖零件，单击【线框】选项卡【圆弧】组中的【已知点画圆】按钮⊕，绘制两个圆形，半径为4，如图7-228所示。

图7-228　绘制半径为4的圆形

02 选择【机床】选项卡【机床类型】组中的【铣床】|【默认】命令，单击【铣削】选项卡2D组中的【挖槽】按钮圖，创建2D挖槽工序，在绘图区选择加工线框串连，如图7-229所示。

03 在【2D刀路-2D挖槽】对话框中，切换到【刀路类型】选项设置界面，设置刀路类型，如图7-230所示。

04 在【2D刀路-2D挖槽】对话框中，切换到【刀具】选项设置界面，创建刀具，如图7-231所示。

08 在【2D刀路-2D挖槽】对话框中，切换到【平面】选项设置界面，设置坐标系和加工平面，如图7-226所示。

图7-225　设置共同参数

图7-229 创建2D挖槽加工程序

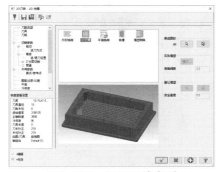

图7-230 设置刀路类型

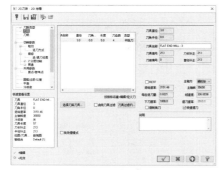

图7-231 创建刀具

05 在【2D刀路-2D挖槽】对话框中，切换到【刀柄】选项设置界面，设置刀柄参数，如图7-232所示。

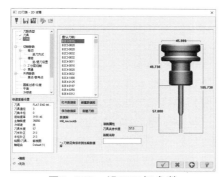

图7-232 设置刀柄参数

06 在【2D刀路-2D挖槽】对话框中，切换到【切削参数】选项设置界面，设置切削参数，如图7-233所示。

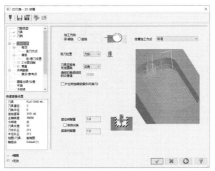

图7-233 设置切削参数

07 在【2D刀路-2D挖槽】对话框中，切换到【粗切】选项设置界面，设置粗切参数，如图7-234所示。

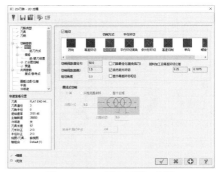

图7-234 设置粗切参数

08 在【2D刀路-2D挖槽】对话框中，切换到【共同参数】选项设置界面，设置刀具共同参数，如图7-235所示。

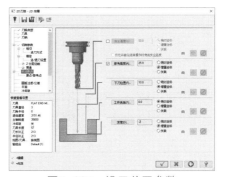

图7-235 设置共同参数

09 单击【机床】选项卡【模拟】组中的【刀路模拟】按钮，进行加工刀具路径程序的模拟演示，如图7-236所示。至此完成顶盖挖槽加工。

图7-236 刀具路径模拟

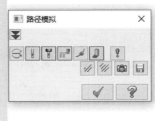

第**8**章 钻孔加工

标准钻孔加工

01 选择【机床】选项卡【机床类型】组中的【铣床】|【默认】命令，单击【铣削】选项卡2D组中的【钻孔】按钮，创建钻孔加工，在绘图区选择加工点，如图8-1所示。

图8-1 创建钻孔加工程序

◎提示·◦

在创建钻削加工程序后，需要选择不同形式的钻削点，之后再创建操作步骤和钻削加工参数设置。

02 在【2D刀路-钻孔/全圆铣削 深孔钻-无啄孔】对话框中，切换到【刀路类型】选项设置界面，设置刀路类型，如图8-2所示。

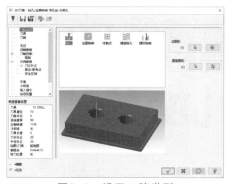

图8-2 设置刀路类型

03 在【2D刀路-钻孔/全圆铣削 深孔钻-无啄孔】对话框中，切换到【刀具】选项设置界面，创建刀具，如图8-3所示。

04 在【2D刀路-钻孔/全圆铣削 深孔钻-无啄孔】对话框中，切换到【刀柄】选项设置界面，设置刀柄参数，如图8-4所示。

05 在【2D刀路-钻孔/全圆铣削 深孔钻-无啄孔】对话框中，切换到【切削参数】选项设置界面，设置切削参数，如图8-5所示。

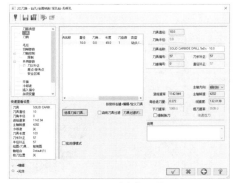

图8-3 创建刀具

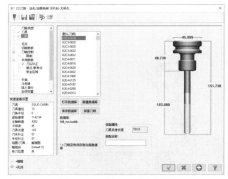

图8-4 设置刀柄参数

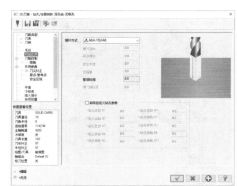

图8-5 设置切削参数

06 在【2D刀路-钻孔/全圆铣削 深孔钻-无啄孔】对话框中，切换到【共同参数】选项设置界面，设置刀具共同参数，如图8-6所示。

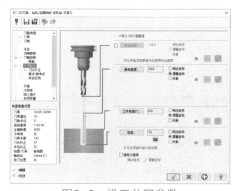

图8-6 设置共同参数

07 单击【机床】选项卡【模拟】组中的【刀路模拟】按钮，进行加工刀具路径程序的模拟演示，如图8-7所示。这样就完成了标准钻孔加工。

图8-7　刀具路径模拟

实例 110　　案例源文件·ywj/08/110.mcam

全圆铣削加工

01 选择【机床】选项卡【机床类型】组中的【铣床】|【默认】命令，单击【铣削】选项卡2D组中的【钻孔】按钮，创建钻孔加工，在绘图区选择加工点，如图8-8所示。

图8-8　创建钻孔加工程序

02 在【2D刀路-钻孔/全圆铣削 深孔钻-无啄孔】对话框中，切换到【刀路类型】选项设置界面，设置刀路类型，如图8-9所示。

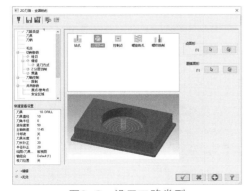

图8-9　设置刀路类型

03 在【2D刀路-钻孔/全圆铣削 深孔钻-无啄孔】对话框中，切换到【刀具】选项设置界面，创建刀具，如图8-10所示。

图8-10　创建刀具

04 在【2D刀路-钻孔/全圆铣削 深孔钻-无啄孔】对话框中，切换到【刀柄】选项设置界面，设置刀柄参数，如图8-11所示。

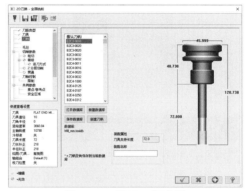

图8-11　设置刀柄参数

05 在【2D刀路-钻孔/全圆铣削 深孔钻-无啄孔】对话框中，切换到【切削参数】选项设置界面，设置切削参数，如图8-12所示。

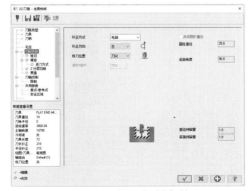

图8-12　设置切削参数

06 在【2D刀路-钻孔/全圆铣削 深孔钻-无啄孔】对话框中，切换到【共同参数】选项设置界面，设置刀具共同参数，如图8-13所示。

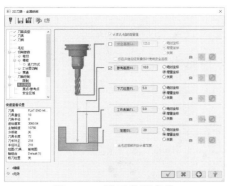

图8-13　设置共同参数

07 单击【机床】选项卡【模拟】组中的【刀路模拟】按钮，进行加工刀具路径程序的模拟演示，如图8-14所示。这样就完成了全圆铣削加工。

图8-14　刀具路径模拟

实例 111
螺旋铣孔加工

案例源文件：ywj/08/111.mcam

01 选择【机床】选项卡【机床类型】组中的【铣床】|【默认】命令，单击【铣削】选项卡2D组中的【钻孔】按钮，创建钻孔加工，在绘图区选择加工圆弧，如图8-15所示。

图8-15　创建钻孔加工程序

02 在【2D刀路-钻孔/全圆铣削 深孔钻-无啄孔】对话框中，切换到【刀路类型】选项设置界面，设置刀路类型，如图8-16所示。

03 在【2D刀路-钻孔/全圆铣削 深孔钻-无啄孔】对话框中，切换到【刀具】选项设置界面，创建刀具，如图8-17所示。

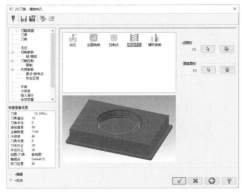

图8-16　设置刀路类型

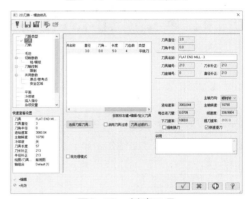

图8-17　创建刀具

04 在【2D刀路-钻孔/全圆铣削 深孔钻-无啄孔】对话框中，切换到【刀柄】选项设置界面，设置刀柄参数，如图8-18所示。

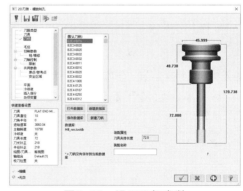

图8-18　设置刀柄参数

05 在【2D刀路-钻孔/全圆铣削 深孔钻-无啄孔】对话框中，切换到【切削参数】选项设置界面，设置切削参数，如图8-19所示。

06 在【2D刀路-钻孔/全圆铣削 深孔钻-无啄孔】对话框中，切换到【共同参数】选项设置界面，设置刀具共同参数，如图8-20所示。

07 在【2D刀路-钻孔/全圆铣削 深孔钻-无啄

孔】对话框中，切换到【平面】选项设置界面，设置坐标系和加工平面，如图8-21所示。

图8-19　设置切削参数

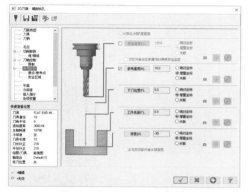

图8-20　设置共同参数

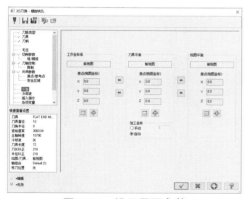

图8-21　设置平面参数

08 单击【机床】选项卡【模拟】组中的【刀路模拟】按钮，进行加工刀具路径程序的模拟演示，如图8-22所示。这样就完成了螺旋铣孔加工。

图8-22　刀具路径模拟

实例 112

案例源文件：ywj/08/112.mcam

机箱孔加工

01 选择【机床】选项卡【机床类型】组中的【铣床】|【默认】命令，单击【铣削】选项卡2D组中的【钻孔】按钮，创建钻孔加工，在绘图区选择加工圆弧，如图8-23所示。

图8-23　创建钻孔加工程序

02 在【2D刀路-钻孔/全圆铣削 深孔钻-无啄孔】对话框中，切换到【刀具】选项设置界面，创建刀具，如图8-24所示。

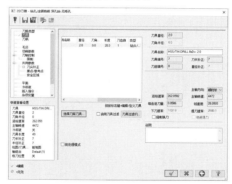

图8-24　创建刀具

03 在【2D刀路-钻孔/全圆铣削 深孔钻-无啄孔】对话框中，切换到【刀柄】选项设置界面，设置刀柄参数，如图8-25所示。

图8-25　设置刀柄参数

04 在【2D刀路-钻孔/全圆铣削 深孔钻-无啄

孔】对话框中，切换到【切削参数】选项设置界面，设置切削参数，如图8-26所示。

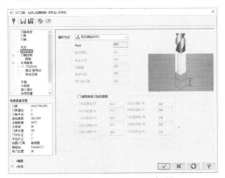

图8-26　设置切削参数

提示

【深孔啄钻（G83）】：该循环方式用来加工孔径大于3倍的刀具直径的深孔，循环中有快速提刀动作，钻削时刀具会间断性地提刀至安全高度，以排除切屑。

05 在【2D刀路-钻孔/全圆铣削 深孔钻-无啄孔】对话框中，切换到【共同参数】选项设置界面，设置刀具共同参数，如图8-27所示。

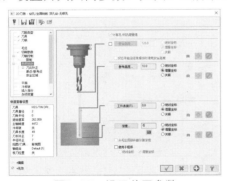

图8-27　设置共同参数

06 在【2D刀路-钻孔/全圆铣削 深孔钻-无啄孔】对话框中，切换到【平面】选项设置界面，设置坐标系和加工平面，如图8-28所示。

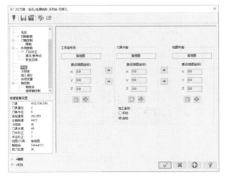

图8-28　设置平面参数

07 单击【机床】选项卡【模拟】组中的【刀路模拟】按钮，进行加工刀具路径程序的模拟演示，如图8-29所示。这样就完成了机箱孔加工。

图8-29　刀具路径模拟

实例 113　　案例源文件：ywj/08/113.mcam

泵体孔加工（一）

01 选择【机床】选项卡【机床类型】组中的【铣床】|【默认】命令，单击【铣削】选项卡2D组中的【钻孔】按钮，创建钻孔加工，在绘图区选择加工点，如图8-30所示。

图8-30　创建钻孔加工程序

02 在【2D刀路-钻孔/全圆铣削 深孔钻-无啄孔】对话框中，切换到【刀路类型】选项设置界面，设置刀路类型，如图8-31所示。

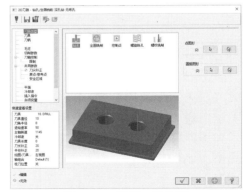

图8-31　设置刀路类型

03 在【2D刀路-钻孔/全圆铣削 深孔钻-无啄孔】对话框中，切换到【刀具】选项设置界面，创建刀具，如图8-32所示。

图8-32　创建刀具

04 在【2D刀路-钻孔/全圆铣削 深孔钻-无啄孔】对话框中，切换到【刀柄】选项设置界面，设置刀柄参数，如图8-33所示。

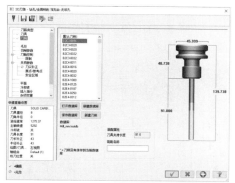

图8-33　设置刀柄参数

05 在【2D刀路-钻孔/全圆铣削 深孔钻-无啄孔】对话框中，切换到【共同参数】选项设置界面，设置刀具共同参数，如图8-34所示。

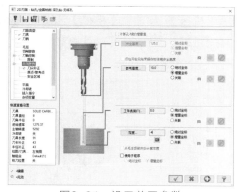

图8-34　设置共同参数

06 在【2D刀路-钻孔/全圆铣削 深孔钻-无啄孔】对话框中，切换到【旋转轴控制】选项设置界面，设置加工旋转轴控制参数，如图8-35所示。

07 单击【机床】选项卡【模拟】组中的【刀路模拟】按钮，进行加工刀具路径程序的模拟演示，如图8-36所示。

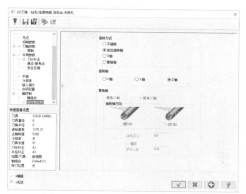

图8-35　设置旋转轴控制参数

图8-36　刀具路径模拟

实例 114　案例源文件：ywj/08/114.mcam

泵体孔加工（二）

01 打开前面实例的泵体模型，选择【机床】选项卡【机床类型】组中的【铣床】|【默认】命令，单击【铣削】选项卡2D组中的【钻孔】按钮，创建钻孔加工，在绘图区选择加工点，如图8-37所示。

图8-37　创建钻孔加工程序

02 在【2D刀路-钻孔/全圆铣削 深孔钻-无啄孔】对话框中，切换到【刀路类型】选项设置界面，设置刀路类型，如图8-38所示。

03 在【2D刀路-钻孔/全圆铣削 深孔钻-无啄孔】对话框中，切换到【刀具】选项设置界面，创建刀具，如图8-39所示。

04 在【2D刀路-钻孔/全圆铣削 深孔钻-无啄孔】对话框中，切换到【刀柄】选项设置界面，设置刀柄参数，如图8-40所示。

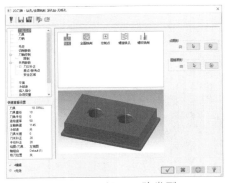

图8-38　设置刀路类型

图8-39　创建刀具

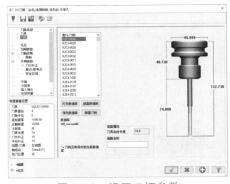

图8-40　设置刀柄参数

05 在【2D刀路-钻孔/全圆铣削 深孔钻-无啄孔】对话框中，切换到【切削参数】选项设置界面，设置切削参数，如图8-41所示。

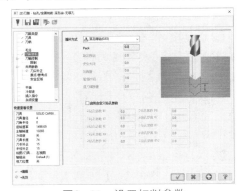

图8-41　设置切削参数

06 在【2D刀路-钻孔/全圆铣削 深孔钻-无啄孔】对话框中，切换到【共同参数】选项设置界面，设置刀具共同参数，如图8-42所示。

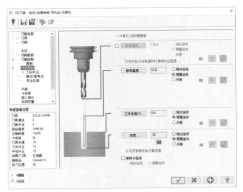

图8-42　设置共同参数

07 在【2D刀路-钻孔/全圆铣削 深孔钻-无啄孔】对话框中，切换到【旋转轴控制】选项设置界面，设置加工旋转轴控制参数，如图8-43所示。

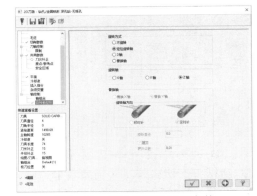

图8-43　设置旋转轴控制参数

08 单击【机床】选项卡【模拟】组中的【刀路模拟】按钮，进行加工刀具路径程序的模拟演示，如图8-44所示。

图8-44　刀具路径模拟

实例 115　⊙案例源文件：ywj/08/115.mcam

泵体孔加工（三）

01 选择【机床】选项卡【机床类型】组中的

【铣床】|【默认】命令，单击【铣削】选项卡 2D组中的【钻孔】按钮，创建钻孔加工，在绘图区选择加工圆弧，如图8-45所示。

图8-45　创建钻孔加工程序

02 在【2D刀路-钻孔/全圆铣削 深孔钻-无啄孔】对话框中，切换到【刀路类型】选项设置界面，设置刀路类型，如图8-46所示。

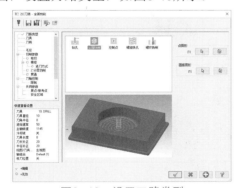

图8-46　设置刀路类型

03 在【2D刀路-钻孔/全圆铣削 深孔钻-无啄孔】对话框中，切换到【刀具】选项设置界面，创建刀具，如图8-47所示。

图8-47　创建刀具

04 在【2D刀路-钻孔/全圆铣削 深孔钻-无啄孔】对话框中，切换到【刀柄】选项设置界面，设置刀柄参数，如图8-48所示。

05 在【2D刀路-钻孔/全圆铣削 深孔钻-无啄孔】对话框中，切换到【共同参数】选项设置界面，设置刀具共同参数，如图8-49所示。

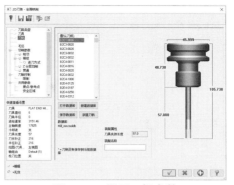

图8-48　设置刀柄参数

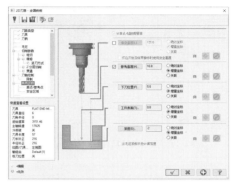

图8-49　设置共同参数

06 在【2D刀路-钻孔/全圆铣削 深孔钻-无啄孔】对话框中，切换到【平面】选项设置界面，设置坐标系和加工平面，如图8-50所示。

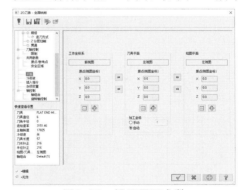

图8-50　设置平面参数

07 单击【机床】选项卡【模拟】组中的【刀路模拟】按钮，进行加工刀具路径程序的模拟演示，如图8-51所示。这样就完成了泵体孔加工。

图8-51　刀具路径模拟

泵体孔加工（四）

01 选择【机床】选项卡【机床类型】组中的【铣床】|【默认】命令，单击【铣削】选项卡2D组中的【钻孔】按钮，创建钻孔加工，在绘图区选择加工圆弧，如图8-52所示。

图8-52 创建钻孔加工程序

02 在【2D刀路-钻孔/全圆铣削 深孔钻-无啄孔】对话框中，切换到【刀路类型】选项设置界面，设置刀路类型，如图8-53所示。

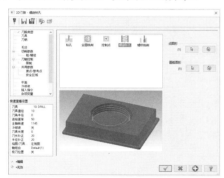

图8-53 设置刀路类型

03 在【2D刀路-钻孔/全圆铣削 深孔钻-无啄孔】对话框中，切换到【刀具】选项设置界面，创建刀具，如图8-54所示。

图8-54 创建刀具

04 在【2D刀路-钻孔/全圆铣削 深孔钻-无啄孔】对话框中，切换到【刀柄】选项设置界面，设置刀柄参数，如图8-55所示。

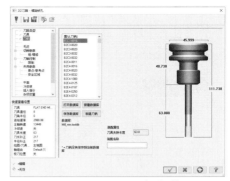

图8-55 设置刀柄参数

05 在【2D刀路-钻孔/全圆铣削 深孔钻-无啄孔】对话框中，切换到【共同参数】选项设置界面，设置刀具共同参数，如图8-56所示。

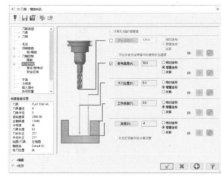

图8-56 设置共同参数

06 在【2D刀路-钻孔/全圆铣削 深孔钻-无啄孔】对话框中，切换到【平面】选项设置界面，设置坐标系和加工平面，如图8-57所示。

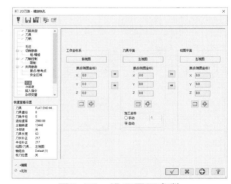

图8-57 设置平面参数

07 单击【机床】选项卡【模拟】组中的【刀路模拟】按钮，进行加工刀具路径程序的模拟演示，如图8-58所示。

图8-58 刀具路径模拟

振动盘孔加工（一）

案例源文件：ywj/08/117.mcam

01 单击【线框】选项卡【圆弧】组中的【已知点画圆】按钮 ⊙，绘制圆形，半径为50，如图8-59所示。

02 单击【实体】选项卡【创建】组中的【实体拉伸】按钮 🔳，创建拉伸实体，距离为20，如图8-60所示。

图8-59　绘制半径为50的圆形　　图8-60　创建拉伸特征

03 单击【实体】选项卡【修剪】组中的【单一距离倒角】按钮 🔧，创建实体倒角特征，如图8-61所示。

04 单击【实体】选项卡【修剪】组中的【抽壳】按钮 🔳，创建抽壳特征，如图8-62所示。

图8-61　创建倒角特征　　图8-62　创建抽壳特征

05 绘制圆形，半径为10，如图8-63所示。

06 单击【实体】选项卡【创建】组中的【实体拉伸】按钮 🔳，创建拉伸实体，距离为20，形成凸台，如图8-64所示。

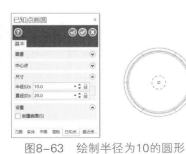

图8-63　绘制半径为10的圆形　　图8-64　创建拉伸特征

07 单击【线框】选项卡【绘线】组中的【绘点】按钮 ➕，绘制点图形，如图8-65所示。

图8-65　绘制空间点

08 单击【实体】选项卡【创建】组中的【孔】按钮 ➡，创建简单孔，直径为12，如图8-66所示。

图8-66　创建简单孔

09 绘制圆形，半径为70，如图8-67所示。

图8-67　绘制半径为70的圆形

10 单击【实体】选项卡【创建】组中的【实体拉伸】按钮 🔳，创建拉伸实体，距离为6，形成槽，如图8-68所示。

图8-68　创建拉伸特征

11 单击【线框】选项卡【绘线】组中的【绘点】按钮 ➕，绘制点图形，如图8-69所示。

12 单击【实体】选项卡【创

建】组中的【孔】按钮，创建简单孔，直径为20，如图8-70所示。

图8-69 绘制空间点

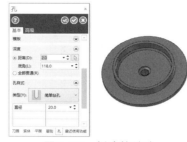

图8-70 创建简单孔

13 单击【实体】选项卡【创建】组中的【布尔运算】按钮，创建布尔结合运算，如图8-71所示。这样振动盘模型制作完成，下面进行孔加工设置。

图8-71 创建布尔结合运算

14 选择【机床】选项卡【机床类型】组中的【铣床】|【默认】命令，单击【铣削】选项卡2D组中的【钻孔】按钮，创建钻孔加工，在绘图区选择加工圆弧，如图8-72所示。

图8-72 创建全圆铣削加工程序

15 在【2D刀路-钻孔/全圆铣削 深孔钻-无啄孔】对话框中，切换到【刀路类型】选项设置界面，设置刀路类型，如图8-73所示。

图8-73 设置刀路类型

16 在【2D刀路-钻孔/全圆铣削 深孔钻-无啄孔】对话框中，切换到【刀具】选项设置界面，创建刀具，如图8-74所示。

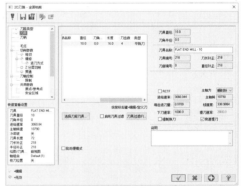

图8-74 创建刀具

17 在【2D刀路-钻孔/全圆铣削 深孔钻-无啄孔】对话框中，切换到【刀柄】选项设置界面，设置刀柄参数，如图8-75所示。

图8-75 设置刀柄参数

18 在【2D刀路-钻孔/全圆铣削 深孔钻-无啄孔】对话框中，切换到【Z分层切削】选项设置界面，设置分层切削参数，如图8-76所示。

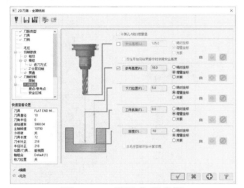

图8-76　设置分层切削参数

19 在【2D刀路-钻孔/全圆铣削 深孔钻-无啄孔】对话框中，切换到【共同参数】选项设置界面，设置刀具共同参数，如图8-77所示。

图8-77　设置共同参数

20 单击【机床】选项卡【模拟】组中的【刀路模拟】按钮，进行加工刀具路径程序的模拟演示，如图8-78所示。这样就完成了振动盘孔加工。

图8-78　刀具路径模拟

实例 118
　　案例源文件：ywj/08/118.mcam
振动盘孔加工（二）

01 打开前面实例的振动盘零件，选择【机床】选项卡【机床类型】组中的【铣床】|【默认】命令，单击【铣削】选项卡2D组中的【钻孔】

按钮，创建钻孔加工，在绘图区选择加工点，如图8-79所示。

图8-79　创建钻孔加工程序

02 在【2D刀路-钻孔/全圆铣削 深孔钻-无啄孔】对话框中，切换到【刀路类型】选项设置界面，设置刀路类型，如图8-80所示。

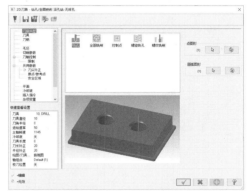

图8-80　设置刀路类型

03 在【2D刀路-钻孔/全圆铣削 深孔钻-无啄孔】对话框中，切换到【刀具】选项设置界面，创建刀具，如图8-81所示。

图8-81　创建刀具

04 在【2D刀路-钻孔/全圆铣削 深孔钻-无啄孔】对话框中，切换到【刀柄】选项设置界面，设置刀柄参数，如图8-82所示。

05 在【2D刀路-钻孔/全圆铣削 深孔钻-无啄

孔】对话框中，切换到【切削参数】选项设置界面，设置切削参数，如图8-83所示。

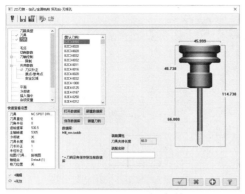

图8-82　设置刀柄参数

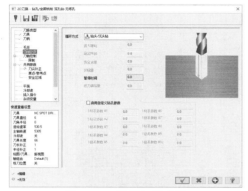

图8-83　设置切削参数

◎提示·◦

　　【钻头/沉头钻】：该循环方式用来加工孔径小于3倍的刀具直径的通孔或盲孔，在程序中生成G81指令代码。

06 在【2D刀路-钻孔/全圆铣削 深孔钻-无啄孔】对话框中，切换到【共同参数】选项设置界面，设置刀具共同参数，如图8-84所示。

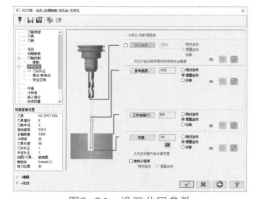

图8-84　设置共同参数

07 单击【机床】选项卡【模拟】组中的【刀路

模拟】按钮 ，进行加工刀具路径程序的模拟演示，如图8-85所示。

图8-85　刀具路径模拟

实例 119　　　●案例源文件：ywj/08/119.mcam

振动盘孔加工（三）

01 选择【机床】选项卡【机床类型】组中的【铣床】|【默认】命令，单击【铣削】选项卡2D组中的【钻孔】按钮 ，创建钻孔加工，在绘图区选择加工点，如图8-86所示。

图8-86　创建钻孔加工程序

02 在【2D刀路-钻孔/全圆铣削 深孔钻-无啄孔】对话框中，切换到【刀路类型】选项设置界面，设置刀路类型，如图8-87所示。

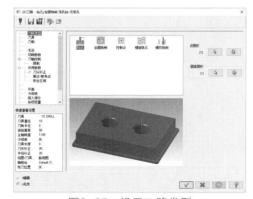

图8-87　设置刀路类型

03 在【2D刀路-钻孔/全圆铣削 深孔钻-无啄孔】对话框中，切换到【刀具】选项设置界面，创建刀具，如图8-88所示。

04 在【2D刀路-钻孔/全圆铣削 深孔钻-无啄

孔】对话框中，切换到【刀柄】选项设置界
面，设置刀柄参数，如图8-89所示。

图8-88　创建刀具

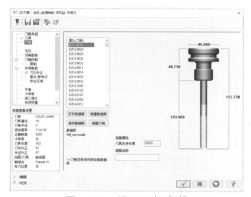

图8-89　设置刀柄参数

05 在【2D刀路-钻孔/全圆铣削 深孔钻-无啄
孔】对话框中，切换到【切削参数】选项设置
界面，设置切削参数，如图8-90所示。

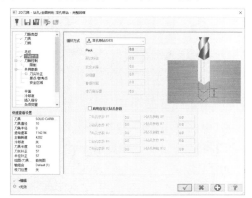

图8-90　设置切削参数

06 在【2D刀路-钻孔/全圆铣削 深孔钻-无啄
孔】对话框中，切换到【共同参数】选项设置
界面，设置刀具共同参数，如图8-91所示。

07 单击【机床】选项卡【模拟】组中的【刀路
模拟】按钮，进行加工刀具路径程序的模拟
演示，如图8-92所示。

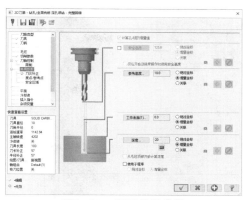

图8-91　设置共同参数

图8-92　刀具路径模拟

实例120　◎案例源文件：ywj/08/120.mcam

振动盘孔加工（四）

01 选择【机床】选项卡【机床类型】组中的
【铣床】|【默认】命令，单击【铣削】选项卡
2D组中的【钻孔】按钮，创建钻孔加工，在
绘图区选择加工圆弧，如图8-93所示。

图8-93　创建全圆铣削加工程序

02 在【2D刀路-钻孔/全圆铣削 深孔钻-无啄
孔】对话框中，切换到【刀路类型】选项设置
界面，设置刀路类型，如图8-94所示。

03 在【2D刀路-钻孔/全圆铣削 深孔钻-无啄
孔】对话框中，切换到【刀具】选项设置界
面，创建刀具，如图8-95所示。

04 在【2D刀路-钻孔/全圆铣削 深孔钻-无啄
孔】对话框中，切换到【刀柄】选项设置界

面，设置刀柄参数，如图8-96所示。

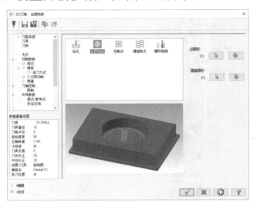

图8-94　设置刀路类型

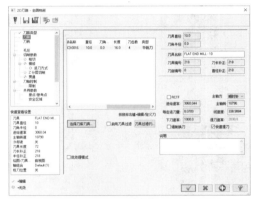

图8-95　创建刀具

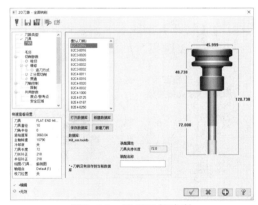

图8-96　设置刀柄参数

05 在【2D刀路-钻孔/全圆铣削 深孔钻-无啄孔】对话框中，切换到【共同参数】选项设置界面，设置刀具共同参数，如图8-97所示。

06 在【2D刀路-钻孔/全圆铣削 深孔钻-无啄孔】对话框中，切换到【平面】选项设置界面，设置坐标系和加工平面，如图8-98所示。

07 单击【机床】选项卡【模拟】组中的【刀路模拟】按钮，进行加工刀具路径程序的模拟演示，如图8-99所示。

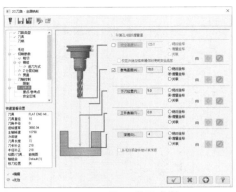

图8-97　设置共同参数

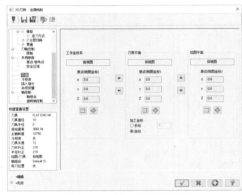

图8-98　设置平面参数

图8-99　刀具路径模拟

实例 121　● 案例源文件：ywj/08/121.mcam

卡盘孔加工（一）

01 单击【线框】选项卡【圆弧】组中的【已知点画圆】按钮⊙，绘制圆形，半径为50，如图8-100所示。

图8-100　绘制半径为50的圆形

02 单击【实体】选项卡【创建】组中的【实体拉伸】按钮，创建拉伸实体，距离为10，如图8-101所示。

图8-101　创建拉伸特征

03 绘制圆形，半径为20，如图8-102所示。

图8-102　绘制半径为20的圆形

04 创建拉伸切割实体，距离为10，如图8-103所示。

图8-103　创建拉伸切割特征

05 单击【线框】选项卡【形状】组中的【矩形】按钮□，绘制矩形图形，尺寸为10×40，如图8-104所示。

06 单击【转换】选项卡【位置】组中的【旋转】按钮，旋转复制图形，角度为120°，如图8-105所示。

图8-104　绘制10×40的矩形

图8-105　旋转复制矩形

07 创建拉伸实体，距离为20，形成卡箍，如图8-106所示。

图8-106　创建拉伸特征

08 单击【实体】选项卡【修剪】组中的【单一距离倒角】按钮，创建实体倒角特征，如图8-107所示。

图8-107　创建倒角特征

09 绘制圆形，半径为10，如图8-108所示。

10 创建拉伸切割实体，距离为4，形成孔，如图8-109所示。至此完成卡盘零件模型，下面进行孔加工设置。

11 选择【机床】选项卡【机床类型】组中的【铣床】|【默认】命令，单击【铣削】选项卡2D组中的【全圆铣削】按钮，创建全圆铣削加工，在绘图区选择加工圆弧，如图8-110所示。

图8-108　绘制半径为10的圆形

图8-109　创建拉伸切割特征

图8-110　创建全圆铣削加工程序

12 在【2D刀路-全圆铣削】对话框中，切换到【刀路类型】选项设置界面，设置刀路类型，如图8-111所示。

13 在【2D刀路-全圆铣削】对话框中，切换到【刀具】选项设置界面，创建刀具，如图8-112所示。

14 在【2D刀路-全圆铣削】对话框中，切换到【刀柄】选项设置界面，设置刀柄参数，如图8-113所示。

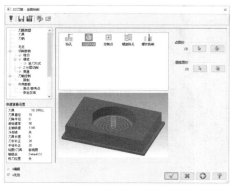

图8-111 设置刀路类型

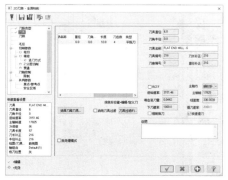

图8-112 创建刀具

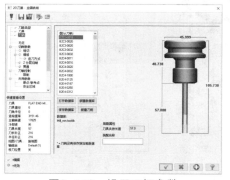

图8-113 设置刀柄参数

15 在【2D刀路-全圆铣削】对话框中，切换到【共同参数】选项设置界面，设置刀具共同参数，如图8-114所示。

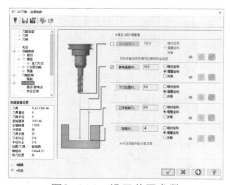

图8-114 设置共同参数

16 单击【机床】选项卡【模拟】组中的【刀路模拟】按钮，进行加工刀具路径程序的模拟演示，如图8-115所示。这样就完成了卡盘孔加工。

图8-115 刀具路径模拟

实例 122

案例源文件：ywj/08/122.mcam

卡盘孔加工（二）

01 打开前面实例的卡盘零件模型，选择【机床】选项卡【机床类型】组中的【铣床】|【默认】命令，单击【铣削】选项卡2D组中的【钻孔】按钮，创建钻孔加工，在绘图区选择加工圆弧，如图8-116所示。

图8-116 创建钻孔加工程序

02 在【2D刀路-钻孔/全圆铣削 深孔钻-无啄孔】对话框中，切换到【刀路类型】选项设置界面，设置刀路类型，如图8-117所示。

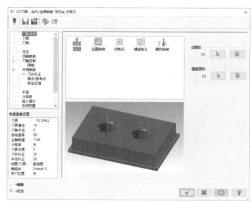

图8-117 设置刀路类型

03 在【2D刀路-钻孔/全圆铣削 深孔钻-无啄孔】对话框中，切换到【刀具】选项设置界面，创建刀具，如图8-118所示。

图8-118 创建刀具

04 在【2D刀路-钻孔/全圆铣削 深孔钻-无啄孔】对话框中，切换到【刀柄】选项设置界面，设置刀柄参数，如图8-119所示。

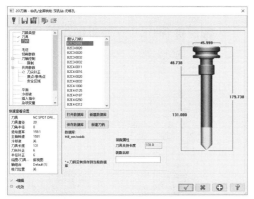

图8-119 设置刀柄参数

05 在【2D刀路-钻孔/全圆铣削 深孔钻-无啄孔】对话框中，切换到【共同参数】选项设置界面，设置刀具共同参数，如图8-120所示。

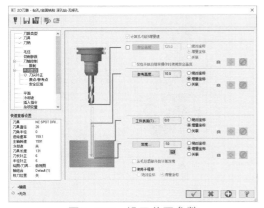

图8-120 设置共同参数

06 单击【机床】选项卡【模拟】组中的【刀路

模拟】按钮，进行加工刀具路径程序的模拟演示，如图8-121所示。

图8-121 刀具路径模拟

实例 123　⊕ 案例源文件：ywj/08/123.mcam

卡盘孔加工（三）

01 选择【机床】选项卡【机床类型】组中的【铣床】|【默认】命令，单击【铣削】选项卡2D组中的【螺旋铣孔】按钮，创建螺旋铣孔加工，在绘图区选择加工圆弧，如图8-122所示。

图8-122 创建螺旋铣孔加工程序

02 在【2D刀路-螺旋铣孔】对话框中，切换到【刀路类型】选项设置界面，设置刀路类型，如图8-123所示。

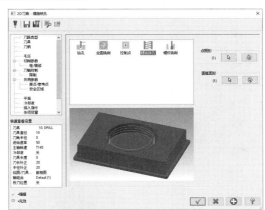

图8-123 设置刀路类型

03 在【2D刀路-螺旋铣孔】对话框中，切换到【刀具】选项设置界面，创建刀具，如图8-124所示。

04 在【2D刀路-螺旋铣孔】对话框中，切换到【刀柄】选项设置界面，设置刀柄参数，如图8-125所示。

图8-124 创建刀具

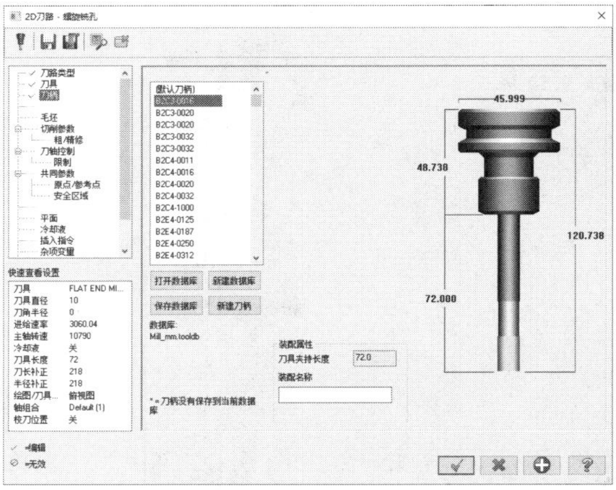

图8-125 设置刀柄参数

05 在【2D刀路-螺旋铣孔】对话框中，切换到【共同参数】选项设置界面，设置刀具共同参数，如图8-126所示。

06 单击【机床】选项卡【模拟】组中的【刀路模拟】按钮≋，进行加工刀具路径程序的模拟演示，如图8-127所示。这样就完成了卡盘孔加工。

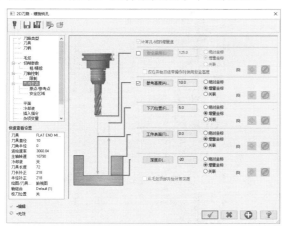

图8-126 设置共同参数

图8-127 刀具路径模拟

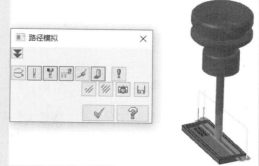

第 9 章 平面铣削加工

实例 124

单向平面铣

 案例源文件：ywj/09/124.mcam

01 单击【线框】选项卡【圆弧】组中的【已知点画圆】按钮⊕，绘制圆形，半径为50，如图9-1所示。

02 单击【实体】选项卡【创建】组中的【实体拉伸】按钮，创建拉伸实体，距离为10，完成基体，如图9-2所示。

图9-1　绘制半径为50的圆形　　　图9-2　创建拉伸特征

03 单击【线框】选项卡【圆弧】组中的【已知点画圆】按钮⊕，绘制圆形，半径为20，如图9-3所示。

04 单击【实体】选项卡【创建】组中的【实体拉伸】按钮，创建拉伸切割实体，距离为4，形成槽，如图9-4所示。

图9-3　绘制半径为20的圆形　　　图9-4　创建拉伸切割特征

05 单击【实体】选项卡【修剪】组中的【单一距离倒角】按钮，创建实体倒角特征，如图9-5所示。

06 绘制圆形，半径为10，如图9-6所示。

图9-5　创建倒角特征　　　图9-6　绘制半径为10的圆形

07 单击【实体】选项卡【创建】组中的【实体拉伸】按钮，创建拉伸实体，距离为10，形成凸台，如图9-7所示。

图9-7　创建拉伸特征

08 单击【实体】选项卡【修剪】组中的【固定半倒圆角】按钮，创建实体倒圆角特征，半径为2，如图9-8所示。

图9-8　创建圆角特征

09 单击【转换】选项卡【位置】组中的【平移】按钮，平移圆弧图形，距离为4，如图9-9所示。这样零件模型制作完成，下面进行加工设置。

图9-9　平移圆弧

10 选择【机床】选项卡【机床类型】组中的【铣床】|【默认】命令，单击【铣削】选项卡2D组中的【面铣】按钮，创建面铣工序，在绘图区选择加工线框串连，如图9-10所示。

11 在【2D刀路-平面铣削】对话框中，切换到【刀路类型】选项设置界面，设置刀路类型，如图9-11所示。

图9-10　创建平面铣削加工程序

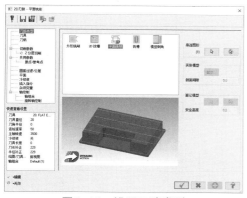

图9-11　设置刀路类型

12 在【2D刀路-平面铣削】对话框中，切换到【刀具】选项设置界面，创建刀具，如图9-12所示。

图9-12　创建刀具

13 在【2D刀路-平面铣削】对话框中，切换到【刀柄】选项设置界面，设置刀柄参数，如图9-13所示。

14 在【2D刀路-平面铣削】对话框中，切换到【切削参数】选项设置界面，设置切削参数，

如图9-14所示。

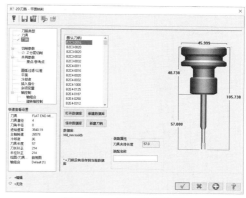

图9-13　设置刀柄参数

图9-14　设置切削参数

> **提示**
>
> 【单向】选项是指刀具在进行完一次切削之后，提高到安全位置并沿与下一次切削起点的连线移动到新的切削位置。【双向】选项是指刀具进行往复切削，在面铣削中一般都是用双向切削类型来提高加工的效率。

15 在【2D刀路-平面铣削】对话框中，切换到【Z分层切削】选项设置界面，设置分层切削参数，如图9-15所示。

图9-15　设置分层切削参数

16 在【2D刀路-平面铣削】对话框中，切换到【共同参数】选项设置界面，设置刀具共同参数，如图9-16所示。

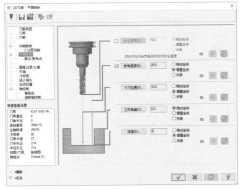

图9-16 设置共同参数

17 单击【机床】选项卡【模拟】组中的【刀路模拟】按钮≋，进行加工刀具路径程序的模拟演示，如图9-17所示。至此完成单向平面铣。

图9-17 刀具路径模拟

实例 125 ⊚案例源文件 ywj/09/125.mcam
双向平面铣

01 打开前面实例的零件模型，选择【机床】选项卡【机床类型】组中的【铣床】|【默认】命令，单击【铣削】选项卡2D组中的【面铣】按钮┣，创建面铣工序，在绘图区选择加工线框串连，如图9-18所示。

图9-18 创建平面铣削加工程序

02 在【2D刀路-平面铣削】对话框中，切换到【刀路类型】选项设置界面，设置刀路类型，如图9-19所示。

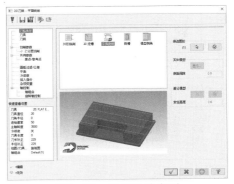

图9-19 设置刀路类型

03 在【2D刀路-平面铣削】对话框中，切换到【刀具】选项设置界面，创建刀具，如图9-20所示。

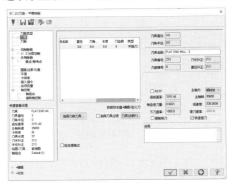

图9-20 创建刀具

04 在【2D刀路-平面铣削】对话框中，切换到【刀柄】选项设置界面，设置刀柄参数，如图9-21所示。

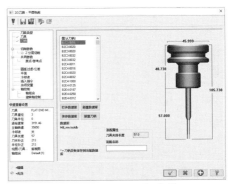

图9-21 设置刀柄参数

05 在【2D刀路-平面铣削】对话框中，切换到【切削参数】选项设置界面，设置切削参数，如图9-22所示。

06 在【2D刀路-平面铣削】对话框中，切换到【共同参数】选项设置界面，设置刀具共同参数，如图9-23所示。

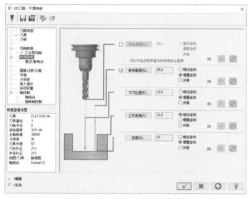

图9-22　设置切削参数

图9-23　设置共同参数

07 单击【机床】选项卡【模拟】组中的【刀路模拟】按钮，进行加工刀具路径程序的模拟演示，如图9-24所示。至此完成双向平面铣。

图9-24　刀具路径模拟

实例 126

案例源文件：ywj/09/126.mcam

一刀式平面铣

01 打开前面实例的零件模型，选择【机床】选项卡【机床类型】组中的【铣床】|【默认】命令，单击【铣削】选项卡2D组中的【面铣】按钮，创建面铣工序，在绘图区选择加工线框串连，如图9-25所示。

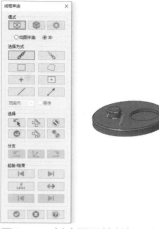

图9-25　创建平面铣削加工程序

02 在【2D刀路-平面铣削】对话框中，切换到【刀路类型】选项设置界面，设置刀路类型，如图9-26所示。

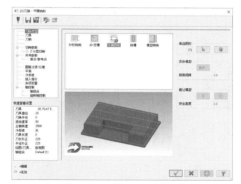

图9-26　设置刀路类型

03 在【2D刀路-平面铣削】对话框中，切换到【刀具】选项设置界面，创建刀具，如图9-27所示。

图9-27　创建刀具

04 在【2D刀路-平面铣削】对话框中，切换到【刀柄】选项设置界面，设置刀柄参数，如图9-28所示。

05 在【2D刀路-平面铣削】对话框中，切换到

【切削参数】选项设置界面，设置切削参数，如图9-29所示。

图9-28　设置刀柄参数

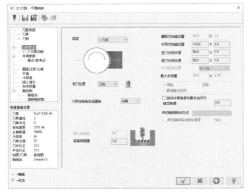

图9-29　设置切削参数

💡提示·

【一刀式】：只进行一次切削加工，仅适用于刀具大于或等于工件宽度时的情况。

06 在【2D刀路-平面铣削】对话框中，切换到【共同参数】选项设置界面，设置刀具共同参数，如图9-30所示。

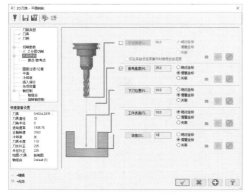

图9-30　设置共同参数

07 单击【机床】选项卡【模拟】组中的【刀路模拟】按钮，进行加工刀具路径程序的

模拟演示，如图9-31所示。至此完成一刀式平面铣。

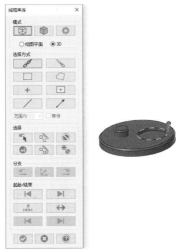

图9-31　刀具路径模拟

实例 127 案例源文件：ywj/09/127.mcam

动态平面铣

01 打开前面实例的零件模型，选择【机床】选项卡【机床类型】组中的【铣床】|【默认】命令，单击【铣削】选项卡2D组中的【面铣】按钮，创建面铣工序，在绘图区选择加工线框串连，如图9-32所示。

图9-32　创建平面铣削加工程序

02 在【2D刀路-平面铣削】对话框中，切换到【刀路类型】选项设置界面，设置刀路类型，如图9-33所示。

03 在【2D刀路-平面铣削】对话框中，切换到【刀具】选项设置界面，创建刀具，如图9-34所示。

04 在【2D刀路-平面铣削】对话框中，切换到【刀柄】选项设置界面，设置刀柄参数，如图9-35所示。

05 在【2D刀路-平面铣削】对话框中，切换到【切削参数】选项设置界面，设置切削参数，如图9-36所示。

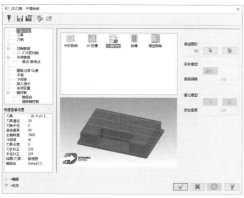

图9-33 设置刀路类型

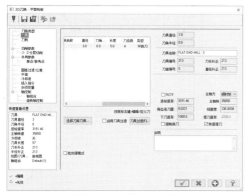

图9-34 设置刀具

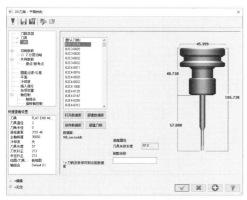

图9-35 设置刀柄参数

图9-36 设置切削参数

◉提示·◦

　　【动态】类型是指由外至内的方式进行走刀。

06 在【2D刀路-平面铣削】对话框中，切换到【共同参数】选项设置界面，设置刀具共同参数，如图9-37所示。

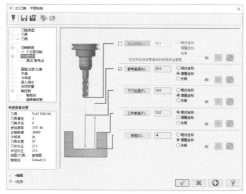

图9-37 设置共同参数

07 单击【机床】选项卡【模拟】组中的【刀路模拟】按钮，进行加工刀具路径程序的模拟演示，如图9-38所示。至此完成动态平面铣。

图9-38 刀具路径模拟

实例128

◉案例源文件 ywj/09/128.mcam

扣板铣削加工

01 单击【线框】选项卡【形状】组中的【矩形】按钮□，绘制矩形图形，尺寸为20×40，如图9-39所示。

图9-39 绘制20×40的矩形

02 单击【实体】选项卡【创建】组中的【实体拉伸】按钮🔲，创建拉伸实体，距离为2，如图9-40所示。

图9-40　创建拉伸特征

03 绘制两个矩形图形，尺寸为2×10，如图9-41所示。

图9-41　绘制两个矩形

04 单击【实体】选项卡【创建】组中的【实体拉伸】按钮🔲，创建拉伸实体，距离为10，如图9-42所示。

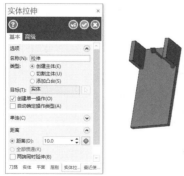

图9-42　创建拉伸特征

05 绘制矩形图形，尺寸为10×3，如图9-43所示。

06 单击【转换】选项卡【位置】组中的【平移】按钮🔲，平移矩形图形，距离为20，如

图9-44所示。

图9-43　绘制10×3的矩形

图9-44　平移复制矩形

07 单击【实体】选项卡【创建】组中的【实体拉伸】按钮🔲，创建拉伸实体，距离为4，如图9-45所示。

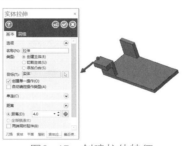

图9-45　创建拉伸特征

08 单击【实体】选项卡【创建】组中的【布尔运算】按钮🔲，创建布尔结合运算，如图9-46所示。

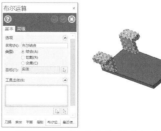

图9-46　创建布尔结合运算

09 单击【实体】选项卡【修剪】组中的【单一距离倒角】按钮🔲，创建实体倒角特征，如图9-47所示。这样扣板零件模型制作完成，下面进行加工

设置。

图9-47　创建倒角特征

10 选择【机床】选项卡【机床类型】组中的【铣床】|【默认】命令，单击【铣削】选项卡2D组中的【面铣】按钮🔲，创建面铣工序，在绘图区选择加工线框串连，如图9-48所示。

图9-48　创建平面铣削加工程序

11 在【2D刀路-平面铣削】对话框中，切换到【刀路类型】选项设置界面，设置刀路类型，如图9-49所示。

12 在【2D刀路-平面铣削】对话框中，切换到【刀具】选项设置界面，创建刀具，如图9-50所示。

13 在【2D刀路-平面铣削】对话框中，切换到【刀柄】选项设置界面，设置刀柄参数，如图9-51所示。

14 在【2D刀路-平面铣削】对话框中，切换到【切削参数】选项设置界面，设置切削参数，如图9-52所示。

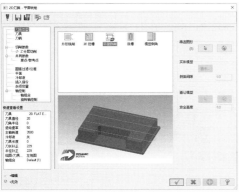

图9-49　设置刀路类型

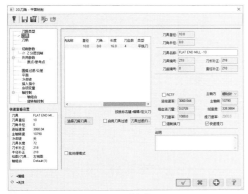

图9-50　创建刀具

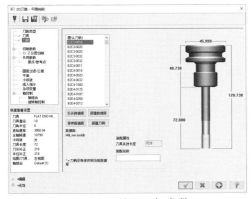

图9-51　设置刀柄参数

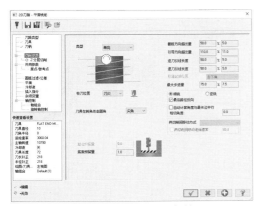

图9-52　设置切削参数

15 在【2D刀路-平面铣削】对话框中，切换到【共同参数】选项设置界面，设置刀具共同参数，如图9-53所示。

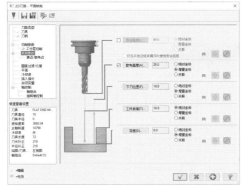

图9-53　设置共同参数

16 在【2D刀路-平面铣削】对话框中，切换到【平面】选项设置界面，设置坐标系和加工平面，如图9-54所示。

图9-54　设置平面参数

17 单击【机床】选项卡【模拟】组中的【刀路模拟】按钮，进行加工刀具路径程序的模拟演示，如图9-55所示。至此完成扣板铣削加工。

图9-55　刀具路径模拟

实例 129 ⊙ 案例源文件：ywj/09/129.mcam

减速器上盖铣削加工（一）

01 单击【线框】选项卡【形状】组中的【矩

形】按钮□，绘制矩形图形，尺寸为70×30，如图9-56所示。

02 单击【实体】选项卡【创建】组中的【实体拉伸】按钮🗐，创建拉伸实体，距离为30，如图9-57所示。

图9-56　绘制70×30的矩形

图9-57　创建拉伸特征

03 单击【实体】选项卡【修剪】组中的【依照实体面拔模】按钮🖰，创建实体拔模特征，如图9-58所示。

04 单击【实体】选项卡【修剪】组中的【固定半倒圆角】按钮🔷，创建实体倒圆角特征，半径为20，如图9-59所示。

图9-58　创建拔模特征　　　图9-59　创建半径为20的圆角特征

05 单击【实体】选项卡【修剪】组中的【固定半倒圆角】按钮🔷，创建实体倒圆角特征，半径为10，如图9-60所示。

06 单击【实体】选项卡【修剪】组中的【抽壳】按钮🔲，创建抽壳特征，如图9-61所示。

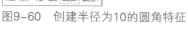

图9-60　创建半径为10的圆角特征　　　图9-61　创建抽壳特征

07 单击【线框】选项卡【形状】组中的【矩形】按钮□，绘制矩形图形，尺寸为80×40，如图9-62所示。

08 单击【实体】选项卡【创建】组中的【实体拉伸】按钮🗐，创建拉伸实体，距离为2，如图9-63所示。

09 单击【实体】选项卡【创建】组中的【布尔运算】按钮🔲，创建布

尔结合运算，如图9-64所示。这样减速器上盖零件模型制作完成，下面进行加工设置。

图9-62　绘制80×40的矩形

图9-63　创建拉伸特征

图9-64　创建布尔结合运算

10 选择【机床】选项卡【机床类型】组中的【铣床】|【默认】命令，单击【铣削】选项卡2D组中的【面铣】按钮🖼，创建面铣工序，在绘图区选择加工线框串连，如图9-65所示。

图9-65　创建平面铣削加工程序

11 在【2D刀路-平面铣削】对话框中，切换到【刀路类型】选项设置界面，设置刀路类型，如图9-66所示。

图9-66 设置刀路类型

12 在【2D刀路-平面铣削】对话框中，切换到【刀具】选项设置界面，创建刀具，如图9-67所示。

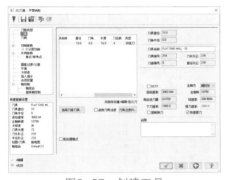

图9-67 创建刀具

13 在【2D刀路-平面铣削】对话框中，切换到【刀柄】选项设置界面，设置刀柄参数，如图9-68所示。

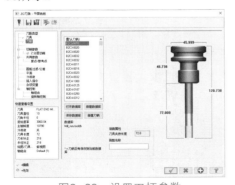

图9-68 设置刀柄参数

14 在【2D刀路-平面铣削】对话框中，切换到【切削参数】选项设置界面，设置切削参数，如图9-69所示。

15 在【2D刀路-平面铣削】对话框中，切换到【共同参数】选项设置界面，设置刀具共同参数，如图9-70所示。

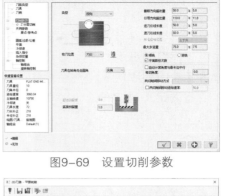

图9-69 设置切削参数

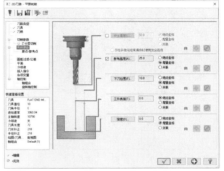

图9-70 设置共同参数

16 在【2D刀路-平面铣削】对话框中，切换到【平面】选项设置界面，设置坐标系和加工平面，如图9-71所示。

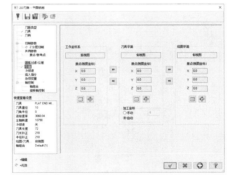

图9-71 设置平面参数

17 单击【机床】选项卡【模拟】组中的【刀路模拟】按钮，进行加工刀具路径程序的模拟演示，如图9-72所示。至此完成减速器上盖铣削加工。

图9-72 刀具路径模拟

减速器上盖铣削加工（二）

01 打开前面实例的零件模型，选择【机床】选项卡【机床类型】组中的【铣床】|【默认】命令，单击【铣削】选项卡2D组中的【面铣】按钮，创建面铣工序，在绘图区选择加工线框串连，如图9-73所示。

图9-73　创建平面铣削加工程序

02 在【2D刀路-平面铣削】对话框中，切换到【刀路类型】选项设置界面，设置刀路类型，如图9-74所示。

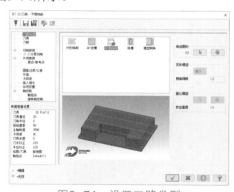

图9-74　设置刀路类型

03 在【2D刀路-平面铣削】对话框中，切换到【刀具】选项设置界面，创建刀具，如图9-75所示。

04 在【2D刀路-平面铣削】对话框中，切换到【刀柄】选项设置界面，设置刀柄参数，如图9-76所示。

05 在【2D刀路-平面铣削】对话框中，切换到【切削参数】选项设置界面，设置切削参数，如图9-77所示。

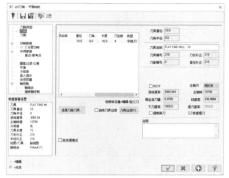

图9-75　创建刀具

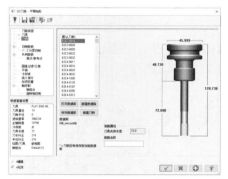

图9-76　设置刀柄参数

图9-77　设置切削参数

06 在【2D刀路-平面铣削】对话框中，切换到【共同参数】选项设置界面，设置刀具共同参数，如图9-78所示。

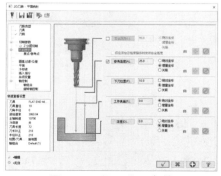

图9-78　设置共同参数

07 在【2D刀路-平面铣削】对话框中，切换到【平面】选项设置界面，设置坐标系和加工平面，如图9-79所示。

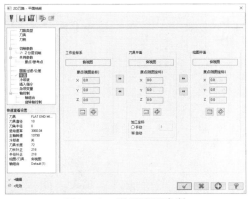

图9-79 设置平面参数

08 单击【机床】选项卡【模拟】组中的【刀路模拟】按钮≋，进行加工刀具路径程序的模拟演示，如图9-80所示。

图9-80 刀具路径模拟

实例 131 ◉案例源文件 ywj/09/131.mcam
减速器上盖铣削加工（三）

01 打开前面实例的零件模型，单击【线框】选项卡【绘线】组中的【连续线】按钮╱，绘制空间直线，如图9-81所示。

图9-81 绘制空间直线

02 选择【机床】选项卡【机床类型】组中的【铣床】|【默认】命令，单击【铣削】选项卡2D组中的【面铣】按钮▤，创建面铣工序，在绘图区选择加工线框串连，如图9-82所示。

图9-82 创建平面铣削加工程序

03 在【2D刀路-平面铣削】对话框中，切换到【刀路类型】选项设置界面，设置刀路类型，如图9-83所示。

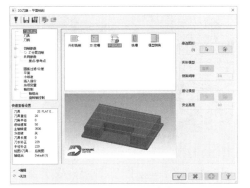

图9-83 设置刀路类型

04 在【2D刀路-平面铣削】对话框中，切换到【刀具】选项设置界面，创建刀具，如图9-84所示。

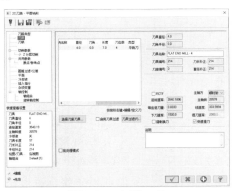

图9-84 创建刀具

05 在【2D刀路-平面铣削】对话框中，切换到【刀柄】选项设置界面，设置刀柄参数，如图9-85所示。

06 在【2D刀路-平面铣削】对话框中，切换到

【切削参数】选项设置界面，设置切削参数，如图9-86所示。

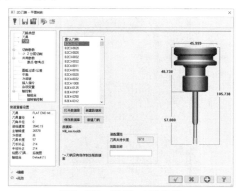

图9-85 设置刀柄参数

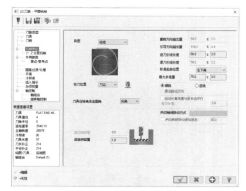

图9-86 设置切削参数

07 在【2D刀路-平面铣削】对话框中，切换到【共同参数】选项设置界面，设置刀具共同参数，如图9-87所示。

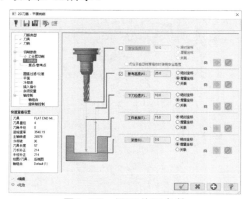

图9-87 设置共同参数

08 在【2D刀路-平面铣削】对话框中，切换到【平面】选项设置界面，设置坐标系和加工平面，如图9-88所示。

09 单击【机床】选项卡【模拟】组中的【刀路模拟】按钮≋，进行加工刀具路径程序的模拟演示，如图9-89所示。至此完成减速器上盖铣削加工。

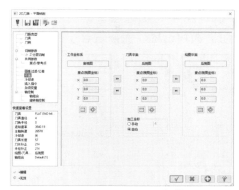

图9-88 设置平面参数

图9-89 刀具路径模拟

实例 132 ⊙ 案例源文件：ywj/09/132.mcam

机箱前盖铣削加工（一）

01 单击【线框】选项卡【形状】组中的【矩形】按钮▭，绘制矩形图形，尺寸为60×22，如图9-90所示。

图9-90 绘制60×22的矩形

02 单击【实体】选项卡【创建】组中的【实体拉伸】按钮▤，创建拉伸实体，距离为4，如图9-91所示。

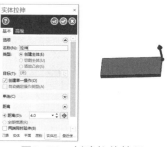

图9-91 创建拉伸特征

03 单击【实体】选项卡【修剪】组中的【抽壳】按钮■，创建抽壳特征，如图9-92所示。

图9-92　创建抽壳特征

04 单击【线框】选项卡【圆弧】组中的【已知点画圆】按钮⊕，绘制20个圆形，半径为1，如图9-93所示。

图9-93　绘制半径为1的圆形

05 单击【实体】选项卡【创建】组中的【实体拉伸】按钮■，创建拉伸切割实体，距离为4，如图9-94所示。至此机箱前盖零件模型制作完成，下面进行加工设置。

图9-94　创建拉伸切割特征

06 选择【机床】选项卡【机床类型】组中的【铣床】|【默认】命令，单击【铣削】选项卡2D组中的【面铣】按钮■，创建面铣工序，在绘图区选择加工线框串连，如图9-95所示。

07 在【2D刀路-平面铣削】对话框中，切换到【刀路类型】选项设置界面，设置刀路类型，如图9-96所示。

图9-95　创建平面铣削加工程序

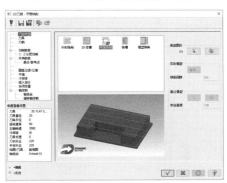

图9-96　设置刀路类型

08 在【2D刀路-平面铣削】对话框中，切换到【刀具】选项设置界面，创建刀具，如图9-97所示。

图9-97　创建刀具

09 在【2D刀路-平面铣削】对话框中，切换到【刀柄】选项设置界面，设置刀柄参数，如图9-98所示。

10 在【2D刀路-平面铣削】对话框中，切换到【切削参数】选项设置界面，设置切削参数，如图9-99所示。

11 在【2D刀路-平面铣削】对话框中，切换到【共同参数】选项设置界面，设置刀具共同参数，如图9-100所示。

图9-98　设置刀柄参数

图9-99　设置切削参数

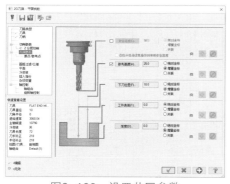

图9-100　设置共同参数

12 在【2D刀路-平面铣削】对话框中，切换到【平面】选项设置界面，设置坐标系和加工平面，如图9-101所示。

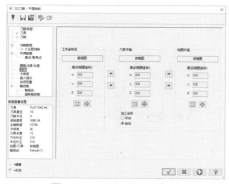

图9-101　设置平面参数

13 单击【机床】选项卡【模拟】组中的【刀路模拟】按钮，进行加工刀具路径程序的模拟演示，如图9-102所示。至此完成机箱前盖铣削加工。

图9-102　刀具路径模拟

实例 133　⊕ 案例源文件：ywj/09/133.mcam
机箱前盖铣削加工（二）

01 打开前面实例的零件模型，单击【线框】选项卡【绘线】组中的【连续线】按钮／，绘制空间直线，如图9-103所示。

图9-103　绘制空间直线

02 选择【机床】选项卡【机床类型】组中的【铣床】|【默认】命令，单击【铣削】选项卡2D组中的【面铣】按钮，创建面铣工序，在绘图区选择加工线框串连，如图9-104所示。

图9-104　创建平面铣削加工程序

03 在【2D刀路-平面铣削】对话框中，切换到【刀路类型】选项设置界面，设置刀路类型，如图9-105所示。

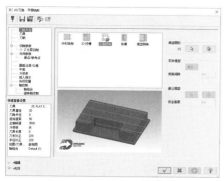

图9-105　设置刀路类型

04 在【2D刀路-平面铣削】对话框中，切换到【刀具】选项设置界面，创建刀具，如图9-106所示。

图9-106　创建刀具

05 在【2D刀路-平面铣削】对话框中，切换到【刀柄】选项设置界面，设置刀柄参数，如图9-107所示。

图9-107　设置刀柄参数

06 在【2D刀路-平面铣削】对话框中，切换到【切削参数】选项设置界面，设置切削参数，如图9-108所示。

07 在【2D刀路-平面铣削】对话框中，切换到【共同参数】选项设置界面，设置刀具共同参数，如图9-109所示。

08 单击【机床】选项卡【模拟】组中的【刀路模拟】按钮≋，进行加工刀具路径程序的模拟

演示，如图9-110所示。

图9-108　设置切削参数

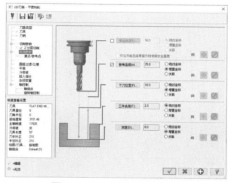

图9-109　设置共同参数

图9-110　刀具路径模拟

实例 134  案例源文件：ywj/09/134.mcam

机箱前盖铣削加工（三）

01 打开前面实例的零件模型，单击【线框】选项卡【绘线】组中的【连续线】按钮╱，绘制空间直线，如图9-111所示。

图9-111　绘制空间直线

02 选择【机床】选项卡【机床类型】组中的【铣床】|【默认】命令，单击【铣削】选项卡2D组中的【面铣】按钮，创建面铣工序，在绘图区选择加工线框串连，如图9-112所示。

图9-112 创建平面铣削加工程序

03 在【2D刀路-平面铣削】对话框中，切换到【刀路类型】选项设置界面，设置刀路类型，如图9-113所示。

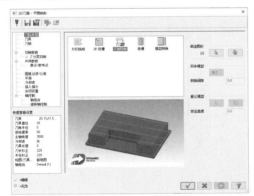

图9-113 设置刀路类型

04 在【2D刀路-平面铣削】对话框中，切换到【刀具】选项设置界面，创建刀具，如图9-114所示。

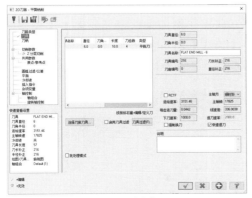

图9-114 创建刀具

05 在【2D刀路-平面铣削】对话框中，切换到【刀柄】选项设置界面，设置刀柄参数，如图9-115所示。

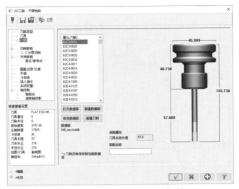

图9-115 设置刀柄参数

06 在【2D刀路-平面铣削】对话框中，切换到【切削参数】选项设置界面，设置切削参数，如图9-116所示。

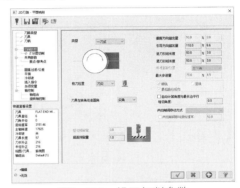

图9-116 设置切削参数

07 单击【机床】选项卡【模拟】组中的【刀路模拟】按钮，进行加工刀具路径程序的模拟演示，如图9-117所示。

图9-117 刀具路径模拟

实例 135 ⊙ 案例源文件：ywj/09/135.mcam

机箱前盖铣削加工（四）

01 打开前面实例的零件模型，单击【线框】选项卡【绘线】组中的【连续线】按钮，绘制空间直线，如图9-118所示。

图9-118　绘制空间直线

02 选择【机床】选项卡【机床类型】组中的
【铣床】|【默认】命令，单击【铣削】选项卡
2D组中的【面铣】按钮，创建面铣工序，在
绘图区选择加工线框串连，如图9-119所示。

图9-119　创建平面铣削加工程序

03 在【2D刀路-平面铣削】对话框中，切换到
【刀路类型】选项设置界面，设置刀路类型，
如图9-120所示。

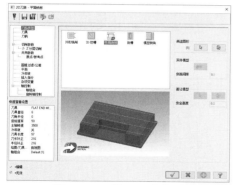

图9-120　设置刀路类型

04 在【2D刀路-平面铣削】对话框中，切换到
【刀具】选项设置界面，创建刀具，如图9-121
所示。

05 在【2D刀路-平面铣削】对话框中，切换到【刀
柄】选项设置界面，设置刀柄参数，如图9-122
所示。

图9-121　创建刀具

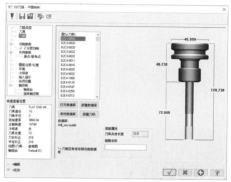

图9-122　设置刀柄参数

06 在【2D刀路-平面铣削】对话框中，切换到
【切削参数】选项设置界面，设置切削参数，
如图9-123所示。

图9-123　设置切削参数

07 单击【机床】选项卡【模拟】组中的【刀路
模拟】按钮，进行加工刀具路径程序的模拟
演示，如图9-124所示。至此完成机箱前盖铣削
加工。

图9-124　刀具路径模拟

机壳铣削加工（一）

01 单击【线框】选项卡【圆弧】组中的【已知点画圆】按钮 ⊕，绘制圆形，半径为50，如图9-125所示。

图9-125　绘制半径为50的圆形

02 单击【实体】选项卡【创建】组中的【实体拉伸】按钮，创建拉伸实体，距离为4，形成基体，如图9-126所示。

图9-126　创建拉伸特征

03 绘制圆形，半径为30，如图9-127所示。

图9-127　绘制半径为30的圆形

04 单击【实体】选项卡【创建】组中的【实体拉伸】按钮，创建拉伸实体，距离为30，形成凸台，如图9-128所示。

05 单击【实体】选项卡【创建】组中的【布尔运算】按钮，创建布尔结合运算，如图9-129所示。

06 单击【实体】选项卡【修剪】组中的【固定半倒圆角】按钮，创建实体倒圆角特征，半

径为4，如图9-130所示。

图9-128　创建拉伸特征

图9-129　创建布尔结合运算

图9-130　创建圆角特征

07 绘制圆形，半径为20，如图9-131所示。

图9-131　绘半径为20的圆形

08 创建拉伸切割实体，距离为25，形成孔，如图9-132所示。这样机壳零件制作完成，下面进行加工设置。

09 选择【机床】选项卡【机床类型】组中的【铣床】|【默认】命令，单击【铣削】选项卡2D组

中的【面铣】按钮，创建面铣工序，在绘图区选择加工线框串连，如图9-133所示。

图9-132　创建拉伸切割特征

图9-133　创建平面铣削加工程序

10 在【2D刀路-平面铣削】对话框中，切换到【刀路类型】选项设置界面，设置刀路类型，如图9-134所示。

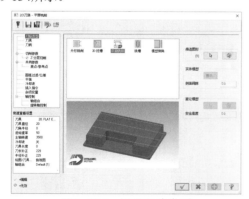

图9-134　设置刀路类型

11 在【2D刀路-平面铣削】对话框中，切换到【刀具】选项设置界面，创建刀具，如图9-135所示。

12 在【2D刀路-平面铣削】对话框中，切换到【刀柄】选项设置界面，设置刀柄参数，如图9-136所示。

13 在【2D刀路-平面铣削】对话框中，切换到

【切削参数】选项设置界面，设置切削参数，如图9-137所示。

图9-135　创建刀具

图9-136　设置刀柄参数

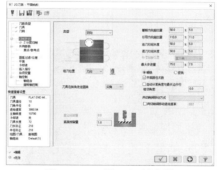

图9-137　设置切削参数

14 在【2D刀路-平面铣削】对话框中，切换到【平面】选项设置界面，设置坐标系和加工平面，如图9-138所示。

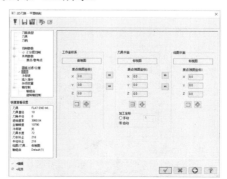

图9-138　设置平面参数

15 在【2D刀路-平面铣削】对话框中，切换到【共同参数】选项设置界面，设置刀具共同参数，如图9-139所示。

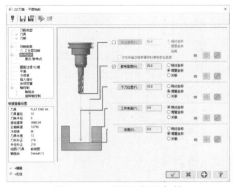

图9-139　设置共同参数

16 单击【机床】选项卡【模拟】组中的【刀路模拟】按钮，进行加工刀具路径程序的模拟演示，如图9-140所示。至此完成机壳铣削加工。

图9-140　刀具路径模拟

实例 137

　案例源文件：ywj/09/137.mcam

机壳铣削加工（二）

01 打开前面实例的零件模型，选择【机床】选项卡【机床类型】组中的【铣床】|【默认】命令，单击【铣削】选项卡2D组中的【面铣】按钮，创建面铣工序，在绘图区选择加工线框串连，如图9-141所示。

图9-141　创建平面铣削加工程序

02 在【2D刀路-平面铣削】对话框中，切换到【刀路类型】选项设置界面，设置刀路类型，如图9-142所示。

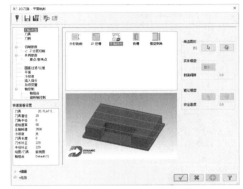

图9-142　设置刀路类型

03 在【2D刀路-平面铣削】对话框中，切换到【刀具】选项设置界面，创建刀具，如图9-143所示。

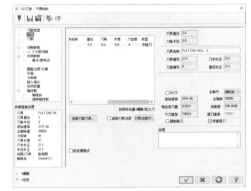

图9-143　创建刀具

04 在【2D刀路-平面铣削】对话框中，切换到【刀柄】选项设置界面，设置刀柄参数，如图9-144所示。

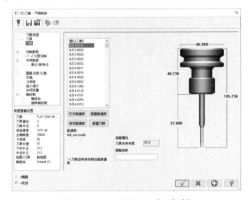

图9-144　设置刀柄参数

05 在【2D刀路-平面铣削】对话框中，切换到【切削参数】选项设置界面，设置切削参数，如图9-145所示。

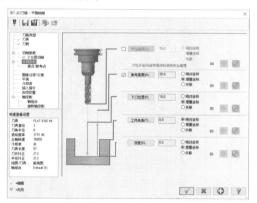

图9-145　设置切削参数

06 在【2D刀路-平面铣削】对话框中，切换到【共同参数】选项设置界面，设置刀具共同参数，如图9-146所示。

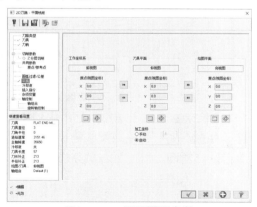

图9-146　设置共同参数

07 在【2D刀路-平面铣削】对话框中，切换到【平面】选项设置界面，设置坐标系和加工平面，如图9-147所示。

图9-147　设置平面参数

08 单击【机床】选项卡【模拟】组中的【刀路模拟】按钮，进行加工刀具路径程序的模拟演示，如图9-148所示。

图9-148　刀具路径模拟

实例 138　　案例源文件：ywj/09/138.mcam

机壳铣削加工（三）

01 打开前面实例的零件模型，单击【线框】选项卡【圆弧】组中的【已知点画圆】按钮，绘制圆形，半径为20，如图9-149所示。

图9-149　绘制半径为20的圆形

02 选择【机床】选项卡【机床类型】组中的【铣床】|【默认】命令，单击【铣削】选项卡2D组中的【面铣】按钮，创建面铣工序，在绘图区选择加工线框串连，如图9-150所示。

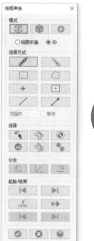

图9-150　创建平面铣削加工程序

03 在【2D刀路-平面铣削】对话框中，切换到【刀路类型】选项设置界面，设置刀路类型，如图9-151所示。

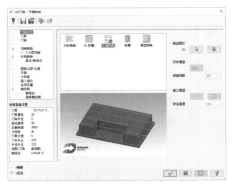

图9-151　设置刀路类型

04 在【2D刀路-平面铣削】对话框中，切换到【刀具】选项设置界面，创建刀具，如图9-152所示。

图9-152　创建刀具

05 在【2D刀路-平面铣削】对话框中，切换到【刀柄】选项设置界面，设置刀柄参数，如图9-153所示。

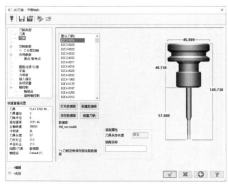

图9-153　设置刀柄参数

06 在【2D刀路-平面铣削】对话框中，切换到【切削参数】选项设置界面，设置切削参数，如图9-154所示。

07 在【2D刀路-平面铣削】对话框中，切换到【共同参数】选项设置界面，设置刀具共同参数，如图9-155所示。

08 在【2D刀路-平面铣削】对话框中，切换到

【平面】选项设置界面，设置坐标系和加工平面，如图9-156所示。

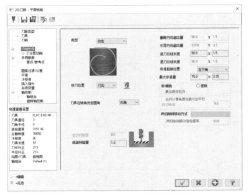

图9-154　设置切削参数

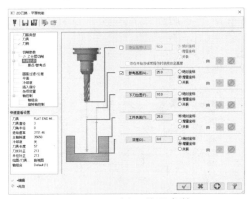

图9-155　设置共同参数

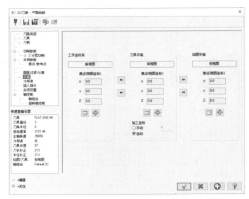

图9-156　设置平面参数

09 单击【机床】选项卡【模拟】组中的【刀路模拟】按钮，进行加工刀具路径程序的模拟演示，如图9-157所示。至此完成机壳铣削加工。

图9-157　刀具路径模拟

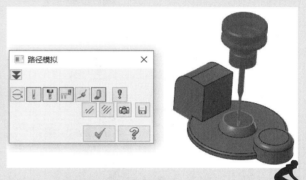

第 **10** 章　曲面粗/精加工

实例 139

粗加工平行铣削加工

案例源文件：ywj/10/139.mcam

01 单击【线框】选项卡【圆弧】组中的【已知点画圆】按钮⊕，绘制圆形，半径为50，如图10-1所示。

02 单击【实体】选项卡【创建】组中的【实体拉伸】按钮，创建拉伸实体，距离为6，形成基体，如图10-2所示。

图10-1　绘制半径为50的圆形　　图10-2　创建拉伸特征

03 单击【实体】选项卡【修剪】组中的【固定半倒圆角】按钮，创建实体倒圆角特征，半径为2，如图10-3所示。

04 绘制圆形，半径为20，如图10-4所示。

图10-3　创建圆角特征　　图10-4　绘制半径为20的圆形

05 创建拉伸实体，距离为20，形成凸台，如图10-5所示。

06 单击【实体】选项卡【修剪】组中的【固定半倒圆角】按钮，创建实体倒圆角特征，半径为5，如图10-6所示。

图10-5　创建拉伸特征　　图10-6　创建圆角特征

07 单击【线框】选项卡【形状】组中的【矩形】按钮口，绘制矩形图形，尺寸为40×40，如图10-7所示。

08 单击【转换】选项卡【位置】组中的【平移】按钮，平移矩

形图形，距离为50，如图10-8所示。

图10-7　绘制40×40的矩形

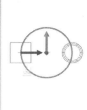

图10-8　平移矩形

09 创建拉伸实体，距离为50，形成凸台，如图10-9所示。

图10-9　创建拉伸特征

10 单击【实体】选项卡【修剪】组中的【固定半倒圆角】按钮，创建实体倒圆角特征，半径为20，如图10-10所示。

图10-10　创建圆角特征

11 单击【实体】选项卡【基本实体】组中的【球体】按钮，创建球体，如图10-11所示。

图10-11 创建球体

12 单击【实体】选项卡【创建】组中的【布尔运算】按钮，创建布尔结合运算，如图10-12所示。至此零件模型制作完成，下面进行加工设置。

图10-12 创建布尔结合运算

13 选择【机床】选项卡【机床类型】组中的【铣床】|【默认】命令，单击【铣削】选项卡3D组中的【平行】按钮，创建平行粗切加工程序，在绘图区选择加工曲面，如图10-13所示。

图10-13 创建粗加工平行铣削工序

14 在绘图区选择加工范围，如图10-14所示。

图10-14 选择加工范围

15 在弹出的【刀路曲面选择】对话框中，确认加工面和切削范围已经设置完成，如图10-15所示。

图10-15 选择切削范围

16 在弹出的【曲面粗切平行】对话框中，设置刀具参数，如图10-16所示。

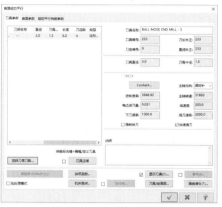

图10-16 设置刀具参数

◎提示·◎

平行粗加工的刀具沿指定的进给方向进行切削，生成的刀具路径相互平行。平行粗加工刀具路径比较适合加工凸台或凹槽不多或相对比较平坦的曲面。

17 在弹出的【曲面粗切平行】对话框中，设置曲面参数，如图10-17所示。

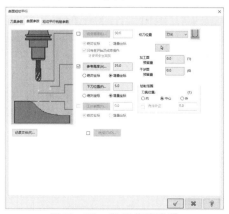

图10-17 设置曲面参数

18 在弹出的【曲面粗切平行】对话框中，设置粗切平行铣削参数，如图10-18所示。

图10-18　设置粗切平行铣削参数

◎提示·◦

　　【双向】切削：刀具在完成一行切削后立即转向下一行进行切削。【单向】切削：加工时刀具只沿一个方向进行切削，完成一行后，需要提刀返回到起点再进行下一行的切削。

19 单击【机床】选项卡【模拟】组中的【刀路模拟】按钮，进行加工刀具路径程序的模拟演示，如图10-19所示。至此完成粗加工平行铣削加工。

图10-19　刀具路径模拟

实例 140 　◯案例源文件：ywj/10/140.mcam
精加工平行铣削加工

01 打开前面实例的零件模型，选择【机床】选项卡【机床类型】组中的【铣床】|【默认】命令，单击【铣削】选项卡3D组中的【平行】按钮，创建平行精切加工程序，设置刀路类型，如图10-20所示。

02 在【高速曲面刀路-平行】对话框中，切换到【模型图形】选项设置界面，设置加工图形区

域，如图10-21所示。

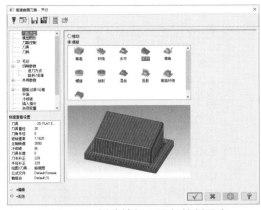

图10-20　创建精加工平行铣削程序

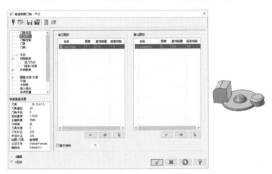

图10-21　选择加工图形区域

03 在绘图区选择加工范围，选择线框串连，如图10-22所示。

图10-22　设置加工范围

◎提示·◦

　　平行精加工是以指定的角度产生平行的刀具切削路径。刀具路径相互平行，在加工比较平坦的曲面时，此刀具路径加工的效果非常好，精度也比较高。

04 在【高速曲面刀路-平行】对话框中，切换到【刀路控制】选项设置界面，设置刀路控制，如图10-23所示。

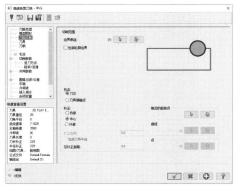

图10-23　设置刀路控制

05 在【高速曲面刀路-平行】对话框中，切换到【刀具】选项设置界面，设置刀具参数，如图10-24所示。

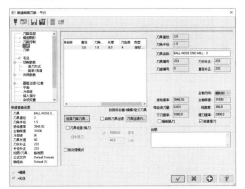

图10-24　设置刀具参数

06 在【高速曲面刀路-平行】对话框中，切换到【刀柄】选项设置界面，设置刀柄参数，如图10-25所示。

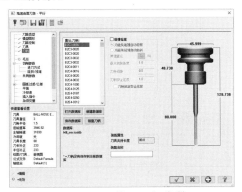

图10-25　设置刀柄参数

07 在【高速曲面刀路-平行】对话框中，切换到【切削参数】选项设置界面，设置刀具切削参数，如图10-26所示。

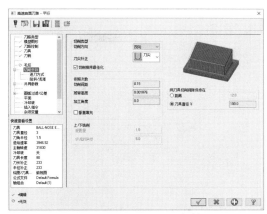

图10-26　设置切削参数

08 单击【机床】选项卡【模拟】组中的【刀路模拟】按钮，进行加工刀具路径程序的模拟演示，如图10-27所示。至此完成精加工平行铣削加工。

图10-27　刀具路径模拟

◎提示•◦

　　区域粗加工和优化动态加工属于一类，不同的是采用分区的方式，加工不同深度的曲面。

实例 141 　案例源文件：ywj/10/141.mcam

粗加工区域粗切加工

01 打开前面实例的零件模型，选择【机床】选项卡【机床类型】组中的【铣床】|【默认】命令，单击【铣削】选项卡3D组中的【区域粗切】按钮，创建区域粗切加工程序，在绘图区选择加工曲面，如图10-28所示。

02 在【高速曲面刀路-区域粗切】对话框中，切换到【模型图形】选项设置界面，设置加工图形区域，如图10-29所示。

03 在【高速曲面刀路-区域粗切】对话框中，切换到【刀路控制】选项设置界面，设置刀路控制，如图10-30所示。

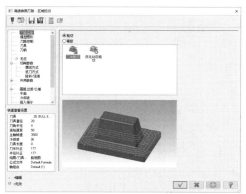

图10-28 创建区域粗切加工程序

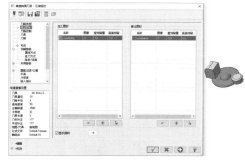

图10-29 设置加工图形区域

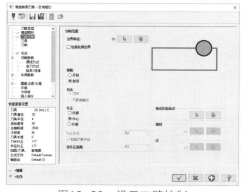

图10-30 设置刀路控制

04 在绘图区选择加工范围，选择线框串连，如图10-31所示。

图10-31 设置加工范围

05 在【高速曲面刀路-区域粗切】对话框中，切换到【刀具】选项设置界面，设置刀具参数，如图10-32所示。

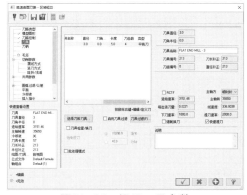

图10-32 设置刀具参数

06 在【高速曲面刀路-区域粗切】对话框中，切换到【刀柄】选项设置界面，设置刀柄参数，如图10-33所示。

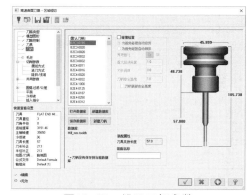

图10-33 设置刀柄参数

07 在【高速曲面刀路-区域粗切】对话框中，切换到【切削参数】选项设置界面，设置刀具切削参数，如图10-34所示。

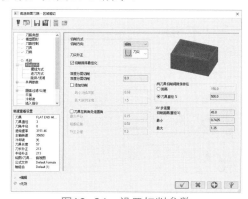

图10-34 设置切削参数

08 在【高速曲面刀路-区域粗切】对话框中，切换到【旋转轴控制】选项设置界面，设置旋转轴控制参数，如图10-35所示。

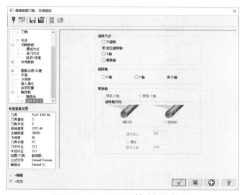

图10-35　设置旋转轴控制

◉提示•

　　对曲面进行加工时，曲面中间的凹形侧面在加工的时候，刀具容易产生空刀加工不到的情形，因此，将加工刀路切削方向与凹形侧面设置形成一定角度，这样可以很好地将残料清除。

09 单击【机床】选项卡【模拟】组中的【刀路模拟】按钮，进行加工刀具路径程序的模拟演示，如图10-36所示。至此完成粗加工区域粗切加工。

图10-36　刀具路径模拟

实例 142 ◉案例源文件：ywj/10/142.mcam

精加工放射状加工

01 打开前面实例的零件模型，选择【机床】选项卡【机床类型】组中的【铣床】|【默认】命令，单击【铣削】选项卡3D组中的【放射】按钮，创建放射精切加工程序，设置刀路类型，如图10-37所示。

◉提示•

　　放射状精加工主要用于类似回转体工件的加工，产生从一点向四周发散或者从四周向中心集中的精加工刀具路径。

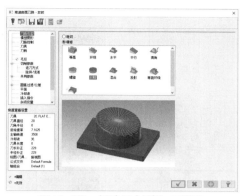

图10-37　创建放射精加工程序

02 在【高速曲面刀路-放射】对话框中，切换到【模型图形】选项设置界面，设置加工图形区域，如图10-38所示。

图10-38　设置加工图形区域

03 在【高速曲面刀路-放射】对话框中，切换到【刀路控制】选项设置界面，设置刀路控制，如图10-39所示。

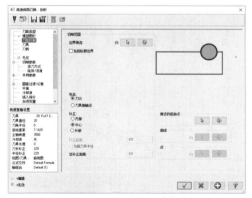

图10-39　设置刀路控制

04 在绘图区选择加工范围，选择线框串连，如图10-40所示。

05 在【高速曲面刀路-放射】对话框中，切换到【刀具】选项设置界面，设置刀具参数，如图10-41所示。

06 在【高速曲面刀路-放射】对话框中，切换到

【刀柄】选项设置界面，设置刀柄参数，如
图10-42所示。

图10-40 设置加工范围

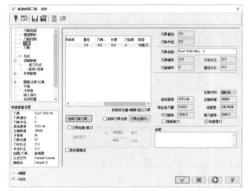

图10-41 设置刀具参数

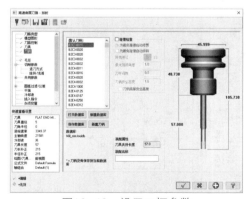

图10-42 设置刀柄参数

07 在【高速曲面刀路-放射】对话框中，切换到
【切削参数】选项设置界面，设置刀具切削参
数，如图10-43所示。

08 在【高速曲面刀路-放射】对话框中，切换
到【平面】选项设置界面，设置平面参数，如
图10-44所示。

图10-43 设置切削参数

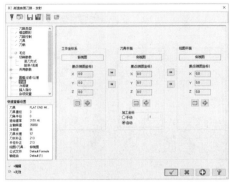

图10-44 设置平面参数

09 在【高速曲面刀路-放射】对话框中，切换到
【旋转轴控制】选项设置界面，设置旋转轴控
制参数，如图10-45所示。

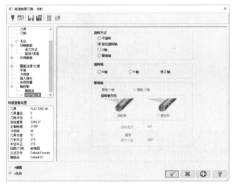

图10-45 设置旋转轴控制参数

10 单击【机床】选项卡【模拟】组中的【刀路
模拟】按钮，进行加工刀具路径程序的模拟
演示，如图10-46所示。至此完成精加工放射状
加工。

图10-46 刀具路径模拟

实例 143
粗加工投影加工

案例源文件: ywj/10/143.mcam

01 打开前面实例的零件模型，单击【转换】选项卡【位置】组中的【平移】按钮□↗，平移圆形图形，距离为15，如图10-47所示。

图10-47　平移复制圆形

02 选择【机床】选项卡【机床类型】组中的【铣床】|【默认】命令，单击【铣削】选项卡3D组中的【投影】按钮🖰，创建投影粗切加工程序，在绘图区选择加工曲面，如图10-48所示。

图10-48　创建曲面粗切投影加工程序

◎提示…

　　投影粗加工是将已经存在的刀具路径或几何图形，投影到曲面上以产生刀具路径。投影加工可选择的曲面类型有3种。

03 在【刀路曲面选择】对话框中，选择并确认加工曲面，如图10-49所示。

图10-49　选择加工曲面

04 在【曲面粗切投影】对话框中，设置刀具参数，如图10-50所示。

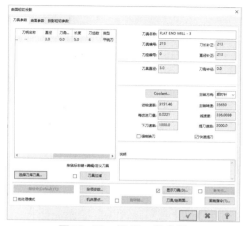

图10-50　设置刀具参数

05 在【曲面粗切投影】对话框中，设置曲面参数，如图10-51所示。

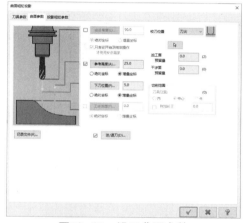

图10-51　设置曲面参数

06 在【曲面粗切投影】对话框中，设置投影粗切参数，如图10-52所示。

图10-52　设置投影粗切参数

07 在绘图区选择加工范围，选择线框串连，如图10-53所示。

图10-53 选择加工范围

08 单击【机床】选项卡【模拟】组中的【刀路模拟】按钮≋，进行加工刀具路径程序的模拟演示，如图10-54所示。至此完成粗加工投影加工。

图10-54 刀具路径模拟

实例 144
⊕ 案例源文件：ywj/10/144.mcam
精加工投影加工

01 打开前面实例的零件模型，选择【机床】选项卡【机床类型】组中的【铣床】|【默认】命令，单击【铣削】选项卡3D组中的【投影】按钮，创建投影精切加工程序，设置刀路类型，如图10-55所示。

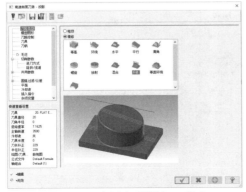

图10-55 创建投影精加工程序

02 在【高速曲面刀路-投影】对话框中，切换到【模型图形】选项设置界面，设置加工图形区域，如图10-56所示。

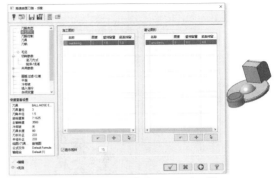

图10-56 选择加工图形区域

03 在【高速曲面刀路-投影】对话框中，切换到【刀路控制】选项设置界面，设置刀路控制，如图10-57所示。

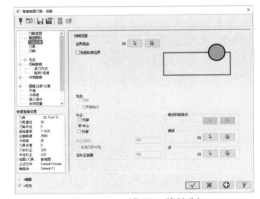

图10-57 设置刀路控制

04 在绘图区选择加工范围，选择线框串连，如图10-58所示。

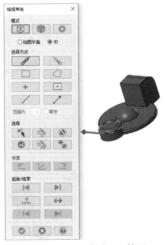

图10-58 选择加工范围

05 在【高速曲面刀路-投影】对话框中，切换到【刀具】选项设置界面，设置刀具参数，如图10-59所示。

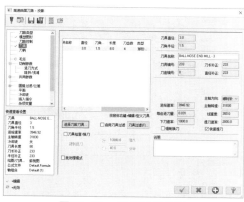

图10-59　设置刀具参数

06 在【高速曲面刀路-投影】对话框中，切换到【刀柄】选项设置界面，设置刀柄参数，如图10-60所示。

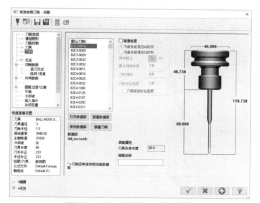

图10-60　设置刀柄参数

07 在【高速曲面刀路-投影】对话框中，切换到【切削参数】选项设置界面，设置刀具切削参数，如图10-61所示。

图10-61　设置切削参数

08 在【高速曲面刀路-投影】对话框中，切换到【旋转轴控制】选项设置界面，设置旋转轴控制参数，如图10-62所示。

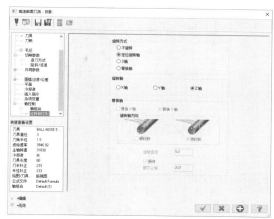

图10-62　设置旋转轴控制参数

⊙提示·⊙

　　投影加工是利用曲线、点或NCI文件投影到曲面上产生投影加工刀具路径。这3种类型的投影加工中，曲线投影用得最多，常用于曲面上的文字加工、商标加工等。

09 单击【机床】选项卡【模拟】组中的【刀路模拟】按钮，进行加工刀具路径程序的模拟演示，如图10-63所示。至此完成精加工投影加工。

图10-63　刀具路径模拟

实例145　⊙案例源文件·ywj/10/145.mcam
精加工环绕加工

01 打开前面实例的零件模型，选择【机床】选项卡【机床类型】组中的【铣床】|【默认】命令，单击【铣削】选项卡3D组中的【环绕】按钮，创建环绕精切加工程序，设置刀路类型，如图10-64所示。

⊙提示·⊙

　　环绕精加工是对曲面模型进行固定步进量的加工方式。

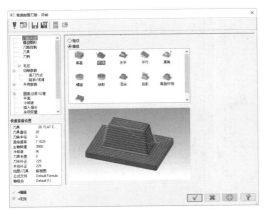

图10-64　创建环绕精加工程序

02 在【高速曲面刀路-环绕】对话框中，切换到
【模型图形】选项设置界面，设置加工图形区
域，如图10-65所示。

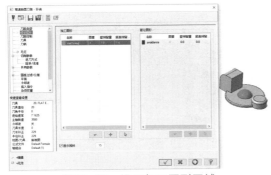

图10-65　设置加工图形区域

03 在【高速曲面刀路-环绕】对话框中，切换到
【刀路控制】选项设置界面，设置刀路控制，
如图10-66所示。

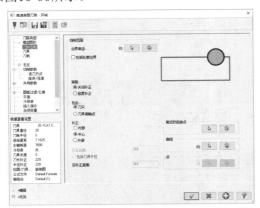

图10-66　设置刀路控制

04 在绘图区选择加工范围，选择线框串连，如
图10-67所示。

05 在【高速曲面刀路-环绕】对话框中，切换
到【刀具】选项设置界面，设置刀具参数，如
图10-68所示。

图10-67　设置加工范围

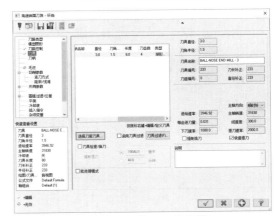

图10-68　设置刀具参数

06 在【高速曲面刀路-环绕】对话框中，切换
到【刀柄】选项设置界面，设置刀柄参数，如
图10-69所示。

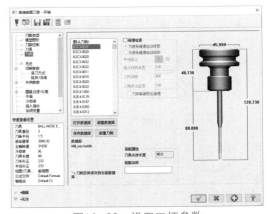

图10-69　设置刀柄参数

07 在【高速曲面刀路-环绕】对话框中，切换到
【切削参数】选项设置界面，设置刀具切削参
数，如图10-70所示。

MasterCAM 2020 完全实训手册

图10-70 设置切削参数

08 在【高速曲面刀路-环绕】对话框中，切换到【旋转轴控制】选项设置界面，设置旋转轴控制参数，如图10-71所示。

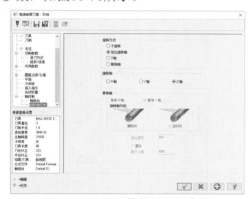

图10-71 设置旋转轴控制参数

09 单击【机床】选项卡【模拟】组中的【刀路模拟】按钮，进行加工刀具路径程序的模拟演示，如图10-72所示。至此完成精加工环绕加工。

图10-72 刀具路径模拟

实例 146 ⊕ 案例源文件：ywj/10/146.mcam

精加工流线加工

01 打开前面实例的零件模型，选择【机床】选项卡【机床类型】组中的【铣床】|【默认】命令，单击【铣削】选项卡3D组中的【流线】按

钮，创建流线精切加工程序，在绘图区选择加工曲面，如图10-73所示。

图10-73 创建曲面精修流线加工程序

02 在【曲面精修流线】对话框中，设置刀具参数，如图10-74所示。

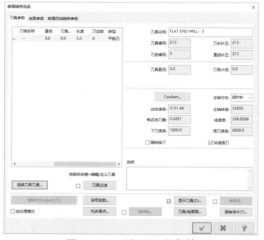

图10-74 设置刀具参数

03 在【曲面精修流线】对话框中，设置曲面流线精修参数，如图10-75所示。

图10-75 设置曲面流线精修参数

04 在【曲面流线设置】对话框中，设置流线形式，如图10-76所示。

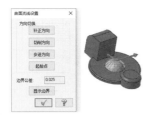

图10-76 设置曲面流线形式

◎提示·○

　　曲面流线精加工是沿着曲面的流线产生相互平行的刀具路径，选择的曲面最好不要相交，且流线方向相同，刀具路径不产生冲突，才可以产生流线精加工刀具路径。

05 单击【机床】选项卡【模拟】组中的【刀路模拟】按钮≋，进行加工刀具路径程序的模拟演示，如图10-77所示。至此完成精加工流线加工。

图10-77 刀具路径模拟

实例 147
◎案例源文件：ywj/10/147.mcam

精加工等高外形加工

01 打开前面实例的零件模型，选择【机床】选项卡【机床类型】组中的【铣床】|【默认】命令，单击【铣削】选项卡3D组中的【等高】按钮▣，创建等高精切加工程序，设置刀路类型，如图10-78所示。

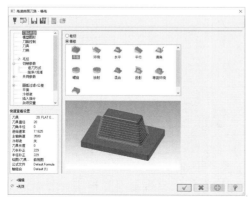

图10-78 创建等高精加工程序

02 在【高速曲面刀路-等高】对话框中，切换到【模型图形】选项设置界面，设置加工图形区域，如图10-79所示。

图10-79 设置加工图形区域

03 在【高速曲面刀路-等高】对话框中，切换到【刀路控制】选项设置界面，设置刀路控制，如图10-80所示。

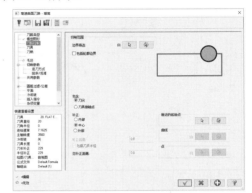

图10-80 设置刀路控制

04 在绘图区选择加工范围，选择线框串连，如图10-81所示。

图10-81 设置加工范围

05 在【高速曲面刀路-等高】对话框中，切换到【刀具】选项设置界面，设置刀具参数，如图10-82所示。

图10-82 设置刀具参数

06 在【高速曲面刀路-等高】对话框中，切换到【切削参数】选项设置界面，设置刀具切削参数，如图10-83所示。

图10-83 设置切削参数

07 在【高速曲面刀路-等高】对话框中，切换到【旋转轴控制】选项设置界面，设置旋转轴控制参数，如图10-84所示。

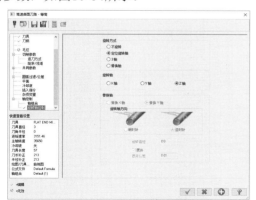

图10-84 设置旋转轴控制参数

08 单击【机床】选项卡【模拟】组中的【刀路模拟】按钮，进行加工刀具路径程序的模拟

演示，如图10-85所示。至此完成精加工等高外形加工。

图10-85 刀具路径模拟

实例 148 ⊕ 案例源文件 ywj/10/148.mcam
粗加工多曲面挖槽加工

01 打开前面实例的零件模型，单击【实体】选项卡【基本实体】组中的【球体】按钮 ●，创建球体，如图10-86所示。

图10-86 创建球体

02 单击【实体】选项卡【创建】组中的【布尔运算】按钮 ，创建布尔切割运算，如图10-87所示。

图10-87 创建布尔切割运算

03 选择【机床】选项卡【机床类型】组中的【铣床】|【默认】命令，单击【铣削】选项卡3D组中的【多曲面挖槽】按钮，创建多曲面挖槽粗切加工程序，在绘图区选择加工曲面，如图10-88所示。

图10-88　设置加工面

04 在绘图区选择加工范围，选择线框串连，如图10-89所示。

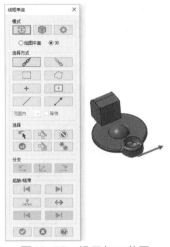

图10-89　设置加工范围

05 在【多曲面挖槽粗切】对话框中，设置刀具参数，如图10-90所示。

图10-90　设置刀具参数

06 在【多曲面挖槽粗切】对话框中，设置曲面参数，如图10-91所示。

07 在【多曲面挖槽粗切】对话框中，设置粗切参数，如图10-92所示。

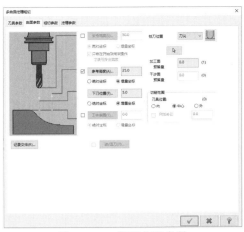

图10-91　设置曲面参数

图10-92　设置粗切参数

08 在【多曲面挖槽粗切】对话框中，设置挖槽参数，如图10-93所示。

图10-93　设置挖槽参数

◎提示·◦

　　多曲面挖槽粗加工能加工多个深度的曲面模型。

09 单击【机床】选项卡【模拟】组中的【刀路模拟】按钮≋，进行加工刀具路径程序的模拟演示，如图10-94所示。至此完成粗加工多曲面挖槽加工。

图10-94　刀具路径模拟

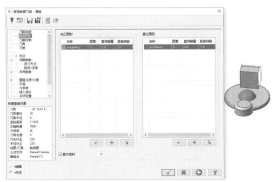

图10-96　设置加工图形区域

实例 149

案例源文件：ywj/10/149.mcam

精加工螺旋加工

01 打开前面实例的零件模型，选择【机床】选项卡【机床类型】组中的【铣床】|【默认】命令，单击【铣削】选项卡3D组中的【螺旋】按钮◉，创建螺旋精切加工程序，设置刀路类型，如图10-95所示。

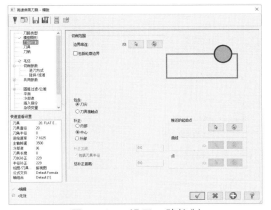

图10-97　设置刀路控制

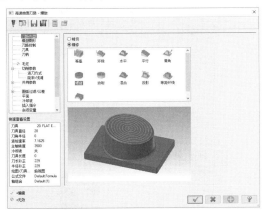

图10-95　创建螺旋精加工程序

◎提示·◦

螺旋精加工适用于加工曲面模型的平面区域，在加工平面产生螺旋形状的刀路。

02 在【高速曲面刀路-螺旋】对话框中，切换到【模型图形】选项设置界面，设置加工图形区域，如图10-96所示。

03 在【高速曲面刀路-螺旋】对话框中，切换到【刀路控制】选项设置界面，设置刀路控制，如图10-97所示。

04 在绘图区选择加工范围，选择线框串连，如图10-98所示。

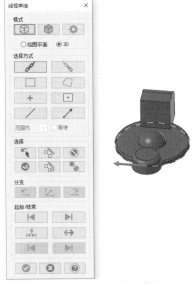

图10-98　设置加工范围

05 在【高速曲面刀路-螺旋】对话框中，切换到【刀具】选项设置界面，设置刀具参数，如图10-99所示。

06 在【高速曲面刀路-螺旋】对话框中，切换到【刀柄】选项设置界面，设置刀柄参数，如图10-100所示。

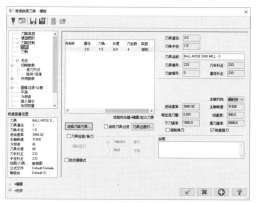

图10-99 设置刀具参数

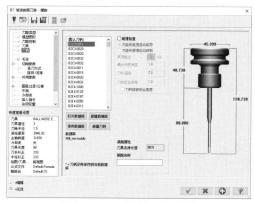

图10-100 设置刀柄参数

07 在【高速曲面刀路-螺旋】对话框中，切换到【切削参数】选项设置界面，设置刀具切削参数，如图10-101所示。

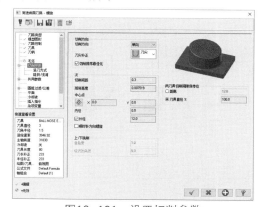

图10-101 设置切削参数

08 在【高速曲面刀路-螺旋】对话框中，切换到【旋转轴控制】选项设置界面，设置旋转轴控制参数，如图10-102所示。

09 单击【机床】选项卡【模拟】组中的【刀路模拟】按钮，进行加工刀具路径程序的模拟演示，如图10-103所示。这样就完成了精加工螺旋加工。

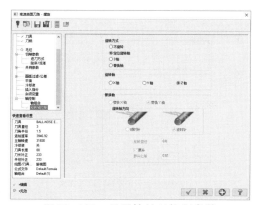

图10-102 设置旋转轴控制参数

图10-103 刀具路径模拟

实例 150 ⊕ 案例源文件：ywj/10/150.mcam

粗加工挖槽加工

01 打开前面实例的零件模型，单击【实体】选项卡【基本实体】组中的【球体】按钮●，创建球体，如图10-104所示。

图10-104 创建球体

02 单击【实体】选项卡【创建】组中的【布尔运算】按钮，创建布尔切割运算，如图10-105所示。

03 选择【机床】选项卡【机床类型】组中的【铣床】|【默认】命令，单击【铣削】选项卡3D组中的【挖槽】按钮，创建挖槽粗切加工程序，在绘图区选择加工曲面，如图10-106所示。

图10-105　创建布尔切割运算

图10-106　设置加工曲面

04 在绘图区选择加工范围，选择线框串连，如图10-107所示。

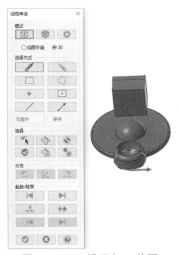

图10-107　设置加工范围

05 在【曲面粗切挖槽】对话框中，设置刀具参数，如图10-108所示。

06 在【曲面粗切挖槽】对话框中，设置挖槽参数，如图10-109所示。

◎提示·◎

挖槽粗加工是将工件在同一高度上进行等分后产生分层铣削的刀具路径，即在同一高度上完成所有的加工后再进行下一个高度的加工。

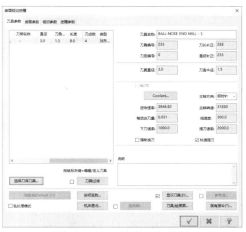

图10-108　设置刀具参数

图10-109　设置挖槽参数

07 单击【机床】选项卡【模拟】组中的【刀路模拟】按钮，进行加工刀具路径程序的模拟演示，如图10-110所示。至此完成粗加工挖槽加工。

图10-110　刀具路径模拟

实例 151 ◎案例源文件：ywj/10/151.mcam

粗加工钻削式加工

01 打开前面实例的零件模型，选择【机床】选项卡【机床类型】组中的【铣床】|【默认】命令，单击【铣削】选项卡3D组中的【钻削】按

钮 ，创建钻削粗切加工程序，在绘图区选择加工曲面，如图10-111所示。

图10-111　创建曲面粗切钻削程序

02 在【曲面粗切钻削】对话框中，设置刀具参数，如图10-112所示。

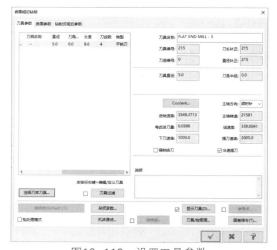

图10-112　设置刀具参数

03 在【曲面粗切钻削】对话框中，设置曲面参数，如图10-113所示。

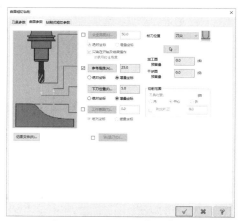

图10-113　设置曲面参数

04 在【曲面粗切钻削】对话框中，设置钻削式粗切参数，如图10-114所示。

05 在绘图区中，选择刀具下刀点位置，如图10-115所示。

所示。

图10-114　设置钻削式粗切参数

图10-115　选择下刀点

06 单击【机床】选项卡【模拟】组中的【刀路模拟】按钮，进行加工刀具路径程序的模拟演示，如图10-116所示。至此完成粗加工钻削式加工。

图10-116　刀具路径模拟

实例 152 ⊕案例源文件：ywj/10/152.mcam

精加工混合加工

01 打开前面实例的零件模型，选择【机床】选项卡【机床类型】组中的【铣床】|【默认】命令，单击【铣削】选项卡3D组中的【混合】按钮，创建混合精切加工程序，设置刀路类型，如图10-117所示。

◎提示•◦

混合精加工适合加工等高和环绕组合的加工方式，对陡峭区域进行等高加工，对浅滩区域进行环绕加工。

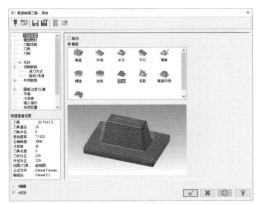

图10-117 创建混合精加工程序

02 在【高速曲面刀路-混合】对话框中，切换到【模型图形】选项设置界面，设置加工图形区域，如图10-118所示。

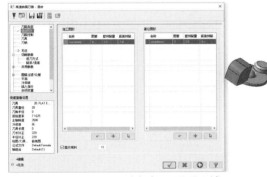

图10-118 选择加工图形区域

03 在【高速曲面刀路-混合】对话框中，切换到【刀路控制】选项设置界面，设置刀路控制，如图10-119所示。

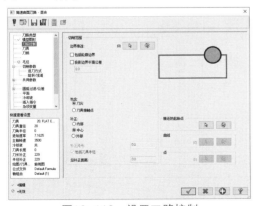

图10-119 设置刀路控制

04 在绘图区选择加工范围，选择线框串连，如图10-120所示。

05 在【高速曲面刀路-混合】对话框中，切换到【刀具】选项设置界面，设置刀具参数，如图10-121所示。

图10-120 设置加工范围

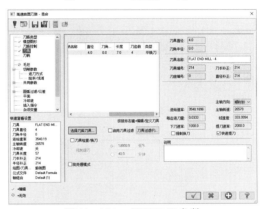

图10-121 设置刀具参数

06 在【高速曲面刀路-混合】对话框中，切换到【刀柄】选项设置界面，设置刀柄参数，如图10-122所示。

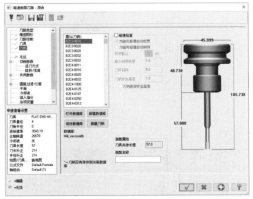

图10-122 设置刀柄参数

07 在【高速曲面刀路-混合】对话框中，切换到【切削参数】选项设置界面，设置刀具切削参数，如图10-123所示。

图10-123　设置切削参数

08 在【高速曲面刀路-混合】对话框中，切换到【旋转轴控制】选项设置界面，设置旋转轴控制参数，如图10-124所示。

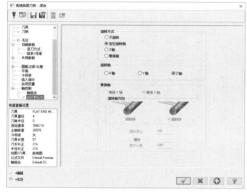

图10-124　设置旋转轴控制参数

09 单击【机床】选项卡【模拟】组中的【刀路模拟】按钮≋，进行加工刀具路径程序的模拟演示，如图10-125所示。至此完成精加工混合加工。

图10-125　刀具路径模拟

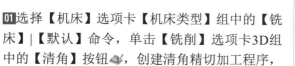

实例 153　● 案例源文件：ywj/10/153.mcam
精加工清角加工

01 选择【机床】选项卡【机床类型】组中的【铣床】|【默认】命令，单击【铣削】选项卡3D组中的【清角】按钮，创建清角精切加工程序，

设置刀路类型，如图10-126所示。

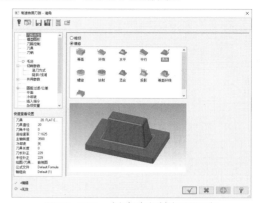

图10-126　创建清角精加工程序

02 在【高速曲面刀路-清角】对话框中，切换到【模型图形】选项设置界面，设置加工图形区域，如图10-127所示。

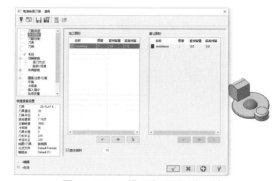

图10-127　设置加工图形区域

03 在【高速曲面刀路-清角】对话框中，切换到【刀路控制】选项设置界面，设置刀路控制，如图10-128所示。

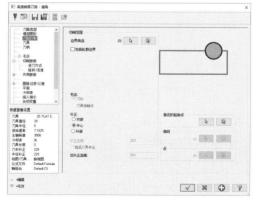

图10-128　设置刀路控制

04 在绘图区选择加工范围，选择线框串连，如图10-129所示。

05 在【高速曲面刀路-清角】对话框中，切换到【刀具】选项设置界面，设置刀具参数，如

图10-130所示。

图10-129　设置加工范围

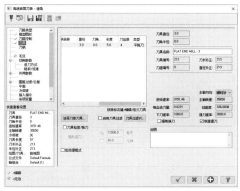

图10-130　设置刀具参数

06 在【高速曲面刀路-清角】对话框中，切换到【刀柄】选项设置界面，设置刀柄参数，如图10-131所示。

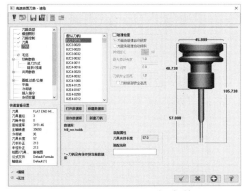

图10-131　设置刀柄参数

07 在【高速曲面刀路-清角】对话框中，切换到【切削参数】选项设置界面，设置刀具切削参数，如图10-132所示。

08 在【高速曲面刀路-清角】对话框中，切换到【旋转轴控制】选项设置界面，设置旋转轴控制参数，如图10-133所示。

图10-132　设置切削参数

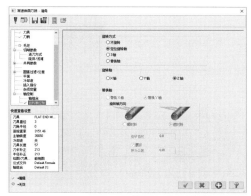

图10-133　设置旋转轴控制参数

09 单击【机床】选项卡【模拟】组中的【刀路模拟】按钮，进行加工刀具路径程序的模拟演示，如图10-134所示。至此完成精加工清角加工。

图10-134　刀具路径模拟

实例154　精加工传统等高加工

● 案例源文件：ywj/10/154.mcam

01 选择【机床】选项卡【机床类型】组中的【铣床】|【默认】命令，单击【铣削】选项卡3D组中的【传统等高】按钮，创建传统等高精切加工程序，在绘图区选择加工曲面，如图10-135所示。

02 在绘图区选择加工范围，选择线框串连，如图10-136所示。

图10-135　创建曲面精修等高程序

图10-136　设置加工范围

03 在【曲面精修等高】对话框中，设置刀具参数，如图10-137所示。

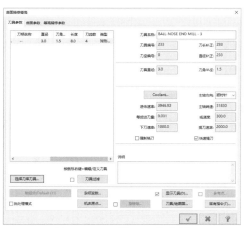

图10-137　设置刀具参数

04 在【曲面精修等高】对话框中，设置曲面参数，如图10-138所示。

05 在【曲面精修等高】对话框中，设置等高精修参数，如图10-139所示。

◎提示∙°

传统等高外形精加工适用于陡斜面加工，在工件上产生沿等高线分布的刀具路径，相当于将工件沿Z轴进行等分。传统等高外形除了可以沿Z轴等分外，还可以沿外形等分。

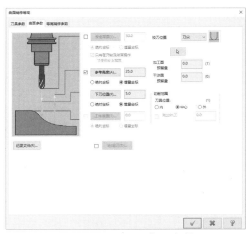

图10-138　设置曲面参数

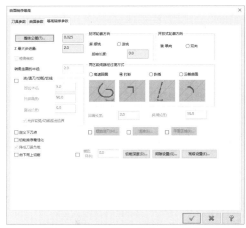

图10-139　设置等高精修参数

06 单击【机床】选项卡【模拟】组中的【刀路模拟】按钮，进行加工刀具路径程序的模拟演示，如图10-140所示。至此完成精加工传统等高加工。

图10-140　刀具路径模拟

实例 155　　⊕ 案例源文件：ywj/10/155.mcam

精加工等距环绕加工

01 选择【机床】选项卡【机床类型】组中的【铣床】|【默认】命令，单击【铣削】选项卡3D组中的【等距环绕】按钮，创建等距环

绕精切加工程序，设置刀具类型，如图10-141所示。

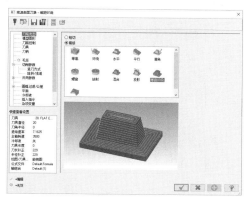

图10-141　创建精加工等距环绕程序

02 在【高速曲面刀路-等距环绕】对话框中，切换到【模型图形】选项设置界面，设置加工图形区域，如图10-142所示。

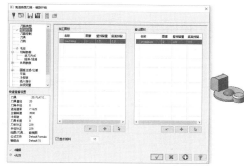

图10-142　设置加工图形区域

03 在【高速曲面刀路-等距环绕】对话框中，切换到【刀路控制】选项设置界面，设置刀路控制，如图10-143所示。

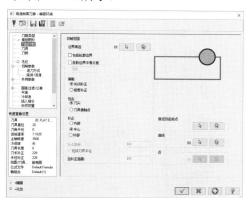

图10-143　设置刀路控制

04 在绘图区选择加工范围，选择线框串连，如图10-144所示。

05 在【高速曲面刀路-等距环绕】对话框中，切换到【刀具】选项设置界面，设置刀具参数，如图10-145所示。

图10-144　设置加工范围

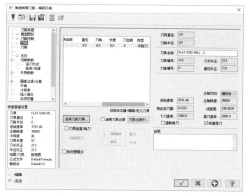

图10-145　设置刀具参数

06 在【高速曲面刀路-等距环绕】对话框中，切换到【刀柄】选项设置界面，设置刀柄参数，如图10-146所示。

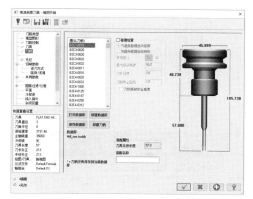

图10-146　设置刀柄参数

07 在【高速曲面刀路-等距环绕】对话框中，切换到【切削参数】选项设置界面，设置刀具切削参数，如图10-147所示。

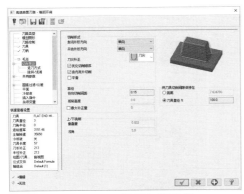

图10-147　设置切削参数

08 在【高速曲面刀路-等距环绕】对话框中，切换到【旋转轴控制】选项设置界面，设置旋转轴控制参数，如图10-148所示。

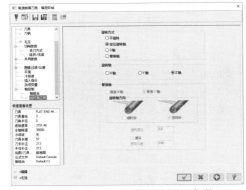

图10-148　设置旋转轴控制参数

09 单击【机床】选项卡【模拟】组中的【刀路模拟】按钮，进行加工刀具路径程序的模拟演示，如图10-149所示。至此完成精加工等距环绕加工。

图10-149　刀具路径模拟

实例 156 ⊙案例源文件：ywj/10/156.mcam

精加工水平加工

01 选择【机床】选项卡【机床类型】组中的【铣床】|【默认】命令，单击【铣削】选项卡3D组中的【水平】按钮，创建水平精切加工程序，设置刀路类型，如图10-150所示。

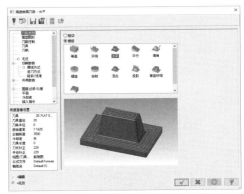

图10-150　创建精加工水平加工程序

◉提示•◦

水平精加工适用于加工曲面模型的平面区域，在每个Z高度区域创建切削路径。

02 在【高速曲面刀路-水平】对话框中，切换到【模型图形】选项设置界面，设置加工图形区域，如图10-151所示。

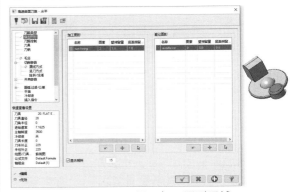

图10-151　设置加工图形区域

03 在绘图区选择加工范围，选择线框串连，如图10-152所示。

图10-152　设置加工范围

04 在【高速曲面刀路-水平】对话框中，切换到【刀具】选项设置界面，设置刀具参数，如图10-153所示。

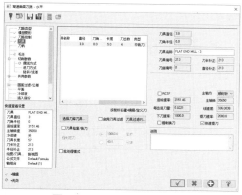

图10-153　设置刀具参数

05 在【高速曲面刀路-水平】对话框中，切换到【刀柄】选项设置界面，设置刀柄参数，如图10-154所示。

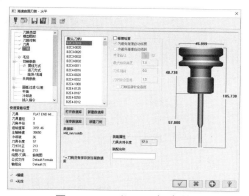

图10-154　设置刀柄参数

06 在【高速曲面刀路-水平】对话框中，切换到【切削参数】选项设置界面，设置刀具切削参数，如图10-155所示。

图10-155　设置切削参数

07 在【高速曲面刀路-水平】对话框中，切换到【旋转轴控制】选项设置界面，设置旋转轴控制参数，如图10-156所示。

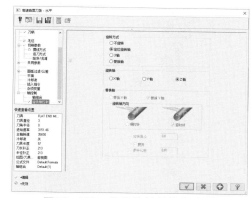

图10-156　设置旋转轴控制参数

08 单击【机床】选项卡【模拟】组中的【刀路模拟】按钮，进行加工刀具路径程序的模拟演示，如图10-157所示。至此完成精加工水平加工。

图10-157　刀具路径模拟

实例 157 ● 案例源文件：ywj/10/157.mcam

法兰盘粗加工

01 单击【线框】选项卡【圆弧】组中的【已知点画圆】按钮⊕，绘制圆形，半径为50，如图10-158所示。

图10-158　绘制半径为50的圆形

02 单击【实体】选项卡【创建】组中的【拉伸】按钮，创建拉伸实体，距离为10，形成基体，如图10-159所示。

03 绘制圆形，半径为20，如图10-160所示。

04 创建拉伸实体，距离为20，形成凸台，如图10-161所示。

图10-159 创建拉伸特征

图10-160 绘制半径为20的圆形

图10-161 创建拉伸特征

05 单击【实体】选项卡【创建】组中的【布尔运算】按钮，创建布尔结合运算，如图10-162所示。

图10-162 创建布尔结合运算

06 单击【线框】选项卡【绘线】组中的【绘点】按钮＋，绘制点图形，如图10-163所示。

图10-163 绘制空间点

07 单击【实体】选项卡【创建】组中的【孔】按钮，创建简单孔，直径为20，如图10-164所示。

图10-164 创建简单孔

08 单击【实体】选项卡【修剪】组中的【单一距离倒角】按钮，创建实体倒角特征，如图10-165所示。

图10-165 创建倒角特征

09 绘制6个圆形，半径均为10，如图10-166所示。

图10-166 绘制半径为10的圆形

10 创建拉伸切割实体，距离为20，形成孔，如图10-167所示。这样法兰盘模型制作完成，下面进行加工设置。

图10-167 创建拉伸切割特征

11 选择【机床】选项卡【机床类型】组中的【铣床】|【默认】命令，单击【铣削】选项卡3D组中的【投影】按钮，创建投影粗切加工程序，在绘图区选择加工曲面，如图10-168所示。

图10-168 创建曲面粗切
投影加工

12 在【刀路曲面选择】对话框中，选择并确认加工曲面，如图10-169所示。

图10-169 设置加工面

13 在绘图区选择加工范围，选择线框串连，如图10-170所示。

图10-170 设置加工范围

14 在【曲面粗切投影】对话框中,设置刀具参数,如图10-171所示。

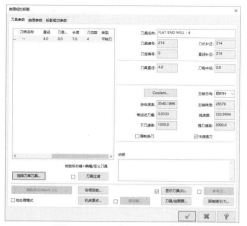

图10-171 设置刀具参数

15 在【曲面粗切投影】对话框中,设置曲面参数,如图10-172所示。

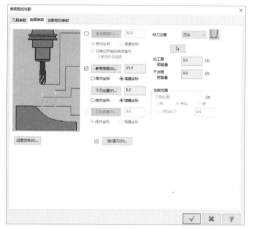

图10-172 设置曲面参数

16 在【曲面粗切投影】对话框中,设置投影粗切参数,如图10-173所示。

图10-173 设置投影粗切参数

17 单击【机床】选项卡【模拟】组中的【刀路模拟】按钮，进行加工刀具路径程序的模拟演示,如图10-174所示。至此完成法兰盘粗加工。

图10-174 刀具路径模拟

实例 158　法兰盘精加工（一） 　　案例源文件：ywj/10/158.mcam

01 打开前面实例的法兰盘零件模型,选择【机床】选项卡【机床类型】组中的【铣床】|【默认】命令,单击【铣削】选项卡3D组中的【等高】按钮，创建等高精切加工程序,设置刀路类型,如图10-175所示。

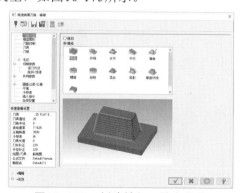

图10-175 创建精加工等高程序

02 在【高速曲面刀路-等高】对话框中,切换到【模型图形】选项设置界面,设置加工图形区域,如图10-176所示。

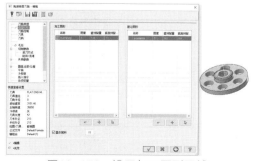

图10-176 设置加工图形区域

03 在【高速曲面刀路-等高】对话框中,切换到

【刀路控制】选项设置界面，设置刀路控制，如图10-177所示。

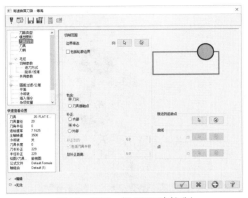

图10-177　设置刀路控制

04 在绘图区选择加工范围，选择线框串连，如图10-178所示。

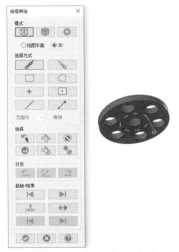

图10-178　设置加工范围

05 在【高速曲面刀路-等高】对话框中，切换到【刀具】选项设置界面，设置刀具参数，如图10-179所示。

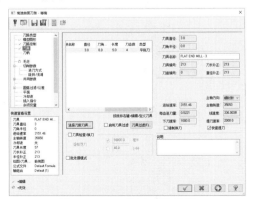

图10-179　设置刀具参数

06 在【高速曲面刀路-等高】对话框中，切换

到【刀柄】选项设置界面，设置刀柄参数，如图10-180所示。

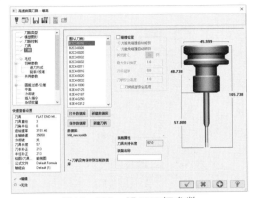

图10-180　设置刀柄参数

07 在【高速曲面刀路-等高】对话框中，切换到【切削参数】选项设置界面，设置刀具切削参数，如图10-181所示。

图10-181　设置切削参数

08 在【高速曲面刀路-等高】对话框中，切换到【旋转轴控制】选项设置界面，设置旋转轴控制参数，如图10-182所示。

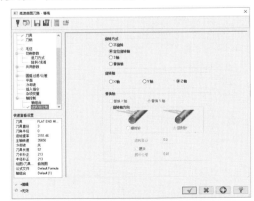

图10-182　设置旋转轴控制参数

09 单击【机床】选项卡【模拟】组中的【刀路模拟】按钮，进行加工刀具路径程序的模拟演示，如图10-183所示。

图10-183 刀具路径模拟

实例 159
⊕案例源文件：ywj/10/159.mcam
法兰盘精加工（二）

01 打开前面实例的法兰盘零件模型，选择【机床】选项卡【机床类型】组中的【铣床】|【默认】命令，单击【铣削】选项卡3D组中的【平行】按钮，创建平行精切加工程序，设置刀路类型，如图10-184所示。

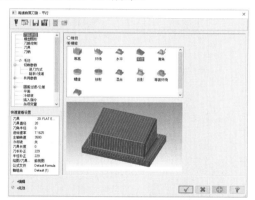

图10-184 创建平行精加工程序

02 在【高速曲面刀路-平行】对话框中，切换到【模型图形】选项设置界面，设置加工图形区域，如图10-185所示。

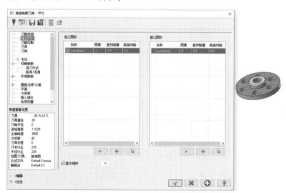

图10-185 设置加工图形区域

03 在绘图区选择加工范围，选择线框串连，如图10-186所示。

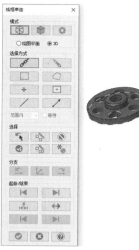

图10-186 设置加工范围

04 在【高速曲面刀路-平行】对话框中，切换到【刀具】选项设置界面，设置刀具参数，如图10-187所示。

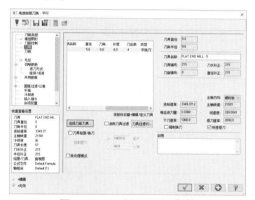

图10-187 设置刀具参数

05 在【高速曲面刀路-平行】对话框中，切换到【刀柄】选项设置界面，设置刀柄参数，如图10-188所示。

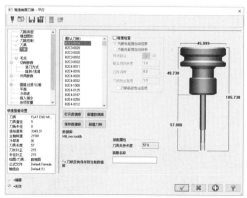

图10-188 设置刀柄参数

06 在【高速曲面刀路-平行】对话框中，切换到【切削参数】选项设置界面，设置刀具切削参数，如图10-189所示。

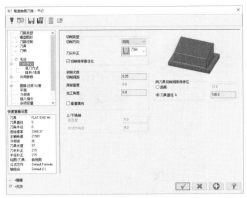

图10-189　设置切削参数

07 在【高速曲面刀路-平行】对话框中，切换到【旋转轴控制】选项设置界面，设置旋转轴控制参数，如图10-190所示。

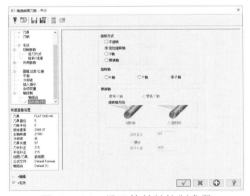

图10-190　设置旋转轴控制参数

08 单击【机床】选项卡【模拟】组中的【刀路模拟】按钮≋，进行加工刀具路径程序的模拟演示，如图10-191所示。至此完成法兰盘精加工。

图10-191　刀具路径模拟

实例 160　⊕案例源文件：ywj/10/160.mcam

灯盘粗加工

01 单击【线框】选项卡【圆弧】组中的【已知点画圆】按钮⊕，绘制圆形，半径为70，如

图10-192所示。

图10-192　绘制半径为70的圆形

02 单击【实体】选项卡【创建】组中的【实体拉伸】按钮🔲，创建拉伸实体，距离为20，如图10-193所示。

图10-193　创建拉伸特征

03 单击【线框】选项卡【绘线】组中的【连续线】按钮╱，绘制梯形，角度线长为20，角度为25°，如图10-194所示。

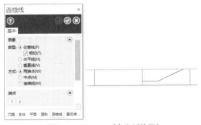

图10-194　绘制梯形

04 单击【实体】选项卡【创建】组中的【旋转实体】按钮🔲，创建旋转切割实体，如图10-195所示。

图10-195　创建旋转切割特征

05 单击【实体】选项卡【修剪】组中的【固定

半倒圆角】按钮，创建实体倒圆角特征，半径为5，如图10-196所示。这样灯盘模型制作完成，下面进行加工设置。

图10-196　创建圆角特征

06 选择【机床】选项卡【机床类型】组中的【铣床】|【默认】命令，单击【铣削】选项卡3D组中的【多曲面挖槽】按钮，创建多曲面挖槽粗切加工程序，在绘图区选择加工曲面，如图10-197所示。

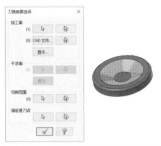

图10-197　创建曲面挖槽粗加工程序

07 在绘图区选择加工范围，选择线框串连，如图10-198所示。

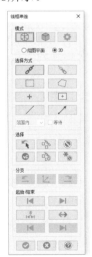

图10-198　设置加工范围

08 在【多曲面挖槽粗切】对话框中，设置刀具参数，如图10-199所示。

09 在【多曲面挖槽粗切】对话框中，设置挖槽参数，如图10-200所示。

图10-199　设置刀具参数

图10-200　设置挖槽参数

10 单击【机床】选项卡【模拟】组中的【刀路模拟】按钮，进行加工刀具路径程序的模拟演示，如图10-201所示。至此完成灯盘粗加工。

图10-201　刀具路径模拟

实例 161
⏺ 案例源文件：ywj/10/161.mcam

灯盘精加工

01 打开前面实例的灯盘模型，选择【机床】选项卡【机床类型】组中的【铣床】|【默认】命令，单击【铣削】选项卡3D组中的【环绕】按钮，创建环绕精切加工程序，设置刀路类

型，如图10-202所示。

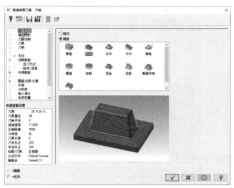

图10-202 创建环绕精加工程序

02 在【高速曲面刀路-环绕】对话框中，切换到
【模型图形】选项设置界面，设置加工图形区
域，如图10-203所示。

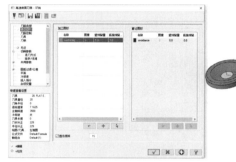

图10-203 设置加工图形区域

03 在绘图区选择加工范围，选择线框串连，如
图10-204所示。

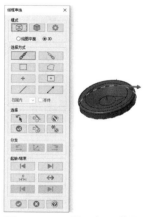

图10-204 设置加工范围

04 在【高速曲面刀路-环绕】对话框中，切换
到【刀具】选项设置界面，设置刀具参数，如
图10-205所示。

05 在【高速曲面刀路-环绕】对话框中，切换到
【切削参数】选项设置界面，设置刀具切削参
数，如图10-206所示。

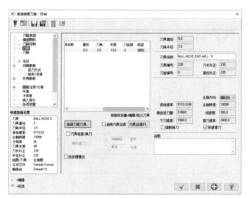

图10-205 设置刀具参数

图10-206 设置切削参数

06 在【高速曲面刀路-环绕】对话框中，切换到
【旋转轴控制】选项设置界面，设置旋转轴控
制参数，如图10-207所示。

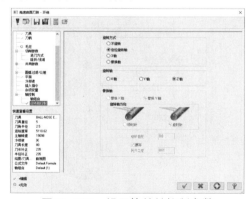

图10-207 设置旋转轴控制参数

07 单击【机床】选项卡【模拟】组中的【刀路
模拟】按钮，进行加工刀具路径程序的模拟演
示，如图10-208所示。至此完成灯盘精加工。

图10-208 刀具路径模拟

瓶盖粗加工

⊕ 案例源文件：ywj/10/162.mcam

01 单击【线框】选项卡【圆弧】组中的【已知点画圆】按钮 ⊕，绘制圆形，半径为20，如图10-209所示。

图10-209 绘制半径为20的圆形

02 单击【实体】选项卡【创建】组中的【实体拉伸】按钮 ，创建拉伸实体，距离为8，形成基体，如图10-210所示。

图10-210 创建拉伸特征

03 单击【实体】选项卡【修剪】组中的【单一距离倒角】按钮 ，创建实体倒角特征，如图10-211所示。

图10-211 创建倒角特征

04 单击【实体】选项卡【修剪】组中的【抽壳】按钮 ，创建抽壳特征，如图10-212所示。这样瓶盖模型制作完成，下面进行加工设置。

图10-212 创建抽壳特征

05 选择【机床】选项卡【机床类型】组中的【铣床】|【默认】命令，单击【铣削】选项卡3D组中的【钻削】按钮 ，创建钻削粗切加工程序，在绘图区选择加工曲面，如图10-213所示。

图10-213 创建曲面钻削粗加工程序

06 在【曲面粗切钻削】对话框中，设置刀具参数，如图10-214所示。

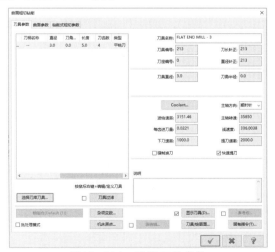

图10-214 设置刀具参数

07 在【曲面粗切钻削】对话框中，设置钻削式粗切参数，如图10-215所示。

08 单击【机床】选项卡【模拟】组中的【刀路模拟】按钮 ，进行加工刀具路径程序的模拟演示，如图10-216所示。至此完成瓶盖粗加工。

图10-215　设置钻削式粗切参数

图10-216　刀具路径模拟

实例 163

瓶盖精加工

案例源文件：ywj/10/163.mcam

01 打开前面实例的瓶盖模型，选择【机床】选项卡【机床类型】组中的【铣床】|【默认】命令，单击【铣削】选项卡3D组中的【流线】按钮◈，创建流线精切加工程序，在绘图区选择加工曲面，如图10-217所示。

图10-217　创建曲面流线精加工程序

02 在【曲面精修流线】对话框中，设置刀具参数，如图10-218所示。

03 在【曲面精修流线】对话框中，设置曲面流线精修参数，如图10-219所示。

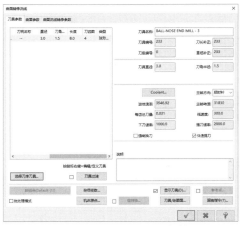

图10-218　设置刀具参数

图10-219　设置曲面流线精修参数

04 在【曲面流线设置】对话框中，设置流线样式，如图10-220所示。

图10-220　设置流线形式

05 单击【机床】选项卡【模拟】组中的【刀路模拟】按钮≋，进行加工刀具路径程序的模拟演示，如图10-221所示。至此完成瓶盖精加工。

图10-221　刀具路径模拟

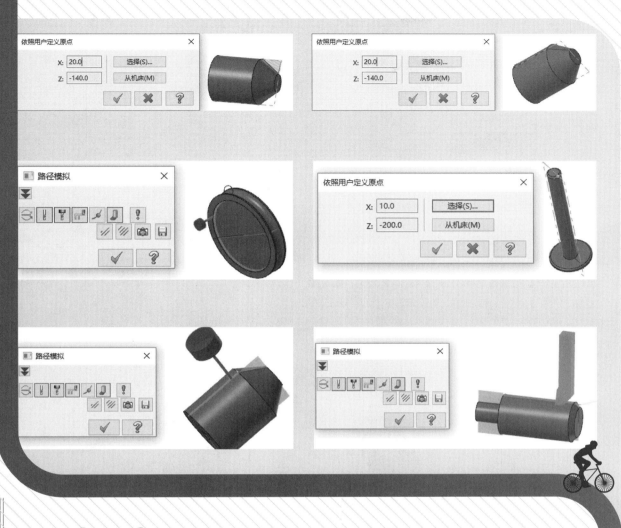

第 **11** 章 车削加工

案例源文件：ywj/11/164.mcam

01 单击【线框】选项卡【绘线】组中的【连续线】按钮 ✏，绘制直线图形，长度分别为20、120、10、20、40、100，如图11-1所示。

图11-1　绘制直线图形

02 单击【实体】选项卡【创建】组中的【旋转实体】按钮 🔩，创建旋转实体，形成基体，如图11-2所示。这样零件模型制作完成，下面进行加工设置。

图11-2　创建旋转特征

03 选择【机床】选项卡【机床类型】组中的【车床】|【默认】命令，进入车削加工环境，如图11-3所示。

图11-3　进入车销加工环境

04 单击【刀路】模型树中的【毛坯设置】选

项，弹出【机床群组属性】对话框，单击【毛坯设置】选项卡【毛坯】组中的【参数】按钮，如图11-4所示。

图11-4　设置机床群组属性

05 在弹出的【机床组件管理-毛坯】对话框中，设置毛坯参数，如图11-5所示。

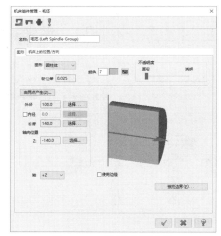

图11-5　设置毛坯参数

> ◎提示·◦
>
> 　　一般的数控车床使用的控制器都提供Z轴和X轴的两轴控制。其Z轴平行于车床轴，+Z向为刀具朝向尾座方向；X轴垂直于车床的主轴，+X向为刀具离开主轴线方向。

06 单击【车削】选项卡【标准】组中的【粗车】按钮 ▥，创建粗车车削程序，在绘图区选择加工边线，如图11-6所示。

图11-6 选择加工边线

07 在【粗车】对话框【刀具参数】选项卡中，设置刀具，如图11-7所示。

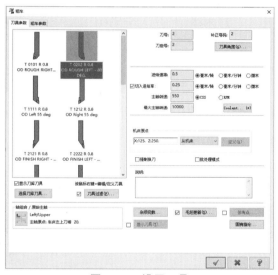

图11-7 设置刀具

08 在【粗车】对话框【刀具参数】选项卡【机床原点】组中，设置自定义机床原点，如图11-8所示。

图11-8 设置机床原点

09 在【粗车】对话框【粗车参数】选项卡中，设置粗车参数，如图11-9所示。

10 单击【机床】选项卡【模拟】组中的【刀路模拟】按钮，进行加工刀具路径程序的模拟演示，如图11-10所示。至此完成粗车加工。

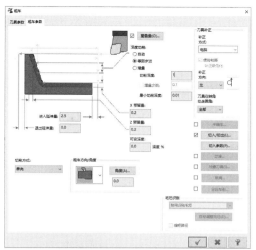

图11-9 设置粗车参数

图11-10 刀具路径模拟

实例 165
案例源文件：ywj/11/165.mcam

精车加工

01 打开前面实例的零件模型，单击【车削】选项卡【标准】组中的【精车】按钮，创建精车车削程序，在绘图区选择加工边线，如图11-11所示。

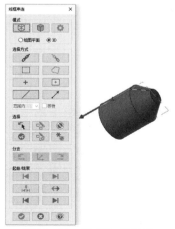

图11-11 选择加工边线

02 在【精车】对话框【刀具参数】选项卡中，设置刀具，如图11-12所示。

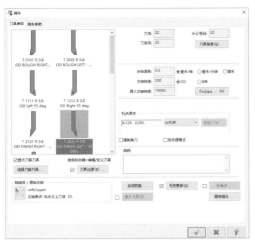

图11-12 设置刀具

03 在【精车】对话框【刀具参数】选项卡【机床原点】组中，设置自定义机床原点，如图11-13所示。

图11-13 设置机床原点

04 在【精车】对话框【精车参数】选项卡中，设置精车参数，如图11-14所示。

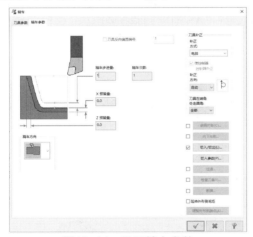

图11-14 设置精车参数

05 单击【机床】选项卡【模拟】组中的【刀路模拟】按钮≋，进行加工刀具路径程序的模拟演示，如图11-15所示。至此完成精车加工。

图11-15 刀具路径模拟

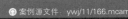

实例 166

案例源文件 ywj/11/166.mcam

车螺纹加工

01 打开前面实例的零件模型，单击【车削】选项卡【标准】组中的【车螺纹】按钮，创建车螺纹车削程序，在【车螺纹】对话框【刀具参数】选项卡中，设置刀具，如图11-16所示。

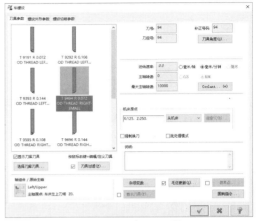

图11-16 设置刀具

02 在【车螺纹】对话框【刀具参数】选项卡【机床原点】组中，设置自定义机床原点，如图11-17所示。

图11-17 设置机床原点

03 在【车螺纹】对话框【螺纹外形参数】选项卡中，设置螺纹外形参数，如图11-18所示。

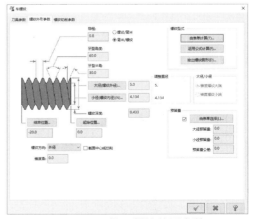

图11-18 设置螺纹外形参数

04 在【车螺纹】对话框【螺纹切削参数】选项卡中，设置螺纹切削参数，如图11-19所示。

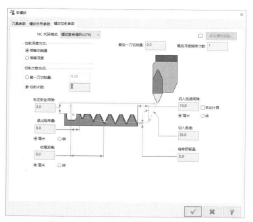

图11-19 设置螺纹切削参数

05 单击【机床】选项卡【模拟】组中的【刀路模拟】按钮，进行加工刀具路径程序的模拟演示，如图11-20所示。至此完成车螺纹加工。

图11-20 刀具路径模拟

实例 167　⊛ 案例源文件：ywj/11/167.mcam

径向车削加工

01 打开前面实例的零件模型，单击【车削】选项卡【C轴】组中的【径向外形】按钮，创建径向车削程序，在绘图区选择加工边线，如图11-21所示。

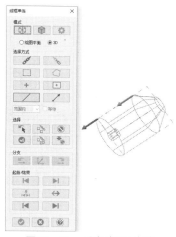

图11-21 选择加工边线

02 在【C轴刀路-C轴径向外形】对话框中，切换到【刀路类型】选项设置界面，设置刀路类型，如图11-22所示。

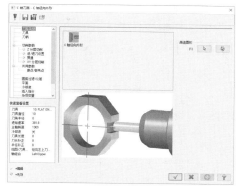

图11-22 设置刀路类型

03 在【C轴刀路-C轴径向外形】对话框中，切换到【刀具】选项设置界面，设置刀具，如图11-23所示。

图11-23 设置刀具

04 在【C轴刀路-C轴径向外形】对话框中，切换到【切削参数】选项设置界面，设置切削参数，如图11-24所示。

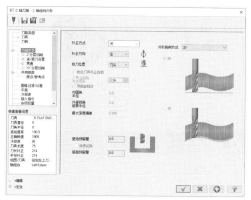

图11-24 设置切削参数

05 在【C轴刀路-C轴径向外形】对话框中，切换到【共同参数】选项设置界面，设置共同参数，如图11-25所示。

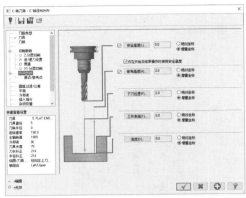

图11-25 设置共同参数

06 在【C轴刀路-C轴径向外形】对话框中，切换到【旋转轴控制】选项设置界面，设置旋转轴控制，如图11-26所示。

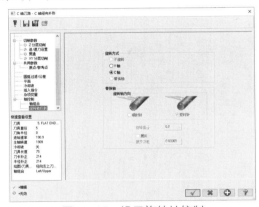

图11-26 设置旋转轴控制

07 单击【机床】选项卡【模拟】组中的【刀路模拟】按钮，进行加工刀具路径程序的模拟演示，如图11-27所示。至此完成径向车削加工。

图11-27 刀具路径模拟

实例 168 ⊕ 案例源文件：ywj/11/168.mcam

切入车削加工

01 打开前面实例的零件模型，单击【车削】选项卡【标准】组中的【切入车削】按钮，创建切入车削程序，在绘图区选择加工边线，

如图11-28所示。

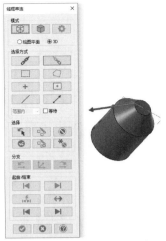

图11-28 选择加工边线

02 在【切入车削】对话框【刀具参数】选项卡中，设置刀具，如图11-29所示。

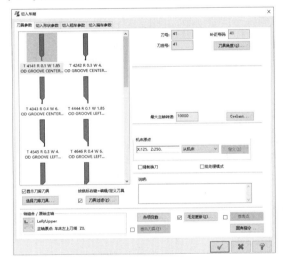

图11-29 设置刀具

03 在【切入车削】对话框【刀具参数】选项卡【机床原点】组中，设置自定义机床原点，如图11-30所示。

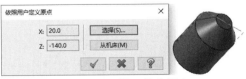

图11-30 设置机床原点

04 在【切入车削】对话框【切入形状参数】选项卡中，设置车刀切入形状参数，如图11-31所示。

05 在【切入车削】对话框【切入粗车参数】选项卡中，设置切入粗车参数，如图11-32所示。

图11-31 设置切入形状参数

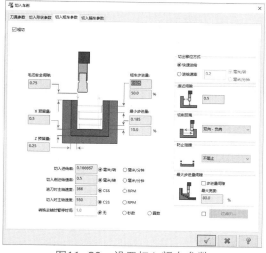

图11-32 设置切入粗车参数

06 在【切入车削】对话框【切入精车参数】选项卡中，设置切入精车参数，如图11-33所示。

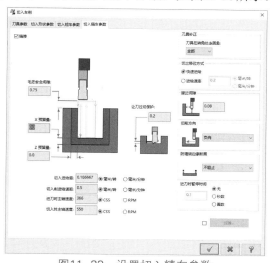

图11-33 设置切入精车参数

07 单击【机床】选项卡【模拟】组中的【刀路模拟】按钮，进行加工刀具路径程序的模拟演示，如图11-34所示。至此完成切入车削加工。

图11-34 刀具路径模拟

实例 169 　案例源文件：ywj/11/169.mcam

车端面加工

01 单击【车削】选项卡【标准】组中的【车端面】按钮，创建车端面车削程序，在【车端面】对话框【刀具参数】选项卡中，设置刀具，如图11-35所示。

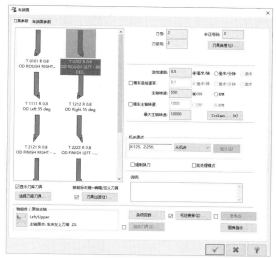

图11-35 设置刀具

02 在【车端面】对话框【刀具参数】选项卡【机床原点】组中，设置自定义机床原点，如图11-36所示。

图11-36 设置机床原点

03 在【车端面】对话框【车端面参数】选项卡中，设置车端面参数，如图11-37所示。

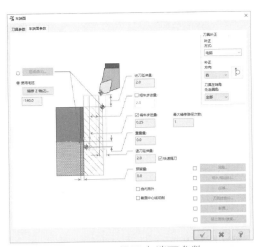

图11-37　设置车端面参数

04 单击【机床】选项卡【模拟】组中的【刀路模拟】按钮≋，进行加工刀具路径程序的模拟演示，如图11-38所示。至此完成车端面加工。

图11-38　刀具路径模拟

实例 170

切断车削加工

⊕ 案例源文件：ywj/11/170.mcam

01 单击【车削】选项卡【标准】组中的【切断】按钮，创建切断车削程序，在绘图区选择切断边界点，如图11-39所示。

图11-39　选择切断边界点

02 在【车削截断】对话框【刀具参数】选项卡中，设置刀具，如图11-40所示。

03 在【车削截断】对话框【切断参数】选项卡中，设置切断参数，如图11-41所示。

04 单击【机床】选项卡【模拟】组中的【刀路模拟】按钮≋，进行加工刀具路径程序的模拟演

示，如图11-42所示。至此完成切断车削加工。

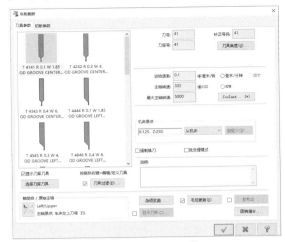

图11-40　设置刀具

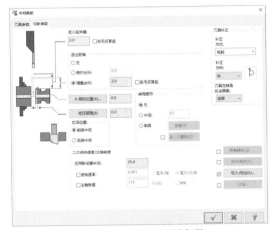

图11-41　设置切断参数

图11-42　刀具路径模拟

实例 171

钻孔车削加工

⊕ 案例源文件：ywj/11/171.mcam

01 单击【车削】选项卡【标准】组中的【钻孔】按钮，创建钻孔车削程序，在【车削钻孔】对话框【刀具参数】选项卡中，设置刀具，如图11-43所示。

02 在【车削钻孔】对话框【刀具参数】选项卡【机床原点】组中，设置自定义机床原点，如

图11-44所示。

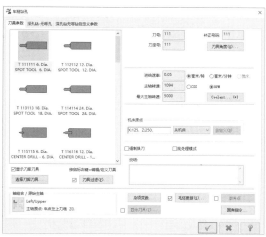

图11-43 设置刀具

图11-44 设置机床原点

03 在【车削钻孔】对话框【深孔钻-无啄孔】选项卡中，设置深孔钻参数，如图11-45所示。

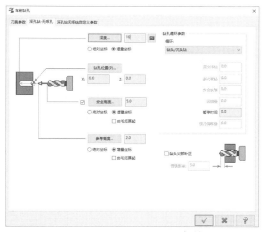

图11-45 设置深孔钻参数

04 单击【机床】选项卡【模拟】组中的【刀路模拟】按钮，进行加工刀具路径程序的模拟演示，如图11-46所示。至此完成钻孔车削加工。

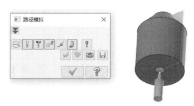

图11-46 刀具路径模拟

轴加工

01 单击【线框】选项卡【绘线】组中的【连续线】按钮，绘制直线图形，长度分别为200、20、50、20，倒角距离10，如图11-47所示。

图11-47 绘制直线图形

02 单击【实体】选项卡【创建】组中的【旋转实体】按钮，创建旋转实体，形成基体，如图11-48所示。这样轴零件模型制作完成，下面进行加工设置。

图11-48 创建旋转特征

03 选择【机床】选项卡【机床类型】组中的【车床】|【默认】命令，单击【刀路】模型树中的【毛坯设置】选项，弹出【机床群组属性】对话框，单击【毛坯设置】选项卡【毛坯】组中的【参数】按钮，如图11-49所示。

图11-49 设置机床群组属性

第11章 车削加工

04 在弹出的【机床组件管理-毛坯】对话框中，设置毛坯参数，如图11-50所示。

图11-50　设置毛坯参数

05 单击【车削】选项卡【标准】组中的【粗车】按钮，创建粗车车削程序，在绘图区选择加工边线，如图11-51所示。

图11-51　选择加工边线

06 在【粗车】对话框【刀具参数】选项卡中，设置刀具，如图11-52所示。

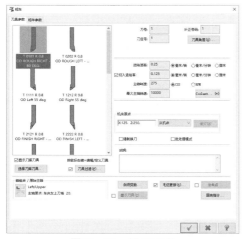

图11-52　设置刀具

07 在【粗车】对话框【粗车参数】选项卡中，设置粗车参数，如图11-53所示。

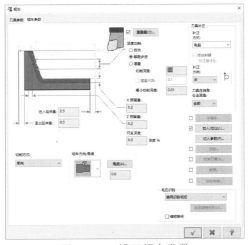

图11-53　设置粗车参数

提示

粗车加工主要用于切除毛坯外形外侧、内侧或端面的多余材料，使毛坯接近最终的尺寸和形状，为精车加工做准备。

08 单击【机床】选项卡【模拟】组中的【刀路模拟】按钮，进行加工刀具路径程序的模拟演示，如图11-54所示。至此完成轴加工。

图11-54　刀具路径模拟

实例 173　⊙案例源文件：ywj/11/173.mcam

圆杆加工

01 单击【线框】选项卡【绘线】组中的【连续线】按钮，绘制矩形，边长分别为300和10，如图11-55所示。

02 单击【实体】选项卡【创建】组中的【旋转实体】按钮，创建旋转实体，形成基体，如图11-56所示。

03 单击【实体】选项卡【基本实体】组中的【球体】按钮，创建球体，如图11-57所示。这样零件模型制作完成，下面进行加工设置。

图11-55 绘制300×10的矩形

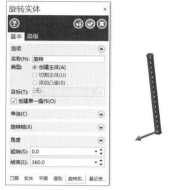

图11-56 创建旋转特征

图11-57 创建球体

04 选择【机床】选项卡【机床类型】组中的【车床】|【默认】命令，进入车削加工环境，如图11-58所示。

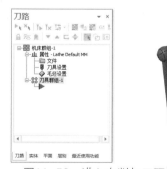

图11-58 进入车削加工环境

05 单击【刀路】模型树中的【毛坯设置】选项，弹出【机床群组属性】对话框，单击【毛坯设置】选项卡【毛坯】组中的【参数】按钮，如图11-59所示。

图11-59 设置机床群组属性

06 在弹出的【机床组件管理-毛坯】对话框中，设置毛坯参数，如图11-60所示。

图11-60 设置毛坯参数

07 单击【车削】选项卡【标准】组中的【精车】按钮，创建精车车削程序，在绘图区选择加工边线，如图11-61所示。

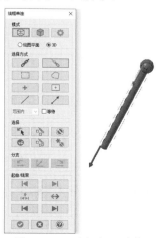

图11-61 选择加工边线

08 在【精车】对话框【刀具参数】选项卡中，设置刀具，如图11-62所示。

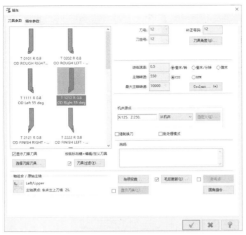

图11-62　设置刀具

09 在【精车】对话框【刀具参数】选项卡【机床原点】组中，设置自定义机床原点，如图11-63所示。

图11-63　设置机床原点

10 在【精车】对话框【精车参数】选项卡中，设置精车参数，如图11-64所示。

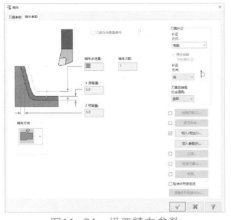

图11-64　设置精车参数

◉提示·◎

　　精车加工主要车削毛坯上的粗车削后余留下的材料，切除毛坯的外形外侧、内侧或端面的多余材料，使毛坯满足设计要求的表面粗糙度。

11 单击【机床】选项卡【模拟】组中的【刀路

模拟】按钮，进行加工刀具路径程序的模拟演示，如图11-65所示。至此完成圆杆加工。

图11-65　刀具路径模拟

实例 174

⊕ 案例源文件：ywj/11/174.mcam

钢盘加工

01 单击【线框】选项卡【绘线】组中的【连续线】按钮，绘制矩形，边长分别为200和20，如图11-66所示。

图11-66　绘制200×20的矩形

02 单击【实体】选项卡【创建】组中的【旋转实体】按钮，创建旋转实体，形成基体，如图11-67所示。

图11-67　创建旋转特征

03 单击【实体】选项卡【修剪】组中的【固定半倒圆角】按钮，创建实体倒圆角特征，半径为10，如图11-68所示。

图11-68　创建圆角特征

04 绘制矩形和圆形，并进行修剪，形成槽形状，如图11-69所示。

图11-69　绘制矩形槽

05 单击【实体】选项卡【创建】组中的【实体拉伸】按钮，创建拉伸切割实体，距离为50，如图11-70所示。这样钢盘模型制作完成，下面进行加工设置。

图11-70　创建拉伸切割特征

06 选择【机床】选项卡【机床类型】组中的【车床】|【默认】命令，进入车削环境，如图11-71所示。

图11-71　进入车削加工环境

07 单击【刀路】模型树中的【毛坯设置】选项，弹出【机床群组属性】对话框，单击【毛坯设置】选项卡【毛坯】组中的【参数】按钮，如图11-72所示。

图11-72　设置机床群组属性

08 在弹出的【机床组件管理-毛坯】对话框中，设置毛坯参数，如图11-73所示。

图11-73　设置毛坯参数

09 单击【车削】选项卡【标准】组中的【车端面】按钮，创建车端面车削程序，在【车端面】对话框【刀具参数】选项卡中，设置刀具，如图11-74所示。

10 在【车端面】对话框【刀具参数】选项卡【机床原点】组中，设置自定义机床原点，如图11-75所示。

11 在【车端面】对话框【车端面参数】选项卡

中，设置车端面参数，如图11-76所示。

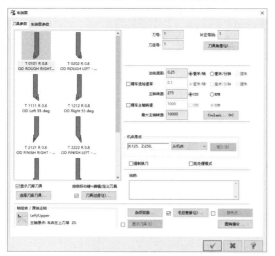

图11-74　设置刀具

图11-75　设置机床原点

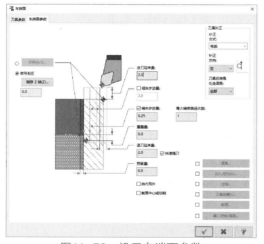

图11-76　设置车端面参数

12 单击【机床】选项卡【模拟】组中的【刀路模拟】按钮🔊，进行加工刀具路径程序的模拟演示，如图11-77所示。至此完成钢盘加工。

图11-77　刀具路径模拟

01 单击【线框】选项卡【绘线】组中的【连续线】按钮／，绘制直线图形，长度分别为50、200、60、30、10，如图11-78所示。

图11-78　绘制直线图形

02 单击【实体】选项卡【创建】组中的【旋转实体】按钮🔩，创建旋转实体，形成基体，如图11-79所示。

图11-79　创建旋转特征

03 单击【线框】选项卡【圆弧】组中的【已知点画圆】按钮⊕，绘制圆形，半径为30，如图11-80所示。

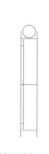

图11-80　绘制半径为30的圆形

04 单击【实体】选项卡【创建】组中的【旋转

实体】按钮，创建旋转切割实体，如图11-81
所示。

图11-81 创建旋转切割特征

05 绘制圆形，半径为170，如图11-82所示。这
样轮模型便制作完成，下面进行加工设置。

图11-82 绘制半径为170的圆形

06 选择【机床】选项卡【机床类型】组中的【车
床】|【默认】命令，进入车削环境，如图11-83
所示。

图11-83 进入车削加工环境

07 单击【刀路】模型树中的【毛坯设置】选
项，弹出【机床群组属性】对话框，单击【毛
坯设置】选项卡【毛坯】组中的【参数】按
钮，如图11-84所示。

08 在弹出的【机床组件管理-毛坯】对话框中，
设置毛坯参数，如图11-85所示。

09 单击【车削】选项卡【C轴】组中的【径向
外形】按钮，创建径向车削程序，在绘图区
选择加工边线，如图11-86所示。

图11-84 设置机床群组属性

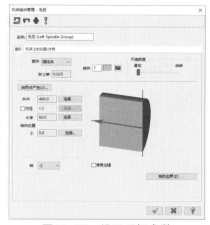

图11-85 设置毛坯参数

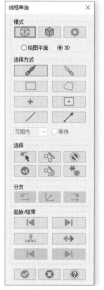

图11-86 选择加工边线

10 在【C轴刀路-C轴径向外形】对话框中，切换到【刀路类型】选项设置界面，设置刀路类型，如图11-87所示。

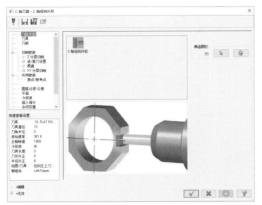

图11-87　设置刀路类型

11 在【C轴刀路-C轴径向外形】对话框中，切换到【刀具】选项设置界面，设置刀具，如图11-88所示。

图11-88　设置刀具

12 在【C轴刀路-C轴径向外形】对话框中，切换到【切削参数】选项设置界面，设置切削参数，如图11-89所示。

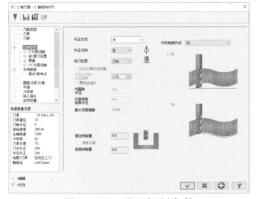

图11-89　设置切削参数

13 在【C轴刀路-C轴径向外形】对话框中，切

换到【共同参数】选项设置界面，设置共同参数，如图11-90所示。

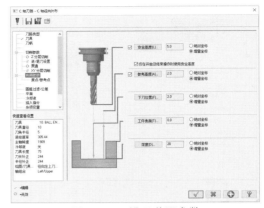

图11-90　设置共同参数

14 在【C轴刀路-C轴径向外形】对话框中，切换到【旋转轴控制】选项设置界面，设置旋转轴控制，如图11-91所示。

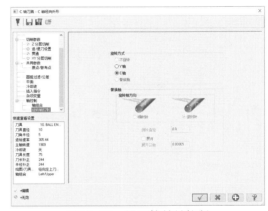

图11-91　设置旋转轴控制

15 单击【机床】选项卡【模拟】组中的【刀路模拟】按钮，进行加工刀具路径程序的模拟演示，如图11-92所示。至此完成轮加工。

图11-92　刀具路径模拟

实例 176
案例源文件：ywj/11/176.mcam

螺栓加工（一）

01 单击【线框】选项卡【绘线】组中的【连

续线】按钮 ✎，绘制直线图形，长度分别为
200、10、20、20、6、20，如图11-93所示。

图11-93　绘制直线图形

02 单击【实体】选项卡【创建】组中的【旋转
实体】按钮 🔩，创建旋转实体，形成螺栓主
体，如图11-94所示。

图11-94　创建旋转特征

03 单击【实体】选项卡【修剪】组中的【固定
半倒圆角】按钮 🔵，创建实体倒圆角特征，半
径为2，如图11-95所示。

图11-95　创建圆角特征

04 单击【实体】选项卡【修剪】组中的【单一
距离倒角】按钮 🔲，创建实体倒角特征，如
图11-96所示。这样螺栓模型制作完成，下面
进行加工设置。

05 选择【机床】选项卡【机床类型】组中的
【车床】|【默认】命令，进入车削加工环境，
如图11-97所示。

图11-96　创建倒角特征

图11-97　进入车削加工环境

06 单击【刀路】模型树中的【毛坯设置】选
项，弹出【机床群组属性】对话框，单击【毛
坯设置】选项卡【毛坯】组中的【参数】按
钮，如图11-98所示。

图11-98　设置机床群组属性

07 在弹出的【机床组件管理-毛坯】对话框中，
设置毛坯参数，如图11-99所示。

08 单击【车削】选项卡【标准】组中的【粗
车】按钮 🔩，创建粗车车削程序，在绘图区中

选择加工边线，如图11-100所示。

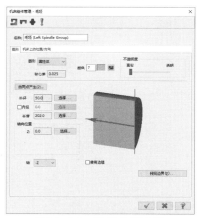

图11-99　设置毛坯参数

图11-100　选择加工边线

09 在【粗车】对话框【刀具参数】选项卡中，设置刀具，如图11-101所示。

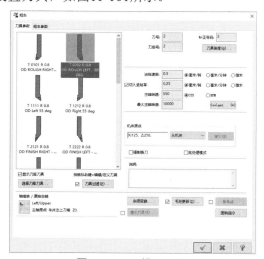

图11-101　设置刀具

10 在【粗车】对话框【刀具参数】选项卡【机床原点】组中，设置自定义机床原点，如图11-102所示。

图11-102　设置机床原点

11 在【粗车】对话框【粗车参数】选项卡中，设置粗车参数，如图11-103所示。

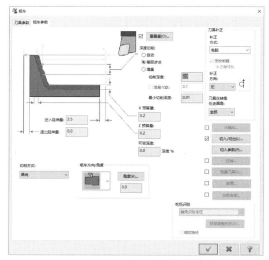

图11-103　设置粗车参数

12 单击【机床】选项卡【模拟】组中的【刀路模拟】按钮，进行加工刀具路径程序的模拟演示，如图11-104所示。至此完成螺栓加工。

图11-104　设置刀具路径模拟

实例 177 案例源文件：ywj/11/177.mcam
螺栓加工（二）

01 打开前面实例的螺栓模型，单击【车削】选项卡【标准】组中的【精车】按钮，创建精车车削程序，在绘图区选择加工边线，如图11-105所示。

02 在【精车】对话框【刀具参数】选项卡中，

设置刀具，如图11-106所示。

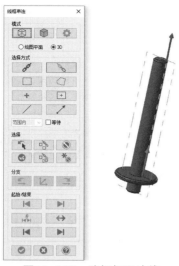

图11-105　选择加工边线

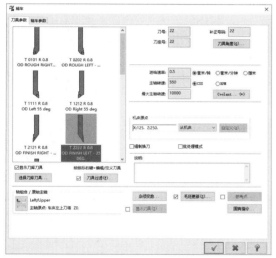

图11-106　设置刀具

03 在【精车】对话框【刀具参数】选项卡【机床原点】组中，设置自定义机床原点，如图11-107所示。

图11-107　设置机床原点

04 在【精车】对话框【精车参数】选项卡中，设置精车参数，如图11-108所示。

05 单击【机床】选项卡【模拟】组中的【刀路模拟】按钮 ≋ ，进行加工刀具路径程序的模拟演示，如图11-109所示。至此完成螺栓加工。

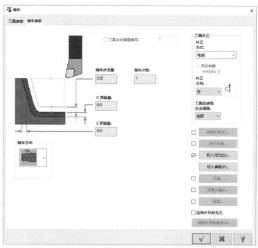

图11-108　设置精车参数

图11-109　刀具路径模拟

实例 178 ● 案例源文件：ywj/11/178.mcam

螺栓加工（三）

01 打开前面实例的螺栓模型，单击【车削】选项卡【标准】组中的【车螺纹】按钮 ，创建车螺纹车削程序，在【车螺纹】对话框【刀具参数】选项卡中，设置刀具，如图11-110所示。

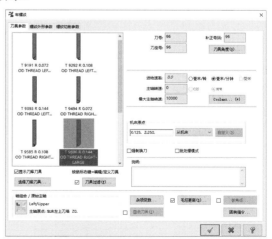

图11-110　设置刀具

02 在【车螺纹】对话框【刀具参数】选项卡【机床原点】组中，设置自定义机床原点，如图11-111所示。

图11-111　设置机床原点

03 在【车螺纹】对话框【螺纹外形参数】选项卡中，设置螺纹外形参数，如图11-112所示。

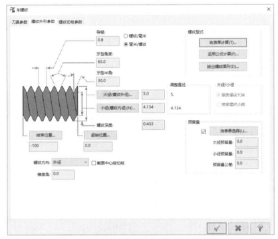

图11-112　设置螺纹外形参数

04 在【车螺纹】对话框【螺纹切削参数】选项卡中，设置螺纹切削参数，如图11-113所示。

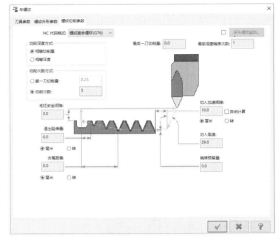

图11-113　设置螺纹切削参数

05 单击【机床】选项卡【模拟】组中的【刀路模拟】按钮，进行加工刀具路径程序的模拟演示，如图11-114所示。至此完成螺栓加工。

图11-114　刀具路径模拟

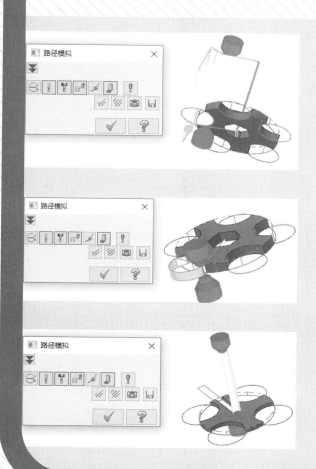

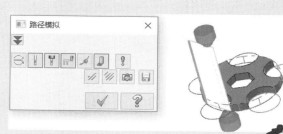

第 **12** 章　线切割加工

实例 179

⊕ 案例源文件：ywlj/12/179.mcam

外形线切割加工

01 单击【线框】选项卡【圆弧】组中的【已知点画圆】按钮⊕，绘制圆形，半径为50，如图12-1所示。

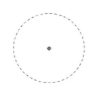

图12-1　绘制半径为50的圆形

02 单击【实体】选项卡【创建】组中的【实体拉伸】按钮▓，创建拉伸实体，距离为10，形成基体，如图12-2所示。

图12-2　创建拉伸特征

03 绘制5个圆形，半径为20，如图12-3所示。

图12-3　绘制5个圆形

04 创建拉伸切割实体，距离为10，如图12-4所示。

05 单击【线框】选项卡【形状】组中的【多边形】按钮⬠，绘制六边形，如图12-5所示。

06 创建拉伸切割实体，距离为10，形成空心，如图12-6所示。这样零件模型便制作完成，下面进行加工设置。

图12-4　创建拉伸切割特征

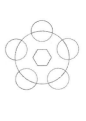

图12-5　绘制六边形

图12-6　创建拉伸切割特征

07 选择【机床】选项卡【机床类型】组中的【线切割】|【默认】命令，进入线切割加工环境，如图12-7所示。

图12-7　进入线切割加工环境

08 单击【刀路】模型树中的【毛坯设置】选项，弹出【机床群组属性】对话框，在【毛坯设置】选项卡中设置毛坯参数，如图12-8所示。

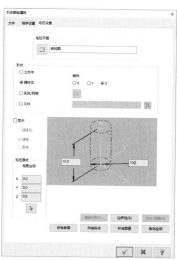

图12-8　设置毛坯参数

09 单击【线割刀路】选项卡【线割刀路】组中的【外形】按钮▣，创建外形线切割程序，在绘图区选择加工线框串连，如图12-9所示。

图12-9　创建外形线切割程序

10 在【线切割刀路-外形参数】对话框中，切换到【线切割路径类型】选项设置界面，设置刀路类型，如图12-10所示。

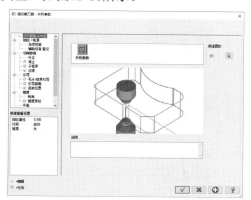

图12-10　设置刀路类型

11 在【线切割刀路-外形参数】对话框中，切换到【钼丝/电源】选项设置界面，设置钼丝电源参数，如图12-11所示。

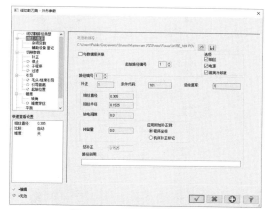

图12-11　设置钼丝电源

12 在【线切割刀路-外形参数】对话框中，切换到【杂项参数】选项设置界面，设置杂项参数，如图12-12所示。

图12-12　设置杂项参数

13 在【线切割刀路-外形参数】对话框中，切换到【辅助设备登记】选项设置界面，设置辅助设备登记参数，如图12-13所示。

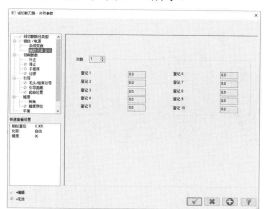

图12-13　设置辅助设备登记参数

14 在【线切割刀路-外形参数】对话框中，切换到【切削参数】选项设置界面，设置切削参数，如图12-14所示。

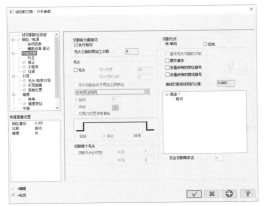

图12-14　设置切削参数

15 在【线切割刀路-外形参数】对话框中，切换到【补正】选项设置界面，设置补正参数，如图12-15所示。

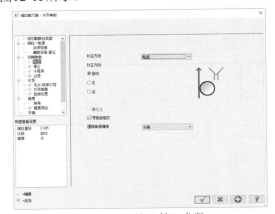

图12-15　设置补正参数

16 在【线切割刀路-外形参数】对话框中，切换到【引导】选项设置界面，设置引导参数，如图12-16所示。

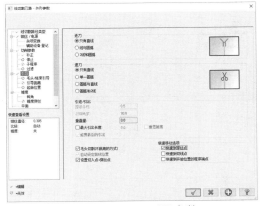

图12-16　设置引导参数

17 在【线切割刀路-外形参数】对话框中，切换到【平面】选项设置界面，设置平面参数，如图12-17所示。

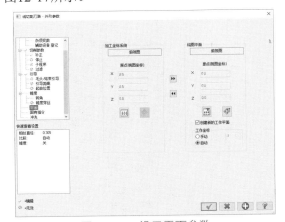

图12-17　设置平面参数

提示

外形线切割是电极丝根据选取的串连外形进行切割，形成产品形状的加工方法。可以切割直侧壁零件，也可以切割带锥度的零件。

18 单击【机床】选项卡【模拟】组中的【刀路模拟】按钮，进行加工刀具路径程序的模拟演示，如图12-18所示。至此完成外形线切割加工。

图12-18　加工路径模拟

实例 180　　案例源文件：ywj/12/180.mcam
外形带锥度线切割加工

01 打开前面实例的零件模型，单击【线割刀路】选项卡【线割刀路】组中的【外形】按钮，创建外形线切割程序，在绘图区选择加工线框串连，如图12-19所示。

02 在【线切割刀路-外形参数】对话框中，切换到【钼丝/电源】选项设置界面，设置钼丝电源参数，如图12-20所示。

03 在【线切割刀路-外形参数】对话框中，切换到【切削参数】选项设置界面，设置切削参数，如图12-21所示。

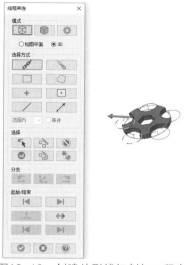

图12-19　创建外形线切割加工程序

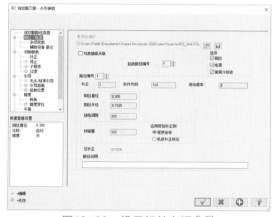

图12-20　设置钼丝电源参数

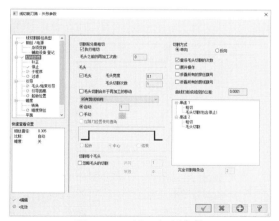

图12-21　设置切削参数

04 在【线切割刀路-外形参数】对话框中,切换到【锥度】选项设置界面,设置线切割锥度参数,如图12-22所示。

05 在【线切割刀路-外形参数】对话框中,切换到【锥度穿丝】选项设置界面,设置线切割锥度穿丝参数,如图12-23所示。

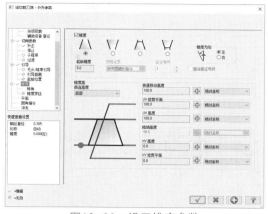

图12-22　设置锥度参数

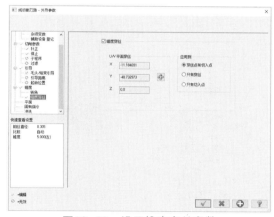

图12-23　设置锥度穿丝参数

06 在【线切割刀路-外形参数】对话框中,切换到【平面】选项设置界面,设置平面参数,如图12-24所示。

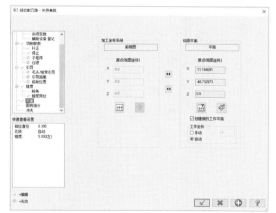

图12-24　设置平面参数

07 单击【机床】选项卡【模拟】组中的【刀路模拟】按钮≋,进行加工刀具路径程序的模拟演示,如图12-25所示。至此完成外形带锥度线切割加工。

图12-25　加工路径模拟

实例 181

⊕ 案例源文件：ywj/12/181.mcam

控制点线切割加工

01 单击【线割刀路】选项卡【线割刀路】组中的【控制点】按钮+|，创建控制点线切割程序，在绘图区选择加工进给点，如图12-26所示。

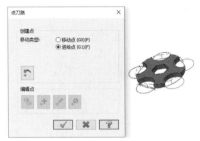

图12-26　创建控制点线切割程序

02 在【线切割刀路-控制点】对话框中，切换到【线切割路径类型】选项设置界面，设置刀路类型，如图12-27所示。

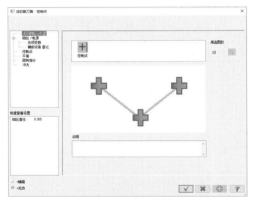

图12-27　设置线切割路径类型

03 在【线切割刀路-控制点】对话框中，切换到【钼丝/电源】选项设置界面，设置钼丝电源参数，如图12-28所示。

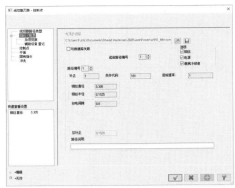

图12-28　设置钼丝电源参数

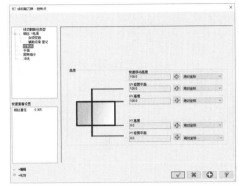

图12-29　设置控制点参数

05 在【线切割刀路-控制点】对话框中，切换到【平面】选项设置界面，设置平面参数，如图12-30所示。

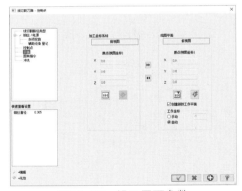

图12-30　设置平面参数

06 单击【机床】选项卡【模拟】组中的【刀路模拟】按钮≋，进行加工刀具路径程序的模拟演示，如图12-31所示。至此完成控制点线切割加工。

图12-31　加工路径模拟

04 在【线切割刀路-控制点】对话框中，切换到【控制点】选项设置界面，设置控制点参数，如图12-29所示。

案例源文件：ywj/12/182.mcam

无屑线切割加工

01 单击【线割刀路】选项卡【线割刀路】组中的【无屑切割】按钮▣|，创建无屑切割线切割程序，在绘图区选择加工线框串连，如图12-32所示。

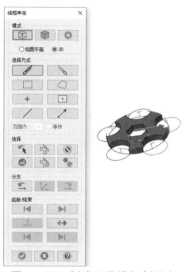

图12-32　创建无屑线切割程序

02 在【线切割刀路-无屑切割】对话框中，切换到【线切割路径类型】选项设置界面，设置刀路类型，如图12-33所示。

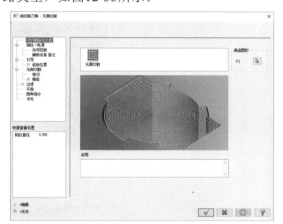

图12-33　设置线切割路径类型

03 在【线切割刀路-无屑切割】对话框中，切换到【钼丝/电源】选项设置界面，设置钼丝电源参数，如图12-34所示。

04 在【线切割刀路-无屑切割】对话框中，切换到【引导】选项设置界面，设置引导参数，如图12-35所示。

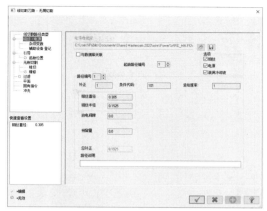

图12-34　设置钼丝电源参数

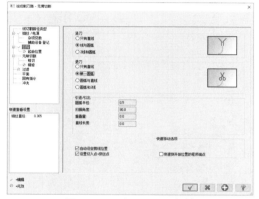

图12-35　设置引导参数

05 在【线切割刀路-无屑切割】对话框中，切换到【粗切】选项设置界面，设置粗切参数，如图12-36所示。

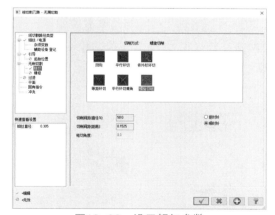

图12-36　设置粗切参数

06 在【线切割刀路-无屑切割】对话框中，切换到【平面】选项设置界面，设置平面参数，如图12-37所示。

07 单击【机床】选项卡【模拟】组中的【刀路模拟】按钮≋，进行加工刀具路径程序的模拟演示，如图12-38所示。至此完成无屑线切割加工。

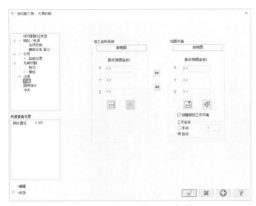

图12-37　设置平面参数

图12-38　加工路径模拟

◎提示·◎

　　无屑线切割加工即采用线切割将要加工的区域全部切割掉，无废料产生，相当于铣削效果。

实例 183　　◎案例源文件：ywj/12/183.mcam

四轴线切割加工

01 单击【转换】选项卡【位置】组中的【平移】按钮 ◻⬝，平移圆形图形，距离为10，如图12-39所示。

图12-39　平移圆形

02 单击【线割刀路】选项卡【线割刀路】组中的【四轴】按钮 4|，创建四轴线切割程序，在绘图区选择加工线框串连，如图12-40所示。

03 在【线切割刀路-四轴】对话框中，切换到【线切割路径类型】选项设置界面，设置刀路

类型，如图12-41所示。

图12-40　创建4轴线切割程序

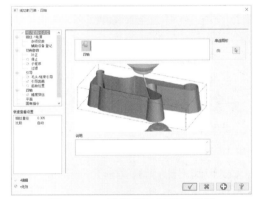

图12-41　设置线切割路径类型

04 在【线切割刀路-四轴】对话框中，切换到【钼丝/电源】选项设置界面，设置钼丝电源参数，如图12-42所示。

图12-42　设置钼丝电源参数

05 在【线切割刀路-四轴】对话框中，切换到【切削参数】选项设置界面，设置切削参数，如图12-43所示。

06 在【线切割刀路-四轴】对话框中，切换到

【引导】选项设置界面，设置引导参数，如图12-44所示。

图12-43 设置切削参数

图12-44 设置引导参数

07 在【线切割刀路-四轴】对话框中，切换到【四轴】选项设置界面，设置四轴参数，如图12-45所示。

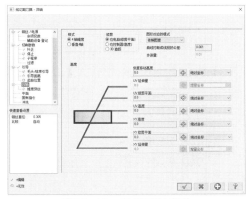

图12-45 设置四轴参数

08 在【线切割刀路-四轴】对话框中，切换到【锥度穿丝】选项设置界面，设置锥度穿丝参数，如图12-46所示。

09 在【线切割刀路-四轴】对话框中，切换到【平面】选项设置界面，设置平面参数，如图12-47所示。

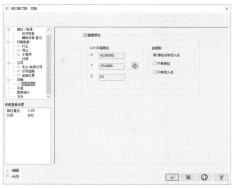

图12-46 设置锥度穿丝参数

图12-47 设置平面参数

◎提示·

四轴线切割主要是用来切割具有上下异形的工件。四轴主要是X、Y、U、V四个轴方向，可以加工比较复杂的零件。

10 单击【机床】选项卡【模拟】组中的【刀路模拟】按钮，进行加工刀具路径程序的模拟演示，如图12-48所示。至此完成四轴线切割加工。

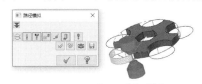

图12-48 加工路径模拟

实例 184
⊕ 案例源文件：ywj/12/184.mcam

扳手加工

01 单击【线框】选项卡【圆弧】组中的【已知点画圆】按钮，绘制圆形，半径为20，如图12-49所示。

图12-49　绘制半径为20的圆形

02　单击【实体】选项卡【创建】组中的【实体拉伸】按钮▤，创建拉伸实体，距离为4，形成基体，如图12-50所示。

图12-50　创建拉伸特征

03　单击【线框】选项卡【形状】组中的【矩形】按钮▢，绘制矩形图形，尺寸为10×100，如图12-51所示。

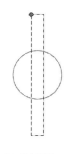

图12-51　绘制10×100的矩形

04　单击【转换】选项卡【位置】组中的【平移】按钮▯，平移图形，距离为60，如图12-52所示。

05　创建拉伸实体，距离为4，形成把手，如图12-53所示。

06　单击【实体】选项卡【创建】组中的【布尔运算】按钮▨，创建布尔结合运算，如图12-54所示。

图12-52　平移矩形

图12-53　创建拉伸特征

图12-54　创建布尔结合运算

07　单击【线框】选项卡【形状】组中的【矩形】按钮▢，绘制矩形图形，尺寸为16×40，如图12-55所示。

图12-55　绘制16×40的矩形

08　单击【转换】选项卡【位置】组中的【旋转】

按钮 ，旋转图形，角度为45°，如图12-56所示。

图12-56　旋转矩形

09 创建拉伸切割实体，距离为4，形成卡口，如图12-57所示。至此扳手模型制作完成，下面进行加工设置。

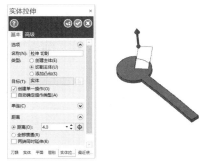

图12-57　创建拉伸切割特征

10 选择【机床】选项卡【机床类型】组中的【线切割】|【默认】命令，进入线切割加工环境，选择【刀路】模型树中的【毛坯设置】选项，弹出【机床群组属性】对话框，在【毛坯设置】选项卡中设置毛坯参数，如图12-58所示。

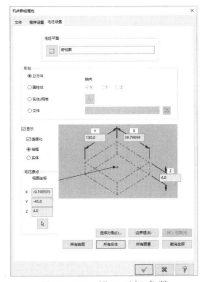

图12-58　设置毛坯参数

11 单击【线割刀路】选项卡【线割刀路】组中的【外形】按钮 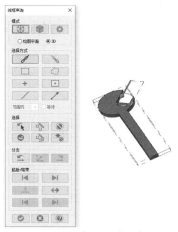，创建外形线切割程序，在绘图区选择加工线框串连，如图12-59所示。

图12-59　创建外形线切割程序

12 在【线切割刀路-外形参数】对话框中，切换到【钼丝/电源】选项设置界面，设置钼丝电源参数，如图12-60所示。

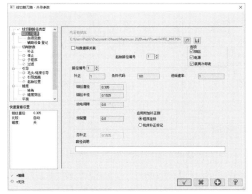

图12-60　设置钼丝电源参数

13 在【线切割刀路-外形参数】对话框中，切换到【切削参数】选项设置界面，设置切削参数，如图12-61所示。

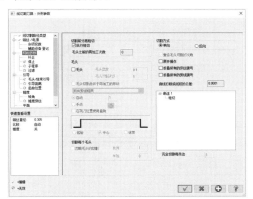

图12-61　设置切削参数

14 在【线切割刀路-外形参数】对话框中，切换到【引导】选项设置界面，设置引导参数，如图12-62所示。

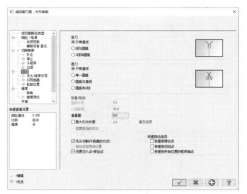

图12-62　设置引导参数

15 在【线切割刀路-外形参数】对话框中，切换到【平面】选项设置界面，设置平面参数，如图12-63所示。

图12-63　设置平面参数

16 单击【机床】选项卡【模拟】组中的【刀路模拟】按钮≋，进行加工刀具路径程序的模拟演示，如图12-64所示。至此完成扳手加工。

图12-64　加工路径模拟

实例185
转盘加工（一）

⊙ 案例源文件：ywj/12/185.mcam

01 单击【线框】选项卡【圆弧】组中的【已知

点画圆】按钮⊙，绘制圆形，半径为50，如图12-65所示。

图12-65　绘制半径为50的圆形

02 单击【实体】选项卡【创建】组中的【实体拉伸】按钮，创建拉伸实体，距离为6，形成基体，如图12-66所示。

图12-66　创建拉伸特征

03 绘制圆形，半径为40，如图12-67所示。

图12-67　绘制半径为40的圆形

04 创建拉伸实体，距离为10，形成边沿，如图12-68所示。

图12-68　创建拉伸切割特征

05 单击【实体】选项卡【创建】组中的【布尔

运算】按钮🔧，创建布尔结合运算，如图12-69所示。

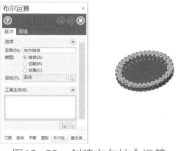

图12-69　创建布尔结合运算

06 单击【实体】选项卡【修剪】组中的【单一距离倒角】按钮🔩，创建实体倒角特征，如图12-70所示。

图12-70　创建倒角特征

07 单击【线框】选项卡【形状】组中的【矩形】按钮□，绘制矩形图形，尺寸为10×80，如图12-71所示。

图12-71　绘制10×80的矩形

08 创建拉伸切割实体，距离为10，形成槽，如图12-72所示。

图12-72　创建拉伸切割特征

09 绘制圆形，半径为10，如图12-73所示。

图12-73　绘制半径为10的圆形

10 创建拉伸切割实体，距离为10，形成孔，如图12-74所示。这样转盘模型制作完成，下面进行加工设置。

图12-74　创建拉伸切割特征

11 选择【机床】选项卡【机床类型】组中的【线切割】|【默认】命令，单击【刀路】模型树中的【毛坯设置】选项，弹出【机床群组属性】对话框，在【毛坯设置】选项卡中设置毛坯参数，如图12-75所示。

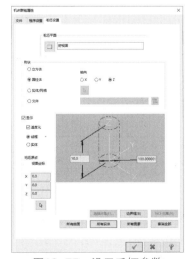

图12-75　设置毛坯参数

12 单击【线割刀路】选项卡【线割刀路】组中的【无屑切割】按钮▣，创建无屑切割线切割程序，在绘图区选择加工线框串连，如

图12-76所示。

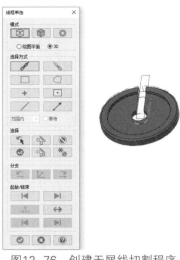

图12-76　创建无屑线切割程序

13 在【线切割刀路-无屑切割】对话框中，切换到【线切割路径类型】选项设置界面，设置刀路类型，如图12-77所示。

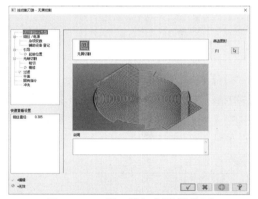

图12-77　设置线切割路径类型

14 在【线切割刀路-无屑切割】对话框中，切换到【钼丝/电源】选项设置界面，设置钼丝电源参数，如图12-78所示。

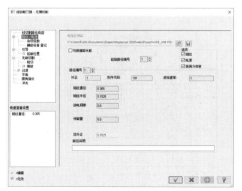

图12-78　设置钼丝电源参数

15 在【线切割刀路-无屑切割】对话框中，切换

到【引导】选项设置界面，设置引导参数，如图12-79所示。

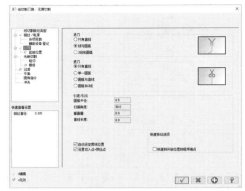

图12-79　设置引导参数

16 在【线切割刀路-无屑切割】对话框中，切换到【粗切】选项设置界面，设置粗切参数，如图12-80所示。

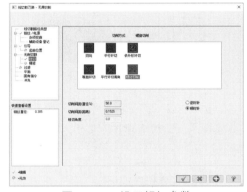

图12-80　设置粗切参数

17 在【线切割刀路-无屑切割】对话框中，切换到【平面】选项设置界面，设置平面参数，如图12-81所示。

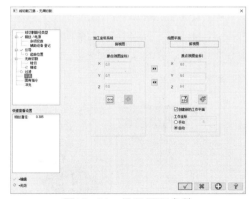

图12-81　设置平面参数

18 单击【机床】选项卡【模拟】组中的【刀路模拟】按钮，进行加工刀具路径程序的模拟演示，如图12-82所示。至此完成转盘加工。

图12-82　加工路径模拟

实例 186
转盘加工（二）

案例源文件：ywj/12/186.mcam

01 打开前面实例的转盘模型，单击【线割刀路】选项卡【线割刀路】组中的【外形】按钮▇，创建外形线切割程序，在绘图区选择加工线框串连，如图12-83所示。

图12-83　创建外形线切割程序

02 在【线切割刀路-外形参数】对话框中，切换到【钼丝/电源】选项设置界面，设置钼丝电源参数，如图12-84所示。

图12-84　设置钼丝电源参数

03 在【线切割刀路-外形参数】对话框中，切换到【切削参数】选项设置界面，设置切削参数，如图12-85所示。

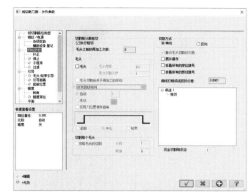

图12-85　设置切削参数

04 在【线切割刀路-外形参数】对话框中，切换到【引导】选项设置界面，设置引导参数，如图12-86所示。

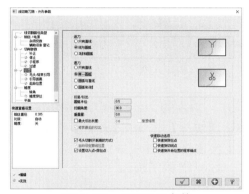

图12-86　设置引导参数

05 在【线切割刀路-外形参数】对话框中，切换到【平面】选项设置界面，设置平面参数，如图12-87所示。

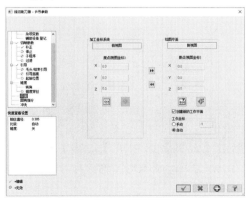

图12-87　设置平面参数

06 单击【机床】选项卡【模拟】组中的【刀路模拟】按钮▇，进行加工刀具路径程序的模拟

第12章　线切割加工

演示，如图12-88所示。至此完成转盘加工。

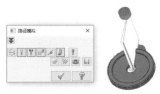

图12-88　加工路径模拟

实例 187　　案例源文件：ywj/12/187.mcam

棘轮加工（一）

01 单击【线框】选项卡【圆弧】组中的【已知点画圆】按钮⊕，绘制圆形，半径为50，如图12-89所示。

图12-89　绘制半径为50的圆形

02 单击【实体】选项卡【创建】组中的【实体拉伸】按钮，创建拉伸实体，距离为5，形成基体，如图12-90所示。

图12-90　创建拉伸特征

03 绘制4个圆形，半径均为25，如图12-91所示。

04 单击【线框】选项卡【形状】组中的【矩形】按钮□，绘制矩形图形，尺寸为10×100，如图12-92所示。

05 单击【实体】选项卡【创建】组中的【实体拉伸】按钮，创建拉伸实体，距离为5，形成槽，如图12-93所示。这样棘轮模型制作完

成，下面进行加工设置。

图12-91　绘制4个圆形

图12-92　绘制10×100的矩形并旋转45°

图12-93　创建拉伸切割特征

06 选择【机床】选项卡【机床类型】组中的【线切割】|【默认】命令，单击【刀路】模型树中的【毛坯设置】选项，弹出【机床群组属性】对话框，在【毛坯设置】选项卡中设置毛坯参数，如图12-94所示。

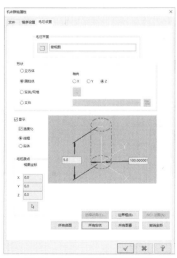

图12-94　设置毛坯参数

07 在【点刀路】对话框中设置移动类型，在绘图区选择移动控制点，如图12-95所示。

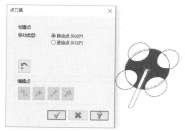

图12-95　创建控制点线切割程序

08 在【线切割刀路-控制点】对话框中，切换到【线切割路径类型】选项设置界面，设置刀路类型，如图12-96所示。

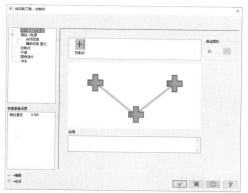

图12-96　设置线切割路径类型

09 在【线切割刀路-控制点】对话框中，切换到【钼丝/电源】选项设置界面，设置钼丝电源参数，如图12-97所示。

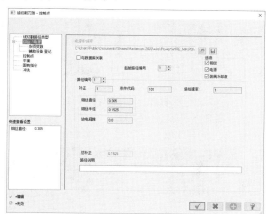

图12-97　设置钼丝电源参数

10 在【线切割刀路-控制点】对话框中，切换到【控制点】选项设置界面，设置控制点参数，如图12-98所示。

11 单击【机床】选项卡【模拟】组中的【刀路模拟】按钮，进行加工刀具路径程序的模拟

演示，如图12-99所示。至此完成棘轮加工。

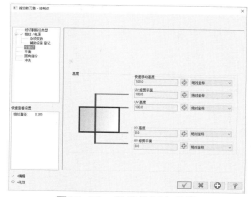

图12-98　设置控制点参数

图12-99　加工路径模拟

实例 188　案例源文件：ywj/12/188.mcam
棘轮加工（二）

01 打开前面实例的棘轮模型，单击【线割刀路】选项卡【线割刀路】组中的【外形】按钮，创建外形线切割程序，在绘图区选择加工线框串连，如图12-100所示。

图12-100　创建外形线切割程序

02 在【线切割刀路-外形参数】对话框中，切换到【线切割路径类型】选项设置界面，设置刀

路类型，如图12-101所示。

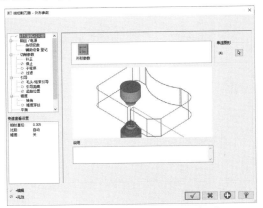

图12-101　设置线切割路径类型

03 在【线切割刀路-外形参数】对话框中，切换到【钼丝/电源】选项设置界面，设置钼丝电源参数，如图12-102所示。

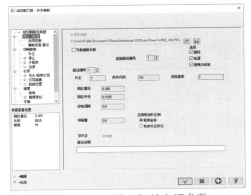

图12-102　设置钼丝电源参数

04 在【线切割刀路-外形参数】对话框中，切换到【切削参数】选项设置界面，设置切削参数，如图12-103所示。

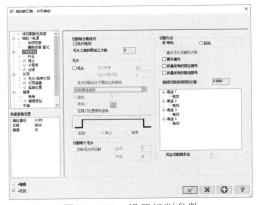

图12-103　设置切削参数

05 在【线切割刀路-外形参数】对话框中，切换到【引导】选项设置界面，设置引导参数，如图12-104所示。

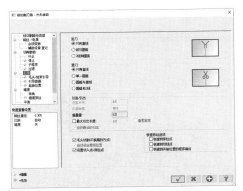

图12-104　设置引导参数

06 在【线切割刀路-外形参数】对话框中，切换到【平面】选项设置界面，设置平面参数，如图12-105所示。

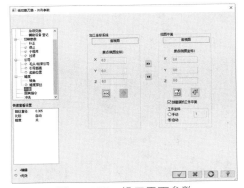

图12-105　设置平面参数

07 单击【机床】选项卡【模拟】组中的【刀路模拟】按钮，进行加工刀具路径程序的模拟演示，如图12-106所示。

图12-106　加工路径模拟

实例 189　棘轮加工（三）

案例源文件：ywj/12/189.mcam

01 打开前面实例的棘轮模型，单击【转换】选项卡【位置】组中的【平移】按钮，平移矩形图形，距离为4，如图12-107所示。

02 单击【线割刀路】选项卡【线割刀路】组中的【四轴】按钮，创建四轴线切割程序，在绘图区选择加工线框串连，如图12-108所示。

图12-107　平移矩形

图12-108　创建四轴线切割程序

03 在【线切割刀路-四轴】对话框中，切换到【线切割路径类型】选项设置界面，设置刀路类型，如图12-109所示。

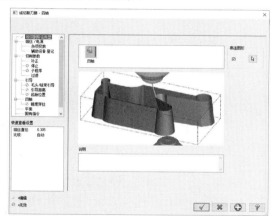

图12-109　设置线切割路径类型

04 在【线切割刀路-四轴】对话框中，切换到【钼丝/电源】选项设置界面，设置钼丝电源参数，如图12-110所示。

05 在【线切割刀路-四轴】对话框中，切换到【切削参数】选项设置界面，设置切削参数，如图12-111所示。

06 在【线切割刀路-四轴】对话框中，切换到【引导】选项设置界面，设置引导参数，如图12-112所示。

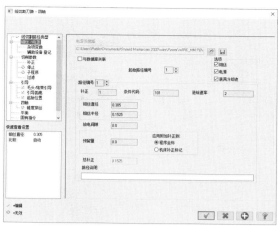

图12-110　设置钼丝电源参数

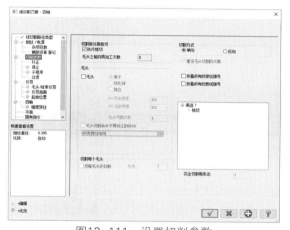

图12-111　设置切削参数

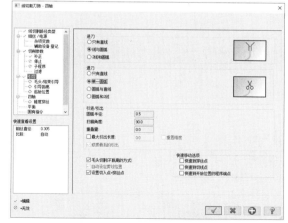

图12-112　设置引导参数

07 在【线切割刀路-四轴】对话框中，切换到【四轴】选项设置界面，设置四轴参数，如图12-113所示。

08 单击【机床】选项卡【模拟】组中的【刀路模拟】按钮，进行加工刀具路径程序的模拟演示，如图12-114所示。至此完成棘轮加工。

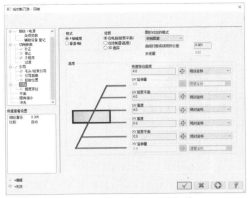

图12-113　设置四轴参数

图12-114　加工路径模拟

实例 190

机箱前盖加工（一）　◎案例源文件：ywj/12/190.mcam

01 单击【线框】选项卡【形状】组中的【矩形】按钮□，绘制矩形，尺寸为100×40，如图12-115所示。

图12-115　绘制100×40的矩形

02 单击【实体】选项卡【创建】组中的【实体拉伸】按钮，创建拉伸实体，距离为2，形成基体，如图12-116所示。

图12-116　创建拉伸特征

03 单击【线框】选项卡【修剪】组中的【串连

补正】按钮，绘制偏移曲线，如图12-117所示。

图12-117　绘制偏移图形

04 创建拉伸实体，距离为4，形成凹槽，如图12-118所示。

图12-118　创建拉伸切割特征

05 绘制半径为2的圆形并进行阵列，如图12-119所示。

图12-119　绘制半径为2的圆形并阵列

06 创建拉伸切割实体，距离为4，形成散热孔，如图12-120所示。

图12-120　创建拉伸切割特征

07 绘制两个矩形图形，尺寸均为10×10，如图12-121所示。

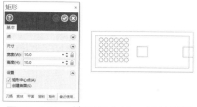

图12-121　绘制两个10×10的矩形

08 单击【实体】选项卡【创建】组中的【布尔运算】按钮🔲，创建布尔结合运算，如图12-122所示。

图12-122　创建布尔结合运算

09 创建拉伸切割实体，距离为4，形成方孔，如图12-123所示。至此机箱前盖模型制作完成，下面进行加工设置。

图12-123　创建拉伸切割特征

10 选择【机床】选项卡【机床类型】组中的【线切割】|【默认】命令，选择【刀路】模型树中的【毛坯设置】选项，弹出【机床群组属性】对话框，在【毛坯设置】选项卡中设置毛坯参数，如图12-124所示。

11 单击【线割刀路】选项卡【线割刀路】组中的【外形】按钮🔲，创建外形线切割程序，在绘图区选择加工线框串连，如图12-125所示。

12 在【线切割刀路-外形参数】对话框中，切换到【钼丝/电源】选项设置界面，设置钼丝电源参数，如图12-126所示。

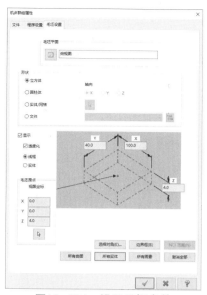

图12-124　设置毛坯参数

图12-125　创建外形线切割程序

图12-126　设置钼丝电源参数

13 在【线切割刀路-外形参数】对话框中，切换到【切削参数】选项设置界面，设置切削参数，如图12-127所示。

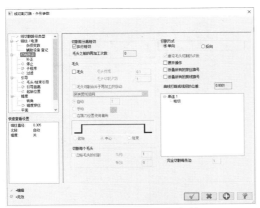

图12-127 设置切削参数

14 在【线切割刀路-外形参数】对话框中，切换到【引导】选项设置界面，设置引导参数，如图12-128所示。

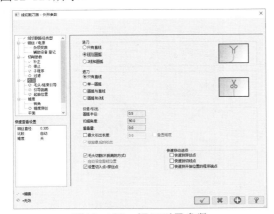

图12-128 设置引导参数

15 在【线切割刀路-外形参数】对话框中，切换到【平面】选项设置界面，设置平面参数，如图12-129所示。

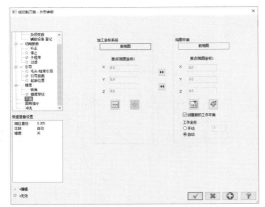

图12-129 设置平面参数

16 单击【机床】选项卡【模拟】组中的【刀路模拟】按钮，进行加工刀具路径程序的模拟演示，如图12-130所示。至此完成机箱前盖加工。

图12-130 加工路径模拟

实例 191
案例源文件：ywl/12/191.mcam

机箱前盖加工（二）

01 打开前面实例的机箱前盖模型，单击【线割刀路】选项卡【线割刀路】组中的【外形】按钮，创建外形线切割程序，在绘图区选择加工线框串连，如图12-131所示。

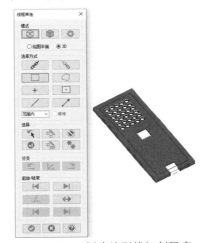

图12-131 创建外形线切割程序

02 在【线切割刀路-外形参数】对话框中，切换到【钼丝/电源】选项设置界面，设置钼丝电源参数，如图12-132所示。

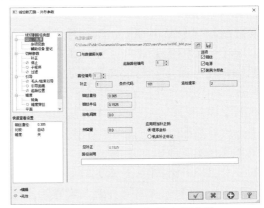

图12-132 设置钼丝电源参数

03 在【线切割刀路-外形参数】对话框中，切换到【切削参数】选项设置界面，设置切削参数，如图12-133所示。

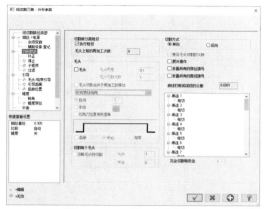

图12-133 设置切削参数

04 在【线切割刀路-外形参数】对话框中，切换到【引导】选项设置界面，设置引导参数，如图12-134所示。

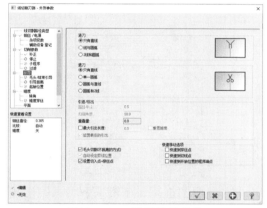

图12-134 设置引导参数

05 在【线切割刀路-外形参数】对话框中，切换到【平面】选项设置界面，设置平面参数，如图12-135所示。

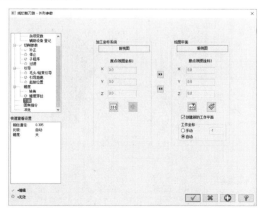

图12-135 设置平面参数

06 单击【机床】选项卡【模拟】组中的【刀路模拟】按钮📊，进行加工刀具路径程序的模拟演示，如图12-136所示。

图12-136 加工路径模拟

实例192 机箱前盖加工（三）

◎ 案例源文件：ywj/12/192.mcam

01 打开前面实例的机箱前盖模型，单击【线割刀路】选项卡【线割刀路】组中的【无屑切割】按钮📷，创建无屑切割线切割程序，在绘图区选择加工线框串连，如图12-137所示。

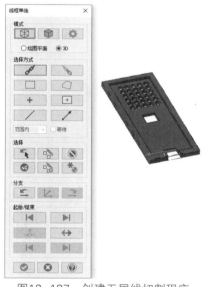

图12-137 创建无屑线切割程序

02 在【线切割刀路-无屑切割】对话框中，切换到【钼丝/电源】选项设置界面，设置钼丝电源参数，如图12-138所示。

03 在【线切割刀路-无屑切割】对话框中，切换到【引导】选项设置界面，设置引导参数，如图12-139所示。

04 在【线切割刀路-无屑切割】对话框中，切换到【无屑切割】选项设置界面，设置无屑切割参数，如图12-140所示。

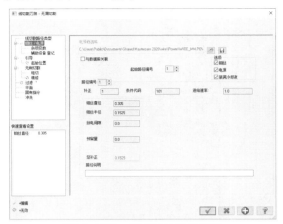

图12-138 设置钼丝电源参数

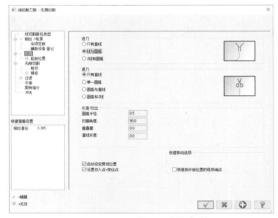

图12-139 设置引导参数

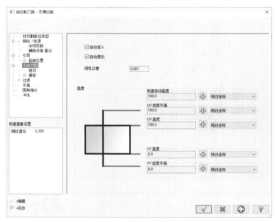

图12-140 设置无屑切割参数

05 在【线切割刀路-无屑切割】对话框中，切换到【粗切】选项设置界面，设置粗切参数，如图12-141所示。

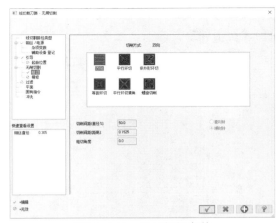

图12-141 设置粗切参数

06 在【线切割刀路-无屑切割】对话框中，切换到【平面】选项设置界面，设置平面参数，如图12-142所示。

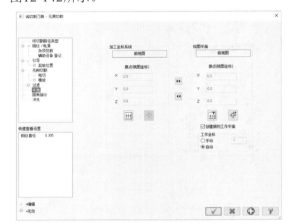

图12-142 设置平面参数

07 单击【机床】选项卡【模拟】组中的【刀路模拟】按钮≋，进行加工刀具路径程序的模拟演示，如图12-143所示。至此完成机箱前盖加工。

图12-143 加工路径模拟

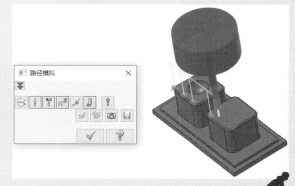

第 **13** 章 综合范例

凸轮加工

成，下面进行加工设置。

01 单击【线框】选项卡【圆弧】组中的【已知点画圆】按钮⊕，绘制圆形，半径分别为20和30，如图13-1所示。

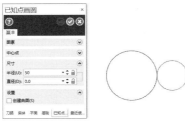

图13-1　绘制两个圆形

02 单击【线框】选项卡【绘线】组中的【连续线】按钮✓，绘制切线并修剪，如图13-2所示。

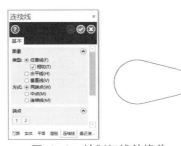

图13-2　绘制切线并修剪

03 单击【实体】选项卡【创建】组中的【实体拉伸】按钮🗔，创建拉伸实体，距离为40，形成基体，如图13-3所示。

图13-3　创建拉伸特征

04 绘制圆形，半径为15，如图13-4所示。

05 创建拉伸实体，距离为50，形成凸台，如图13-5所示。

06 单击【实体】选项卡【修剪】组中的【固定半倒圆角】按钮🗔，创建实体倒圆角特征，半径为4，如图13-6所示。这样凸轮模型制作完

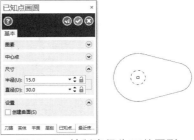

图13-4　绘制半径为15的圆形

图13-5　创建拉伸特征

图13-6　创建圆角特征

07 选择【机床】选项卡【机床类型】组中的【铣床】|【默认】命令，单击【铣削】选项卡2D组中的【外形】按钮🗔，创建外形铣削，在绘图区选择加工线框串连，如图13-7所示。

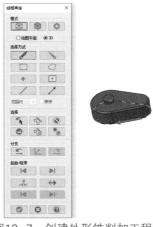

图13-7　创建外形铣削加工程序

08 在【2D刀路-外形铣削】对话框中，切换到【刀路类型】选项设置界面，设置刀路类型，如图13-8所示。

图13-8　设置刀路类型

09 在【2D刀路-外形铣削】对话框中，切换到【刀具】选项设置界面，创建刀具，如图13-9所示。

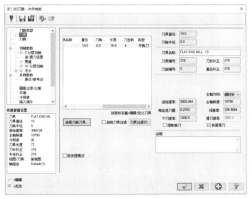

图13-9　设置刀具

10 在【2D刀路-外形铣削】对话框中，切换到【刀柄】选项设置界面，设置刀柄参数，如图13-10所示。

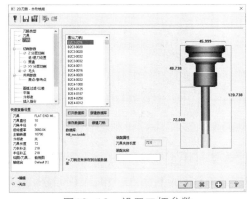

图13-10　设置刀柄参数

11 在【2D刀路-外形铣削】对话框中，切换到

【切削参数】选项设置界面，设置切削参数，如图13-11所示。

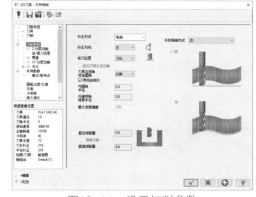

图13-11　设置切削参数

12 在【2D刀路-外形铣削】对话框中，切换到【共同参数】选项设置界面，设置刀具共同参数，如图13-12所示。

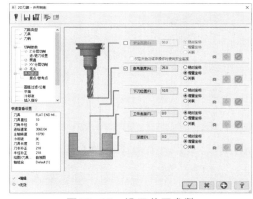

图13-12　设置共同参数

13 在【2D刀路-外形铣削】对话框中，切换到【平面】选项设置界面，设置坐标系和加工平面，如图13-13所示。

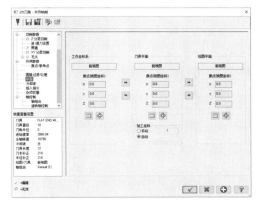

图13-13　设置平面参数

14 单击【机床】选项卡【模拟】组中的【刀路模拟】按钮，进行加工刀具路径程序的模拟

演示，如图13-14所示。至此完成凸轮加工。

图13-14　刀具路径模拟

机壳模具加工

01 单击【线框】选项卡【形状】组中的【矩形】按钮□，绘制矩形图形，尺寸为70×70，如图13-15所示。

图13-15　绘制70×70的矩形

02 单击【实体】选项卡【创建】组中的【实体拉伸】按钮，创建拉伸实体，距离为40，形成基体，如图13-16所示。

图13-16　创建拉伸特征

03 单击【线框】选项卡【圆弧】组中的【已知点画圆】按钮⊕，绘制两个圆形，半径分别为10和14，如图13-17所示。

04 单击【线框】选项卡【绘线】组中的【连续线】按钮╱，绘制切线并修剪，如图13-18所示。

图13-17　绘制两个圆形

图13-18　绘制切线并修剪

05 单击【转换】选项卡【位置】组中的【平移】按钮，平移图形，距离为10，如图13-19所示。

图13-19　平移图形

06 创建拉伸切割实体，距离为50，形成槽，如图13-20所示。这样机壳模具模型制作完成，下面进行加工设置。

图13-20　创建拉伸切割特征

07 选择【机床】选项卡【机床类型】组中的【铣床】|【默认】命令，单击【铣削】选项卡3D组中的【多曲面挖槽】按钮，创建多曲面挖槽粗切加工程序，在绘图区选择加工曲面，

如图13-21所示。

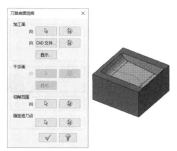

图13-21　创建多曲面挖槽粗切加工程序

08 在绘图区中，选择并确认加工范围，如图13-22所示。

图13-22　设置加工范围

09 在【多曲面挖槽粗切】对话框中，切换到【刀具参数】选项卡，设置刀具参数，如图13-23所示。

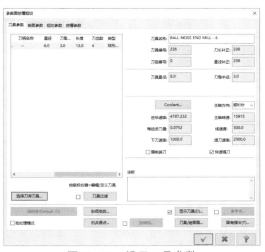

图13-23　设置刀具参数

10 在【多曲面挖槽粗切】对话框【刀具参数】组中单击【刀具/绘图面】按钮，在【刀具面/

绘图面设置】对话框中，设置加工平面和刀具平面参数，如图13-24所示。

图13-24　设置刀具面/绘图面

11 在【多曲面挖槽粗切】对话框中，切换到【曲面参数】选项卡，设置曲面参数，如图13-25所示。

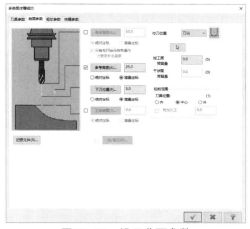

图13-25　设置曲面参数

12 在【多曲面挖槽粗切】对话框中，切换到【粗切参数】选项卡，设置粗切参数，如图13-26所示。

图13-26　设置粗切参数

13 在【多曲面挖槽粗切】对话框中，切换到

【挖槽参数】选项卡，设置挖槽参数，如图13-27
所示。

图13-27　设置挖槽参数

14 单击【机床】选项卡【模拟】组中的【刀路
模拟】按钮≋，进行加工刀具路径程序的模
拟演示，如图13-28所示。至此完成机壳模具
加工。

图13-28　刀具路径模拟

实例 195　⊙ 案例源文件：ywj/13/195.mcam
内衬凸模数控加工

01 单击【线框】选项卡【形状】组中的
【矩形】按钮□，绘制矩形图形，尺寸为
100×50，如图13-29所示。

图13-29　绘制100×50的矩形

02 单击【实体】选项卡【创建】组中的【实体
拉伸】按钮🛢，创建拉伸实体，距离为4，形

成基体，如图13-30所示。

图13-30　创建拉伸特征

03 单击【线框】选项卡【修剪】组中的【串连补
正】按钮⬎，绘制偏移曲线，如图13-31所示。

图13-31　绘制偏移图形

04 创建拉伸实体，距离为6，形成基体，如
图13-32所示。

图13-32　创建拉伸特征

05 单击【线框】选项卡【形状】组中的【矩
形】按钮□，绘制两个矩形图形，尺寸为
30×30，间距为40，如图13-33所示。

图13-33　绘制两个矩形

06 单击【线框】选项卡【修剪】组中的【图素
倒圆角】按钮⌒，绘制圆角，半径为5，如

图13-34所示。

图13-34 绘制半径为5的圆角

07 创建拉伸实体，距离为35，形成凸台，如图13-35所示。

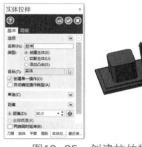

图13-35 创建拉伸特征

08 单击【实体】选项卡【修剪】组中的【固定半倒圆角】按钮，创建实体倒圆角特征，半径为1，如图13-36所示。

图13-36 创建圆角特征

09 单击【实体】选项卡【基本实体】组中的【球体】按钮，创建球体，如图13-37所示。

图13-37 创建球体

10 单击【实体】选项卡【创建】组中的【布尔运算】按钮，创建布尔切割运算，如图13-38所示。

11 继续创建布尔结合运算，如图13-39所示。这样模型便制作完成，下面进行加工设置。

图13-38 创建布尔切割运算

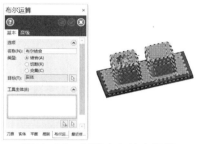

图13-39 创建布尔结合运算

12 选择【机床】选项卡【机床类型】组中的【铣床】|【默认】命令，单击【铣削】选项卡3D组中的【钻削】按钮，创建钻削粗切加工程序，在绘图区选择加工曲面，如图13-40所示。

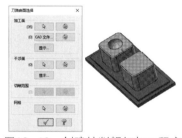

图13-40 创建钻削粗切加工程序

13 在【曲面粗切钻削】对话框中，切换到【刀具参数】选项卡，设置刀具参数，如图13-41所示。

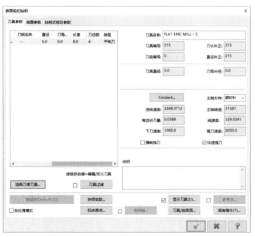

图13-41 设置刀具参数

14 在【曲面粗切钻削】对话框中，切换到【曲面参数】选项卡，设置曲面参数，如图13-42所示。

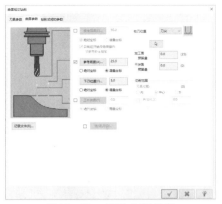

图13-42　设置曲面参数

15 在【曲面粗切钻削】对话框中，切换到【钻削式粗切参数】选项卡，设置钻削式粗切参数，如图13-43所示。

图13-43　设置钻削式粗切参数

16 单击【机床】选项卡【模拟】组中的【刀路模拟】按钮≈，进行加工刀具路径程序的模拟演示，如图13-44所示。至此完成内衬凸模数控加工。

图13-44　刀具路径模拟

实例 196
⊕ 案例源文件：ywj/13/196.mcam

电池盒镶块数控加工

01 单击【线框】选项卡【形状】组中的【矩形】按钮□，绘制矩形图形，尺寸为50×50，如图13-45所示。

图13-45　绘制50×50的矩形

02 单击【实体】选项卡【创建】组中的【实体拉伸】按钮，创建拉伸实体，距离为10，形成基体，如图13-46所示。

图13-46　创建拉伸特征

03 单击【实体】选项卡【修剪】组中的【抽壳】按钮，创建抽壳特征，如图13-47所示。

图13-47　创建抽壳特征

04 绘制3个矩形图形，尺寸均为2×50，如图13-48所示。

图13-48　绘制3个矩形

05 创建拉伸实体，距离为10，形成隔板，如图13-49所示。

图13-49 创建拉伸特征

06 单击【实体】选项卡【创建】组中的【布尔运算】按钮🐝，创建布尔结合运算，如图13-50所示。

图13-50 创建布尔结合运算

07 绘制矩形图形，尺寸为40×12，如图13-51所示。

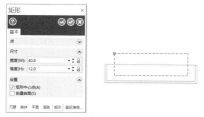

图13-51 绘制40×12的矩形

08 单击【线框】选项卡【修剪】组中的【图素倒圆角】按钮✂，绘制圆角，半径为3，如图13-52所示。

图13-52 绘制半径为3的圆角

09 创建拉伸切割实体，距离为40，如图13-53所示。

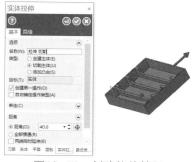

图13-53 创建拉伸特征

10 单击【线框】选项卡【绘线】组中的【连续线】按钮✏，绘制空间直线，如图13-54所示。这样电池盒镶块模型制作完成，下面进行加工设置。

图13-54 绘制空间直线

11 选择【机床】选项卡【机床类型】组中的【铣床】|【默认】命令，单击【铣削】选项卡2D组中的【面铣】按钮🖥，创建面铣工序，在绘图区选择加工线框串连，如图13-55所示。

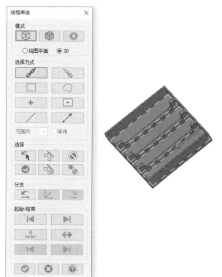

图13-55 创建平面铣削程序

12 在【2D刀路-平面铣削】对话框中，切换到【刀路类型】选项设置界面，设置刀路类型，如图13-56所示。

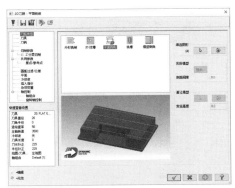

图13-56　设置刀路类型

13 在【2D刀路-平面铣削】对话框中，切换到【刀具】选项设置界面，创建刀具，如图13-57所示。

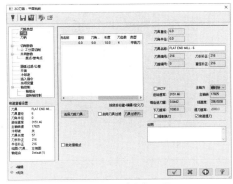

图13-57　创建刀具

14 在【2D刀路-平面铣削】对话框中，切换到【刀柄】选项设置界面，设置刀柄参数，如图13-58所示。

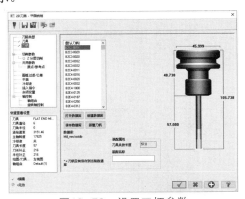

图13-58　设置刀柄参数

15 在【2D刀路-平面铣削】对话框中，切换到【切削参数】选项设置界面，设置切削参数，如图13-59所示。

16 在【2D刀路-平面铣削】对话框中，切换到【共同参数】选项设置界面，设置刀具共同参数，如图13-60所示。

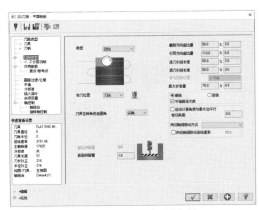

图13-59　设置切削参数

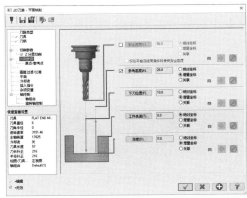

图13-60　设置共同参数

17 在【2D刀路-平面铣削】对话框中，切换到【平面】选项设置界面，设置坐标系和加工平面，如图13-61所示。

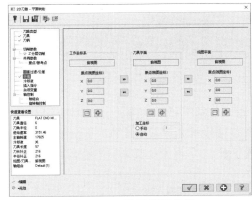

图13-61　设置平面参数

18 在【2D刀路-平面铣削】对话框中，切换到【旋转轴控制】选项设置界面，设置加工旋转轴参数，如图13-62所示。

19 单击【机床】选项卡【模拟】组中的【刀路模拟】按钮，进行加工刀具路径程序的模拟演示，如图13-63所示。至此完成电池盒镶块数控加工。

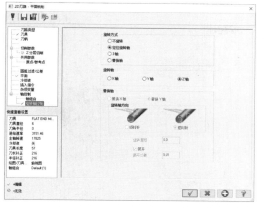

图13-62 设置旋转轴控制参数

图13-63 刀具路径模拟

实例197 花键凸模加工

案例源文件：ywj/13/197.mcam

01 单击【线框】选项卡【形状】组中的【矩形】按钮□，绘制矩形图形，尺寸为70×70，如图13-64所示。

图13-64 绘制70×70的矩形

02 单击【实体】选项卡【创建】组中的【实体拉伸】按钮，创建拉伸实体，距离为10，形成基体，如图13-65所示。

03 单击【线框】选项卡【圆弧】组中的【已知点画圆】按钮，绘制圆形，半径为30，如图13-66所示。

04 创建拉伸实体，距离为30，形成凸台，如图13-67所示。

图13-65 创建拉伸特征

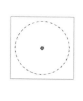

图13-66 绘制半径为30的圆形

图13-67 创建拉伸特征

05 单击【实体】选项卡【修剪】组中的【单一距离倒角】按钮，创建实体倒角特征，如图13-68所示。

图13-68 创建倒角特征

06 绘制圆形，半径为18，如图13-69所示。

07 绘制尺寸为4×40的矩形图形并进行环形阵列，如图13-70所示。

08 单击【线框】选项卡【修剪】组中的【修剪

到图素】按钮✎，修剪图形，如图13-71所示。

图13-69　绘制半径为18的圆形

图13-70　绘制矩形并阵列

图13-71　修剪图形

09 单击【转换】选项卡【位置】组中的【平移】按钮□᠍，平移图形，距离为10，如图13-72所示。

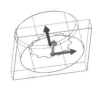

图13-72　平移图形

10 创建拉伸实体，距离为30，形成键槽，如图13-73所示。

11 单击【实体】选项卡【创建】组中的【布尔运算】按钮◈，创建布尔结合运算，如图13-74所示。

12 单击【转换】选项卡【位置】组中的【平移】按钮□᠍，平移圆形图形，距离为28，如

图13-75所示。这样花键凸模的模型便制作完成，下面进行加工设置。

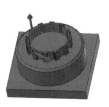

图13-73　创建拉伸特征

图13-74　创建布尔结合运算

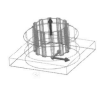

图13-75　平移圆形

13 选择【机床】选项卡【机床类型】组中的【铣床】|【默认】命令，单击【铣削】选项卡2D组中的【外形】按钮▦，创建外形铣削程序，在绘图区选择加工线框串连，如图13-76所示。

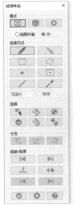

图13-76　创建外形铣削程序

14 在【2D刀路-外形铣削】对话框中，切换到【刀具】选项设置界面，创建刀具，如图13-77所示。

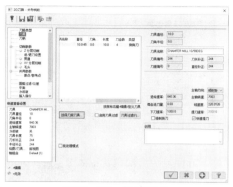

图13-77　创建刀具

15 在【2D刀路-外形铣削】对话框中，切换到【刀柄】选项设置界面，设置刀柄参数，如图13-78所示。

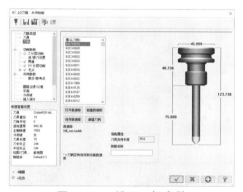

图13-78　设置刀柄参数

16 在【2D刀路-外形铣削】对话框中，切换到【切削参数】选项设置界面，设置切削参数，如图13-79所示。

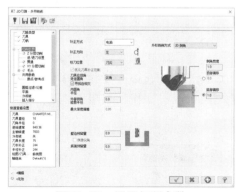

图13-79　设置切削参数

17 在【2D刀路-外形铣削】对话框中，切换到【共同参数】选项设置界面，设置刀具共同参数，如图13-80所示。

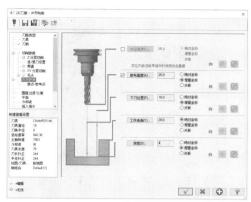

图13-80　设置共同参数

18 在【2D刀路-外形铣削】对话框中，切换到【旋转轴控制】选项设置界面，设置加工旋转轴控制参数，如图13-81所示。

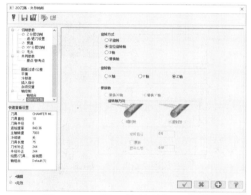

图13-81　设置旋转轴控制参数

19 单击【机床】选项卡【模拟】组中的【刀路模拟】按钮，进行加工刀具路径程序的模拟演示，如图13-82所示。至此完成花键凸模加工。

图13-82　刀具路径模拟

实例198　　◎案例源文件：ywj/13/198.mcam

化妆品盒盖模具加工

01 单击【线框】选项卡【形状】组中的【矩形】按钮□，绘制矩形图形，尺寸为100×100，如

图13-83所示。

图13-83 绘制100×100的矩形

02 单击【实体】选项卡【创建】组中的【实体拉伸】按钮，创建拉伸实体，距离为4，形成基体，如图13-84所示。

图13-84 创建拉伸特征

03 单击【线框】选项卡【修剪】组中的【串连补正】按钮，绘制偏移曲线，如图13-85所示。

图13-85 绘制偏移图形

04 创建拉伸实体，距离为30，形成凸台，如图13-86所示。

图13-86 创建拉伸特征

05 单击【实体】选项卡【创建】组中的【布尔运算】按钮，创建布尔结合运算，如图13-87所示。

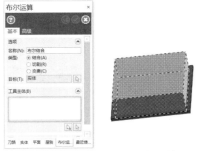

图13-87 创建布尔结合运算

06 绘制矩形图形，尺寸为50×10，如图13-88所示。

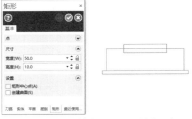

图13-88 绘制50×10的矩形

07 单击【线框】选项卡【修剪】组中的【串连补正】按钮，绘制偏移曲线，如图13-89所示。

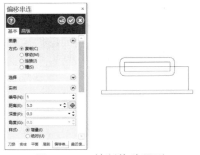

图13-89 绘制偏移图形

08 单击【转换】选项卡【位置】组中的【平移】按钮，平移图形，距离为70，如图13-90所示。

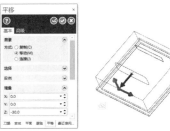

图13-90 平移图形

09 单击【实体】选项卡【创建】组中的【旋转实体】按钮，创建旋转切割实体，如图13-91所示。

图13-91　创建旋转切割特征

10 单击【实体】选项卡【创建】组中的【旋转实体】按钮，创建旋转实体，如图13-92所示。

图13-92　创建旋转特征

11 单击【实体】选项卡【创建】组中的【布尔运算】按钮，创建布尔结合运算，如图13-93所示。这样盒盖的模型便制作完成，下面进行加工设置。

图13-93　创建布尔结合运算

12 选择【机床】选项卡【机床类型】组中的【铣床】|【默认】命令，单击【铣削】选项卡3D组中的【投影】按钮，创建投影粗切加工程序，在绘图区选择加工曲面，如图13-94所示。

图13-94　创建投影粗切加工程序

13 在【刀路曲面选择】对话框中，选择并确认加工曲面，如图13-95所示。

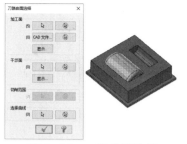

图13-95　刀路曲面选择

14 在【曲面粗切投影】对话框中，切换到【刀具参数】选项卡，设置刀具参数，如图13-96所示。

图13-96　设置刀具参数

15 在【曲面粗切投影】对话框中，切换到【曲面参数】选项卡，设置加工曲面参数，如图13-97所示。

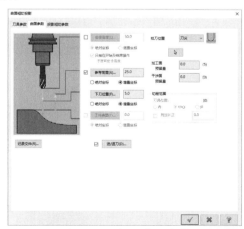

图13-97　设置曲面参数

16 在【曲面粗切投影】对话框中，切换到【投影粗切参数】选项卡，设置投影粗切参数，如

图13-98所示。

图13-98 设置投影粗切参数

17 单击【机床】选项卡【模拟】组中的【刀路模拟】按钮≋，进行加工刀具路径程序的模拟演示，如图13-99所示。至此完成化妆品盖模具加工。

图13-99 刀具路径模拟

实例 199
箱体上盖加工

● 案例源文件：ywj/13/199.mcam

01 单击【线框】选项卡【圆弧】组中的【已知点画圆】按钮，绘制圆形，半径为50，如图13-100所示。

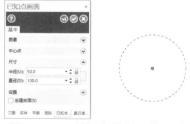

图13-100 绘制半径为50的圆形

02 单击【实体】选项卡【创建】组中的【拉伸】按钮，创建拉伸实体，距离为20，如图13-101所示。

03 单击【实体】选项卡【修剪】组中的【固定半倒圆角】按钮，创建实体倒圆角特征，半

径为8，如图13-102所示。

图13-101 创建拉伸特征

图13-102 创建圆角特征

04 绘制圆形，半径为20，如图13-103所示。

图13-103 绘制半径为20的圆形

05 单击【转换】选项卡【位置】组中的【平移】按钮，平移图形，距离为5，如图13-104所示。

图13-104 平移图形

06 创建拉伸切割实体，距离为20，形成槽，如图13-105所示。

07 单击【实体】选项卡【修剪】组中的【固定半倒圆角】按钮，创建实体倒圆角特征，半径为5，如图13-106所示。

图13-105　创建拉伸切割特征

图13-106　创建圆角特征

08 单击【实体】选项卡【修剪】组中的【抽壳】按钮，创建抽壳特征，如图13-107所示。这样箱体上盖模型便制作完成，下面进行加工设置。

图13-107　创建抽壳特征

09 选择【机床】选项卡【机床类型】组中的【铣床】|【默认】命令，单击【铣削】选项卡3D组中的【等距环绕】按钮，创建等距环绕精切加工程序，在绘图区选择加工曲面，如图13-108所示。

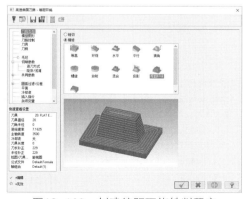

图13-108　创建等距环绕铣削程序

10 在【高速曲面刀路-等距环绕】对话框中，切换到【模型图形】选项设置界面，设置加工曲面，如图13-109所示。

图13-109　设置模型图形

11 在绘图区选择加工范围，选择线框串连，如图13-110所示。

图13-110　设置加工范围

12 在【高速曲面刀路-等距环绕】对话框中，切换到【刀具】选项设置界面，设置刀具参数，如图13-111所示。

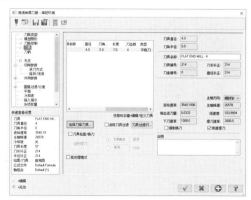

图13-111　设置刀具参数

13 在【高速曲面刀路-等距环绕】对话框中，切换到【刀柄】选项设置界面，设置刀柄参数，如图13-112所示。

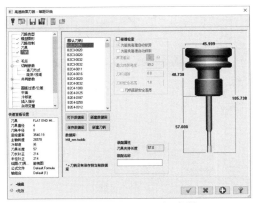

图13-112　设置刀柄参数

14 在【高速曲面刀路-等距环绕】对话框中，切换到【切削参数】选项设置界面，设置刀具切削参数，如图13-113所示。

图13-113　设置切削参数

15 在【高速曲面刀路-等距环绕】对话框中，切换到【共同参数】选项设置界面，设置共同参数，如图13-114所示。

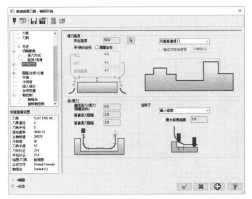

图13-114　设置共同参数

16 在【高速曲面刀路-等距环绕】对话框中，切换到【平面】选项设置界面，设置平面参数，

如图13-115所示。

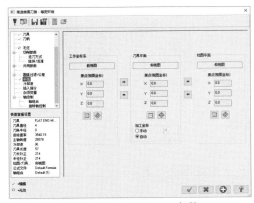

图13-115　设置平面参数

17 在【高速曲面刀路-等距环绕】对话框中，切换到【旋转轴控制】选项设置界面，设置旋转轴控制参数，如图13-116所示。

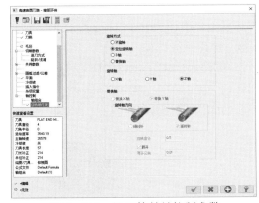

图13-116　设置旋转轴控制参数

18 单击【机床】选项卡【模拟】组中的【刀路模拟】按钮≋，进行加工刀具路径程序的模拟演示，如图13-117所示。至此完成箱体上盖加工。

图13-117　刀具路径模拟

实例 200　　● 案例源文件：ywj/13/200.mcam

底座加工

01 单击【线框】选项卡【圆弧】组中的【已知点画圆】按钮⊕，绘制圆形，半径为50，如图13-118所示。

图13-118 绘制半径为50的圆形

02 单击【实体】选项卡【创建】组中的【实体拉伸】按钮，创建拉伸实体，距离为15，形成基体，如图13-119所示。

图13-119 创建拉伸特征

03 单击【实体】选项卡【修剪】组中的【固定半倒圆角】按钮，创建实体倒圆角特征，半径为10，如图13-120所示。

图13-120 创建圆角特征

04 绘制圆形，半径为10，如图13-121所示。

图13-121 绘制半径为10的圆形

05 单击【转换】选项卡【位置】组中的【平移】按钮，平移图形，距离为20，如图13-122所示。

图13-122 平移图形

06 创建拉伸切割实体，距离为15，形成孔，如图13-123所示。这样底座模型便制作完成，下面进行加工设置。

图13-123 创建拉伸特征

07 选择【机床】选项卡【机床类型】组中的【铣床】|【默认】命令，单击【铣削】选项卡3D组中的【流线】按钮，创建流线精切加工程序，在绘图区选择加工曲面，如图13-124所示。

图13-124 创建曲面流线精切加工程序

08 在【曲面精修流线】对话框中，设置刀具参数，如图13-125所示。

09 在绘图区选择加工范围，选择线框串连，如图13-126所示。

10 在【曲面精修流线】对话框中，设置曲面参数，如图13-127所示。

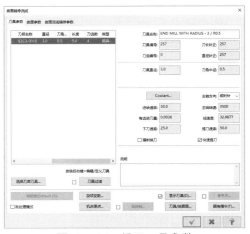

图13-125 设置刀具参数

图13-126 设置加工范围

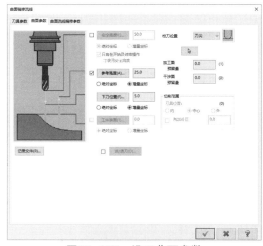

图13-127 设置曲面参数

11 在【曲面精修流线】对话框中，设置曲面流线精修参数，如图13-128所示。

图13-128 设置曲面流线精修参数

12 在【曲面流线设置】对话框中，设置曲面流线形式，如图13-129所示。

图13-129 设置流线形式

13 单击【机床】选项卡【模拟】组中的【刀路模拟】按钮≋，进行加工刀具路径程序的模拟演示，如图13-130所示。至此完成底座加工。

图13-130 刀具路径模拟

实例 201

异形连杆加工
案例源文件：ywj/13/201.mcam

01 单击【线框】选项卡【绘线】组中的【连续线】按钮╱，绘制直线图形，长度分别为200、60、20、40、180、20，如图13-131所示。

02 单击【实体】选项卡【创建】组中的【旋转实体】按钮，创建旋转实体，形成基体，如图13-132所示。

图13-131　绘制直线图形

图13-132　创建旋转特征

03 单击【线框】选项卡【形状】组中的【矩形】按钮□，绘制矩形图形，尺寸为80×60，如图13-133所示。

图13-133　绘制80×60的矩形

04 单击【实体】选项卡【创建】组中的【拉伸实体】按钮，创建拉伸实体，距离为40，如图13-134所示。

图13-134　创建拉伸特征

05 绘制矩形图形，尺寸为20×100，如图13-135

所示。

 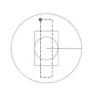

图13-135　绘制20×100的矩形

06 创建拉伸切割实体，距离为60，形成槽，如图13-136所示。这样异形连杆模型便制作完成，下面进行加工设置。

图13-136　创建拉伸特征

07 选择【机床】选项卡【机床类型】组中的【车床】|【默认】命令，单击【刀路】模型树中的【毛坯设置】选项，弹出【机床群组属性】对话框，单击【毛坯设置】选项卡【毛坯】组中的【参数】按钮，如图13-137所示。

图13-137　设置机床群组属性

08 在弹出的【机床组件管理-毛坯】对话框中，设置毛坯参数，如图13-138所示。

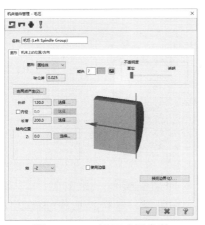

图13-138　设置毛坯参数

09 单击【车削】选项卡【标准】组中的【粗车】按钮，创建粗车车削程序，在绘图区选择加工边线，如图13-139所示。

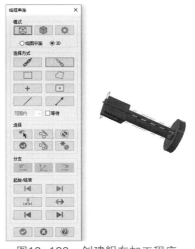

图13-139　创建粗车加工程序

10 在【粗车】对话框【刀具参数】选项卡中，设置刀具参数，如图13-140所示。

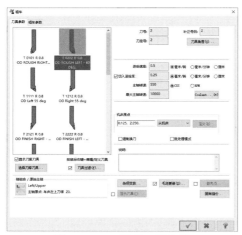

图13-140　设置刀具参数

11 在【粗车】对话框【刀具参数】选项卡【机床原点】组中，设置自定义机床原点，如图13-141所示。

图13-141　设置机床原点

12 在【粗车】对话框【粗车参数】选项卡中，设置粗车参数，如图13-142所示。

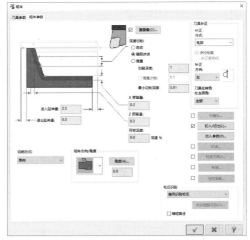

图13-142　设置粗车参数

13 单击【机床】选项卡【模拟】组中的【刀路模拟】按钮，进行加工刀具路径程序的模拟演示，如图13-143所示。至此完成异形连杆加工。

图13-143　刀具路径模拟

实例202
活塞加工

案例源文件：ywj/13/202.mcam

01 单击【线框】选项卡【绘线】组中的【连续线】按钮，绘制直线图形，长度分别为50、100、4，如图13-144所示。

02 单击【实体】选项卡【创建】组中的【旋转实体】按钮，创建旋转实体，形成基体，如图13-145所示。

图13-144　绘制直线图形

图13-145　创建旋转特征

03 单击【实体】选项卡【修剪】组中的【单一距离倒角】按钮 ✐，创建实体倒角特征，如图13-146所示。这样活塞模型便制作完成，下面进行加工设置。

图13-146　创建倒角特征

04 选择【机床】选项卡【机床类型】组中的【车床】|【默认】命令，单击【刀路】模型树中的【毛坯设置】选项，弹出【机床群组属性】对话框，单击【毛坯设置】选项卡【毛坯】组中的【参数】按钮，如图13-147所示。

05 在弹出的【机床组件管理-毛坯】对话框中，设置毛坯参数，如图13-148所示。

06 单击【车削】选项卡【标准】组中的【车端面】按钮 ⊔，创建车端面车削程序，在【车端面】对话框【刀具参数】选项卡中，设置刀具参数，如图13-149所示。

图13-147　设置机床群组属性

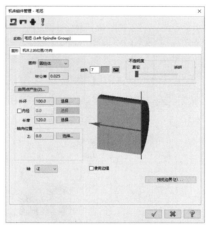

图13-148　设置毛坯参数

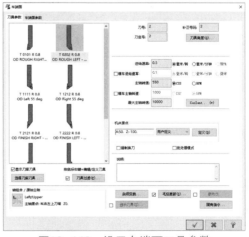

图13-149　设置车端面刀具参数

07 在【车端面】对话框【刀具参数】选项卡【机床原点】组中，设置自定义机床原点，如图13-150所示。

图13-150 设置机床原点

08 在【车端面】对话框【车端面参数】选项卡中，设置车端面参数，如图13-151所示。

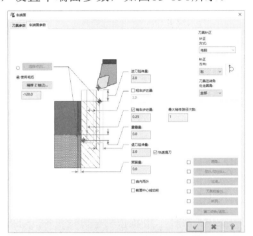

图13-151 设置车端面参数

09 单击【机床】选项卡【模拟】组中的【刀路模拟】按钮≋，进行加工刀具路径程序的模拟演示，如图13-152所示。至此完成活塞加工。

图13-152 刀具路径模拟

实例 203
● 案例源文件：ywj/13/203.mcam

塑料后盖模具加工

01 单击【线框】选项卡【形状】组中的【矩形】按钮□，绘制矩形图形，尺寸为60×30，如图13-153所示。

图13-153 绘制60×30的矩形

02 单击【实体】选项卡【创建】组中的【实体拉伸】按钮，创建拉伸实体，距离为4，形成基体，如图13-154所示。

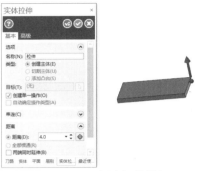

图13-154 创建拉伸特征

03 单击【线框】选项卡【修剪】组中的【串连补正】按钮，绘制偏移曲线，如图13-155所示。

图13-155 绘制偏移图形

04 单击【线框】选项卡【修剪】组中的【图素倒圆角】按钮，绘制圆角，半径为5，如图13-156所示。

图13-156 绘制半径为5的圆角

05 创建拉伸实体，距离为8，形成凸台，如图13-157所示。

06 单击【实体】选项卡【创建】组中的【布尔运算】按钮，创建布尔结合运算，如图13-158所示。

07 绘制圆形，半径为3，如图13-159所示。

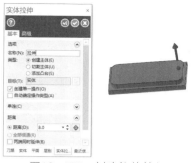

图13-157　创建拉伸特征

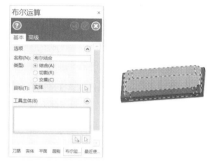

图13-158　创建布尔结合运算

图13-159　绘半径为3的圆形

08 单击【转换】选项卡【位置】组中的【平移】按钮，平移图形，距离为20，如图13-160所示。

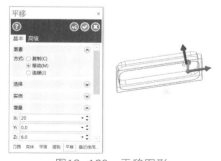

图13-160　平移图形

09 创建拉伸切割实体，距离为8，形成孔，如图13-161所示。

10 单击【实体】选项卡【修剪】组中的【固定半倒圆角】按钮，创建实体倒圆角特征，半径为1，如图13-162所示。这样后盖模具模型

便制作完成，下面进行加工设置。

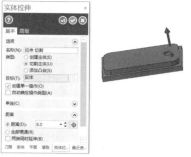

图13-161　创建拉伸切割特征

图13-162　创建圆角特征

11 选择【机床】选项卡【机床类型】组中的【铣床】|【默认】命令，单击【铣削】选项卡2D组中的【钻孔】按钮，创建钻孔加工，在绘图区选择加工点，如图13-163所示。

图13-163　创建钻孔铣削程序

12 在【2D刀路-钻孔/全圆铣削 深孔钻-无啄孔】对话框中，切换到【刀路类型】选项设置界面，设置刀路类型，如图13-164所示。

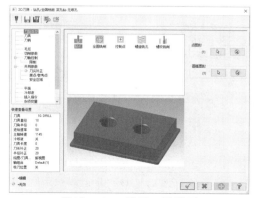

图13-164　设置刀路类型

13 在【2D刀路-钻孔/全圆铣削 深孔钻-无啄孔】对话框中，切换到【刀具】选项设置界面，创建刀具，如图13-165所示。

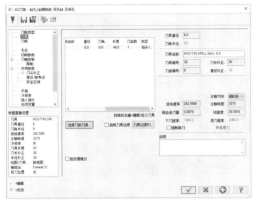

图13-165　创建刀具

14 在【2D刀路-钻孔/全圆铣削 深孔钻-无啄孔】对话框中，切换到【刀柄】选项设置界面，设置刀柄参数，如图13-166所示。

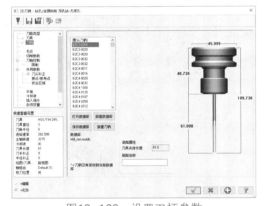

图13-166　设置刀柄参数

15 在【2D刀路-钻孔/全圆铣削 深孔钻-无啄孔】对话框中，切换到【切削参数】选项设置界面，设置切削参数，如图13-167所示。

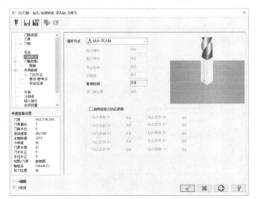

图13-167　设置切削参数

16 在【2D刀路-钻孔/全圆铣削 深孔钻-无啄孔】对话框中，切换到【共同参数】选项设置界面，设置刀具共同参数，如图13-168所示。

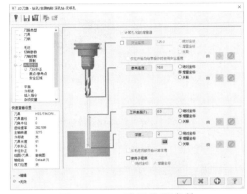

图13-168　设置共同参数

17 单击【机床】选项卡【模拟】组中的【刀路模拟】按钮，进行加工刀具路径程序的模拟演示，如图13-169所示。至此完成塑料后盖模具加工。

图13-169　刀具路径模拟

实例204　●案例源文件：ywj/13/204.mcam
端盖加工

01 单击【线框】选项卡【形状】组中的【矩形】按钮，绘制矩形图形，尺寸为60×30，如图13-170所示。

图13-170　绘制60×30的矩形

02 单击【实体】选项卡【创建】组中的【实体拉伸】按钮，创建拉伸实体，距离为10，形成基体，如图13-171所示。

03 单击【实体】选项卡【修剪】组中的【固定半倒圆角】按钮，创建实体倒圆角特征，半径为20，如图13-172所示。

图13-171 创建拉伸特征

图13-172 创建圆角特征

04 单击【实体】选项卡【修剪】组中的【固定半倒圆角】按钮，创建面的所有边倒圆角特征，半径为4，如图13-173所示。

图13-173 创建平面圆角特征

05 单击【实体】选项卡【修剪】组中的【抽壳】按钮，创建抽壳特征，如图13-174所示。

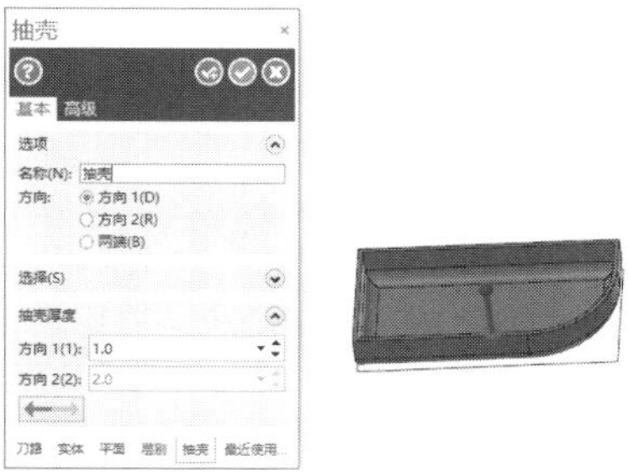

图13-174 创建抽壳特征

06 绘制同心圆形，半径分别为4和6，如图13-175所示。

07 创建拉伸实体，距离为5，形成凸台，如图13-176所示。

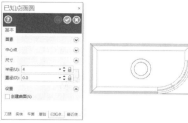

图13-175 绘制同心圆

图13-176 创建拉伸特征

08 单击【实体】选项卡【创建】组中的【布尔运算】按钮，创建布尔结合运算，如图13-177所示。这样端盖模型便制作完成，下面进行加工设置。

图13-177 创建布尔结合运算

09 选择【机床】选项卡【机床类型】组中的【铣床】|【默认】命令，单击【铣削】选项卡2D组中的【挖槽】按钮，创建2D挖槽工序，在绘图区选择加工线框串连，如图13-178所示。

图13-178 创建2D挖槽加工程序

10 在【2D刀路-2D挖槽】对话框中，切换到【刀路类型】选项设置界面，设置刀路类型，如图13-179所示。

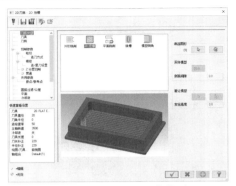

图13-179　设置刀路类型

11 在【2D刀路-2D挖槽】对话框中，切换到【刀具】选项设置界面，创建刀具，如图13-180所示。

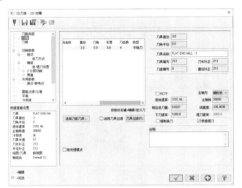

图13-180　创建刀具

12 在【2D刀路-2D挖槽】对话框中，切换到【刀柄】选项设置界面，设置刀柄参数，如图13-181所示。

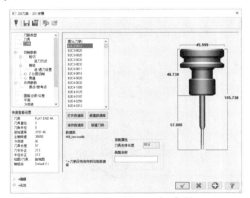

图13-181　设置刀柄参数

13 在【2D刀路-2D挖槽】对话框中，切换到【切削参数】选项设置界面，设置切削参数，如图13-182所示。

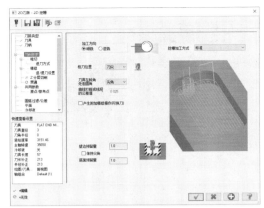

图13-182　设置切削参数

14 在【2D刀路-2D挖槽】对话框中，切换到【粗切】选项设置界面，设置粗切参数，如图13-183所示。

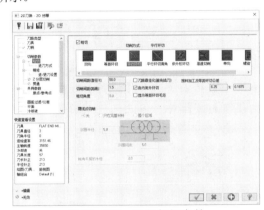

图13-183　设置粗切参数

15 在【2D刀路-2D挖槽】对话框中，切换到【共同参数】选项设置界面，设置刀具共同参数，如图13-184所示。

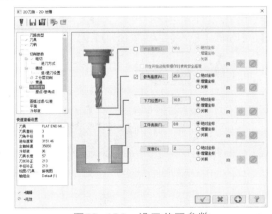

图13-184　设置共同参数

16 在【2D刀路-2D挖槽】对话框中，切换到【旋转轴控制】选项设置界面，设置加工旋转轴控制参数，如图13-185所示。

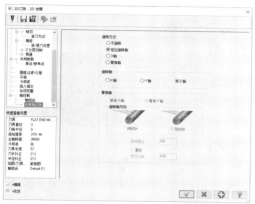

图13-185 设置旋转轴控制参数

17 单击【机床】选项卡【模拟】组中的【刀路模拟】按钮≋，进行加工刀具路径程序的模拟演示，如图13-186所示。至此完成端盖加工。

图13-186 刀具路径模拟

实例205 ⊙案例源文件：ywj/13/205.mcam
壳体型腔模具加工

01 单击【线框】选项卡【形状】组中的【矩形】按钮□，绘制矩形图形，尺寸为100×100，如图13-187所示。

图13-187 绘制100×100的矩形

02 单击【实体】选项卡【创建】组中的【实体拉伸】按钮🔳，创建拉伸实体，距离为50，形成基体，如图13-188所示。

03 单击【线框】选项卡【圆弧】组中的【已知点画圆】按钮，绘制4个圆形，半径均为6，如图13-189所示。

图13-188 创建拉伸特征

图13-189 绘制4个圆形

04 单击【转换】选项卡【位置】组中的【平移】按钮，平移图形，距离为30，如图13-190所示。

图13-190 平移图形

05 创建拉伸切割实体，距离为50，形成孔，如图13-191所示。

图13-191 创建拉伸切割特征

06 单击【实体】选项卡【修剪】组中的【单一距离倒角】按钮，创建实体倒角特征，如图13-192所示。

图13-192　创建倒角特征

07 绘制3个矩形图形，尺寸均为10×30，如图13-193所示。

图13-193　绘制3个矩形

08 创建拉伸实体，距离分别为20、25、30，形成台阶，如图13-194所示。

图13-194　创建拉伸特征

09 单击【实体】选项卡【修剪】组中的【固定半倒圆角】按钮，创建实体倒圆角特征，半径为2，如图13-195所示。

图13-195　创建圆角特征

10 单击【实体】选项卡【创建】组中的【布尔运算】按钮，创建布尔结合运算，如图13-196所示。这样壳体型腔模具的模型便制作完成，下面进行加工设置。

图13-196　创建布尔结合运算

11 选择【机床】选项卡【机床类型】组中的【铣床】|【默认】命令，单击【铣削】选项卡3D组中的【等高】按钮，创建等高精修加工程序，在绘图区选择加工曲面，如图13-197所示。

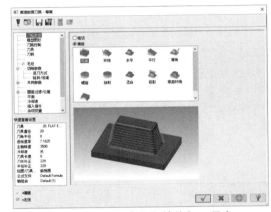

图13-197　创建等高精修加工程序

12 在【高速曲面刀路-等高】对话框中，切换到【模型图形】选项设置界面，设置加工图形区域，如图13-198所示。

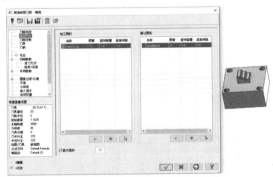

图13-198　设置加工图形区域

13 在绘图区中，选择加工范围的线框串连，如图13-199所示。

14 在【高速曲面刀路-等高】对话框中，切换到【刀具】选项设置界面，设置刀具参数，如图13-200所示。

图13-199　设置加工范围

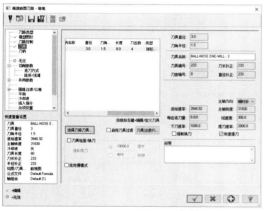

图13-200　设置刀具参数

15 在【高速曲面刀路-等高】对话框中，切换到【刀柄】选项设置界面，设置刀柄参数，如图13-201所示。

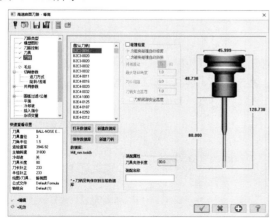

图13-201　设置刀柄参数

16 在【高速曲面刀路-等高】对话框中，切换到【切削参数】选项设置界面，设置刀具切削参数，如图13-202所示。

图13-202　设置切削参数

17 在【高速曲面刀路-等高】对话框中，切换到【旋转轴控制】选项设置界面，设置旋转轴控制参数，如图13-203所示。

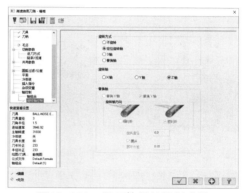

图13-203　设置旋转轴控制参数

18 单击【机床】选项卡【模拟】组中的【刀路模拟】按钮，进行加工刀具路径程序的模拟演示，如图13-204所示。至此完成壳体型腔模具加工。

图13-204　刀具路径模拟

实例 206
 案例源文件：ywj/13/206.mcam

泵盖压铸模加工

01 单击【线框】选项卡【圆弧】组中的【已知点画圆】按钮⊕，绘制圆形，半径为50，如图13-205所示。

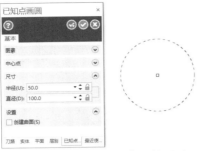

图13-205　绘制半径为50的圆形

02 单击【实体】选项卡【创建】组中的【实体拉伸】按钮🖱，创建拉伸实体，距离为20，形成基体，如图13-206所示。

图13-206　创建拉伸特征

03 绘制圆形，半径为30，如图13-207所示。

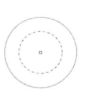

图13-207　绘制半径为30的圆形

04 单击【转换】选项卡【位置】组中的【平移】按钮🖱，平移图形，距离为50，如图13-208所示。

图13-208　平移图形

05 单击【实体】选项卡【创建】组中的【举升】按钮🖱，创建举升实体，如图13-209所示。

图13-209　创建举升特征

06 绘制6个圆形，半径均为6，如图13-210所示。

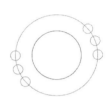

图13-210　绘制6个圆形

07 创建拉伸实体，距离为20，如图13-211所示。

图13-211　创建拉伸特征

08 单击【实体】选项卡【创建】组中的【布尔运算】按钮🖱，创建布尔结合运算，如图13-212所示。

图13-212　创建布尔结合运算

09 单击【实体】选项卡【修剪】组中的【抽壳】按钮，创建抽壳特征，如图13-213所示。这样泵盖压铸模的模型便制作完成，下面进行加工设置。

图13-213　创建抽壳特征

10 选择【机床】选项卡【机床类型】组中的【铣床】|【默认】命令，单击【铣削】选项卡3D组中的【环绕】按钮，创建环绕精切加工程序，在【高速曲面刀路-环绕】对话框中，切换到【刀路控制】选项设置界面，设置刀路控制，如图13-214所示。

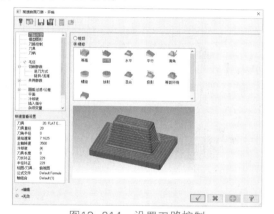

图13-214　设置刀路控制

11 在【高速曲面刀路-环绕】对话框中，切换到【模型图形】选项设置界面，设置加工图形区域，如图13-215所示。

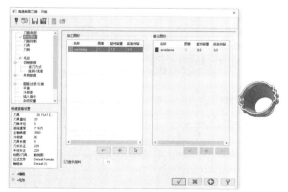

图13-215　设置加工图形区域

12 在绘图区选择加工范围，选择线框串连，如图13-216所示。

图13-216　设置加工范围

13 在【高速曲面刀路-环绕】对话框中，切换到【刀具】选项设置界面，设置刀具参数，如图13-217所示。

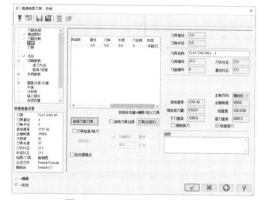

图13-217　设置刀具参数

14 在【高速曲面刀路-环绕】对话框中，切换到【刀柄】选项设置界面，设置刀柄参数，如图13-218所示。

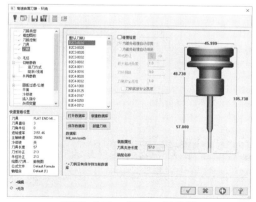

图13-218　设置刀柄参数

15 在【高速曲面刀路-环绕】对话框中，切换到

【切削参数】选项设置界面，设置刀具切削参数，如图13-219所示。

图13-219 设置切削参数

16 在【高速曲面刀路-环绕】对话框中，切换到【旋转轴控制】选项设置界面，设置旋转轴控制参数，如图13-220所示。

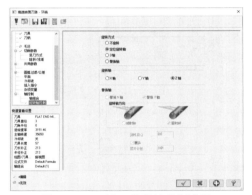

图13-220 设置旋转轴控制参数

17 单击【机床】选项卡【模拟】组中的【刀路模拟】按钮≋，进行加工刀具路径程序的模拟演示，如图13-221所示。至此完成泵盖压铸模加工。

图13-221 刀具路径模拟

实例 207 ◉案例源文件：ywj/13/207.mcam

法兰模具加工

01 单击【线框】选项卡【形状】组中的【矩形】按钮□，绘制矩形图形，尺寸为70×70，

如图13-222所示。

图13-222 绘制70×70的矩形

02 单击【实体】选项卡【创建】组中的【实体拉伸】按钮🗄，创建拉伸实体，距离为20，形成基体，如图13-223所示。

图13-223 创建拉伸特征

03 单击【线框】选项卡【圆弧】组中的【已知点画圆】按钮⊕，绘制圆形，半径为30，如图13-224所示。

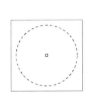

图13-224 绘制半径为30的圆形

04 创建拉伸切割实体，距离为4，形成凹槽，如图13-225所示。

图13-225 创建拉伸切割特征

05 绘制4个圆形，半径均为6，如图13-226
所示。

图13-226　绘制4个圆形

06 创建拉伸切割实体，距离为8，形成孔，如
图13-227所示。

图13-227　创建拉伸切割特征

07 绘制圆形，半径为10，如图13-228所示。

图13-228　绘制半径为10的圆形

08 创建拉伸实体，距离为10，形成孔，如图13-229
所示。

图13-229　创建拉伸切割特征

09 单击【实体】选项卡【修剪】组中的【依照

实体面拔模】按钮，创建实体拔模特征，
如图13-230所示。这样法兰模具模型便制作完
成，下面进行加工设置。

图13-230　创建拔模特征

10 选择【机床】选项卡【机床类型】组中的
【铣床】|【默认】命令，单击【铣削】选项卡
3D组中的【多曲面挖槽】按钮，创建多曲面
挖槽粗切加工程序，在绘图区选择加工曲面，
如图13-231所示。

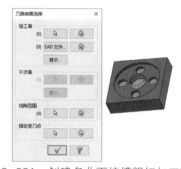

图13-231　创建多曲面挖槽粗切加工程序

11 在绘图区选择加工范围，选择线框串连，如
图13-232所示。

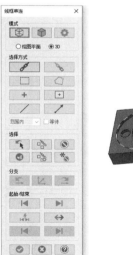

图13-232　设置加工范围

12 在【多曲面挖槽粗切】对话框中，设置刀具
参数，如图13-233所示。

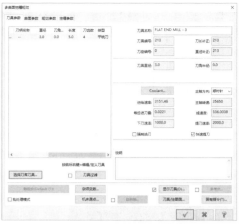

图13-233 设置刀具参数

13 在【多曲面挖槽粗切】对话框中，设置曲面参数，如图13-234所示。

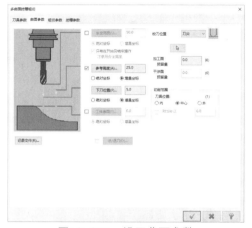

图13-234 设置曲面参数

14 在【多曲面挖槽粗切】对话框中，设置粗切参数，如图13-235所示。

图13-235 设置粗切参数

15 在【多曲面挖槽粗切】对话框中，设置挖槽

参数，如图13-236所示。

图13-236 设置挖槽参数

16 单击【机床】选项卡【模拟】组中的【刀路模拟】按钮≋，进行加工刀具路径程序的模拟演示，如图13-237所示。至此完成法兰模具加工。

图13-237 刀具路径模拟

实例 208 ⊙ 案例源文件：ywj/13/208.mcam
泵盖型芯加工

01 单击【线框】选项卡【形状】组中的【矩形】按钮□，绘制矩形图形，尺寸为100×100，如图13-238所示。

图13-238 绘制100×100的矩形

02 单击【实体】选项卡【创建】组中的【实体拉伸】按钮，创建拉伸实体，距离为40，形成基体，如图13-239所示。

图13-239 创建拉伸特征

03 单击【线框】选项卡【圆弧】组中的【已知点画圆】按钮⊕，绘制圆形，半径为30，如图13-240所示。

图13-240 绘制半径为30的圆形

04 创建拉伸实体，距离为20，形成凸台，如图13-241所示。

图13-241 创建拉伸特征

05 单击【实体】选项卡【修剪】组中的【固定半倒圆角】按钮◉，创建实体倒圆角特征，半径为10，如图13-242所示。

图13-242 创建圆角特征

06 绘制6个圆形，半径均为4，如图13-243所示。

图13-243 绘制6个圆形

07 创建拉伸实体，距离为10，如图13-244所示。

图13-244 创建拉伸特征

08 单击【实体】选项卡【创建】组中的【布尔运算】按钮◉，创建布尔结合运算，如图13-245所示。这样泵盖型芯的模型便制作完成，下面进行加工设置。

图13-245 创建布尔结合运算

09 选择【机床】选项卡【机床类型】组中的【铣床】|【默认】命令，单击【铣削】选项卡3D组中的【螺旋】按钮◉，创建螺旋精切加工程序，在【高速曲面刀路-螺旋】对话框中，切换到【刀路控制】选项设置界面，设置刀路控制，如图13-246所示。

10 在【高速曲面刀路-螺旋】对话框中，切换到【模型图形】选项设置界面，设置加工图形区域，如图13-247所示。

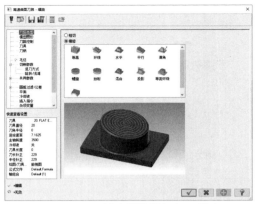

图13-246　创建螺旋精切加工程序

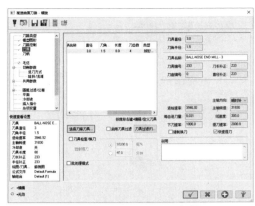

图13-249　设置刀具参数

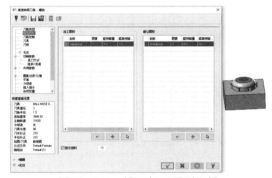

图13-247　设置加工图形区域

11 在绘图区选择加工范围，选择线框串连，如图13-248所示。

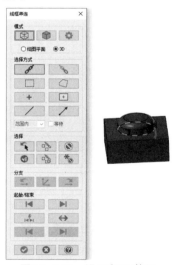

图13-248　设置加工范围

12 在【高速曲面刀路-螺旋】对话框中，切换到【刀具】选项设置界面，设置刀具参数，如图13-249所示。

13 在【高速曲面刀路-螺旋】对话框中，切换到【刀柄】选项设置界面，设置刀柄参数，如图13-250所示。

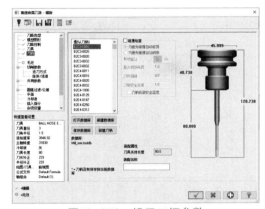

图13-250　设置刀柄参数

14 在【高速曲面刀路-螺旋】对话框中，切换到【切削参数】选项设置界面，设置刀具切削参数，如图13-251所示。

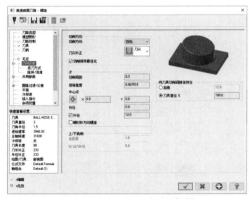

图13-251　设置切削参数

15 在【高速曲面刀路-螺旋】对话框中，切换到【旋转轴控制】选项设置界面，设置旋转轴控制参数，如图13-252所示。

16 单击【机床】选项卡【模拟】组中的【刀路模拟】按钮，进行加工刀具路径程序的模拟演示，如图13-253所示。至此完成泵盖型芯加工。

MasterCAM 2020 完全实训手册

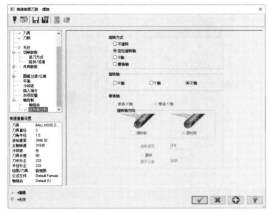

图13-252　设置旋转轴控制参数

图13-253　刀具路径模拟

实例 209　基座上盖加工

案例源文件：ywj/13/209.mcam

01 单击【线框】选项卡【形状】组中的【矩形】按钮□，绘制矩形图形，尺寸为100×100，如图13-254所示。

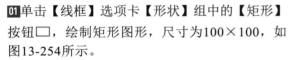

图13-254　绘制100×100的矩形

02 单击【实体】选项卡【创建】组中的【实体拉伸】按钮🗗，创建拉伸实体，距离为10，形成基体，如图13-255所示。

03 单击【实体】选项卡【修剪】组中的【固定半倒圆角】按钮🔵，创建实体倒圆角特征，半径为6，如图13-256所示。

04 单击【线框】选项卡【圆弧】组中的【已知点画圆】按钮⊙，绘制圆形，半径为60，如

图13-257所示。

图13-255　创建拉伸特征

图13-256　创建圆角特征

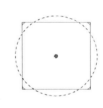

图13-257　绘制半径为60的圆形

05 创建拉伸实体，距离为10，如图13-258所示。

图13-258　创建拉伸特征

06 单击【实体】选项卡【创建】组中的【布尔运算】按钮🗗，创建布尔结合运算，如图13-259所示。

图13-259　创建布尔结合运算

07 绘制同心圆，半径分别为45和50，如图13-260所示。

图13-260　绘制同心圆

08 创建拉伸切割实体，距离为2，形成凹槽，如图13-261所示。

图13-261　创建拉伸切割特征

09 绘制4个圆形，半径均为3，如图13-262所示。

图13-262　绘制4个圆形

10 创建拉伸切割实体，距离为12，形成孔，如图13-263所示。

图13-263　创建拉伸切割特征

11 绘制圆形，半径为20，如图13-264所示。

图13-264　绘制半径为20的圆形

12 单击【转换】选项卡【位置】组中的【平移】按钮，平移图形，距离为10，如图13-265所示。

图13-265　平移图形

13 创建拉伸切割实体，距离为6，形成孔，如图13-266所示。

图13-266　创建拉伸切割特征

14 单击【实体】选项卡【修剪】组中的【依照实体面拔模】按钮，创建实体拔模特征，如图13-267所示。这样基座上盖模型便制作完成，下面进行加工设置。

图13-267　创建拔模特征

15 选择【机床】选项卡【机床类型】组中的【铣床】|【默认】命令，单击【铣削】选项卡3D组中的【挖槽】按钮，创建挖槽粗切加工程序，在绘图区选择加工曲面，如图13-268所示。

图13-268　创建曲面挖槽粗切加工程序

16 在绘图区选择加工范围，选择线框串连，如图13-269所示。

图13-269　设置加工范围

17 在【曲面粗切挖槽】对话框中，设置刀具参数，如图13-270所示。

18 在【曲面粗切挖槽】对话框中，设置粗切参数，如图13-271所示。

图13-270　设置刀具参数

图13-271　设置粗切参数

19 在【曲面粗切挖槽】对话框中，设置挖槽参数，如图13-272所示。

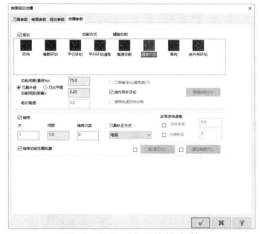

图13-272　设置挖槽参数

20 单击【机床】选项卡【模拟】组中的【刀路模拟】按钮，进行加工刀具路径程序的模拟演示，如图13-273所示。至此完成基座上盖加工。

图13-273　刀具路径模拟

实例 210
基座加工
⊕ 案例源文件：ywj/13/210.mcam

01 单击【线框】选项卡【形状】组中的【矩形】按钮□，绘制矩形图形，尺寸为100×50，如图13-274所示。

图13-274　绘制100×50的矩形

02 单击【线框】选项卡【修剪】组中的【图素倒圆角】按钮⌒，绘制圆角，半径为8，如图13-275所示。

图13-275　绘制半径为8的圆角

03 单击【实体】选项卡【创建】组中的【实体拉伸】按钮，创建拉伸实体，距离为8，如图13-276所示。

图13-276　创建拉伸特征

04 单击【实体】选项卡【修剪】组中的【固定半倒圆角】按钮，创建实体倒圆角特征，半径为2，如图13-277所示。

图13-277　创建圆角特征

05 单击【实体】选项卡【修剪】组中的【抽壳】按钮，创建抽壳特征，如图13-278所示。

图13-278　创建抽壳特征

06 单击【线框】选项卡【圆弧】组中的【已知点画圆】按钮⊕，绘制两个圆形，半径均为4，如图13-279所示。

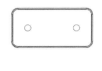

图13-279　绘制两个圆形

07 创建拉伸实体，距离为12，形成凸台，如图13-280所示。

图13-280　创建拉伸特征

08 单击【实体】选项卡【修剪】组中的【单一

距离倒角】按钮，创建实体倒角特征，如图13-281所示。这样基座的模型便制作完成，下面进行加工设置。

图13-281　创建倒角特征

09 选择【机床】选项卡【机床类型】组中的【铣床】|【默认】命令，单击【铣削】选项卡2D组中的【动态铣削】按钮，创建动态铣削，在绘图区选择加工图形，如图13-282所示。

图13-282　创建动态铣削加工程序

10 在绘图区选择加工范围1，选择线框串连1，如图13-283所示。

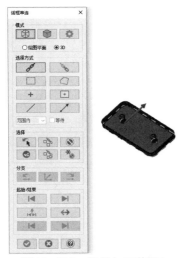

图13-283　设置加工范围1

11 在绘图区选择加工范围2，选择线框串连2，如图13-284所示。

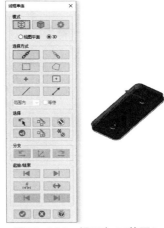

图13-284　设置加工范围2

12 在【2D高速刀路-动态铣削】对话框中，切换到【刀路类型】选项设置界面，设置刀路类型，如图13-285所示。

图13-285　设置刀路类型

13 在【2D高速刀路-动态铣削】对话框中，切换到【刀具】选项设置界面，创建刀具，如图13-286所示。

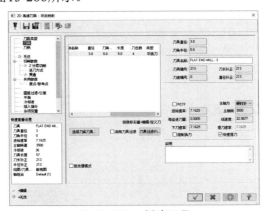

图13-286　创建刀具

第13章　综合范例

14 在【2D高速刀路-动态铣削】对话框中，切换到【刀柄】选项设置界面，设置刀柄参数，如图13-287所示。

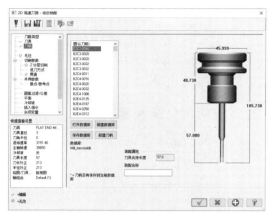

图13-287　设置刀柄参数

15 在【2D高速刀路-动态铣削】对话框中，切换到【切削参数】选项设置界面，设置切削参数，如图13-288所示。

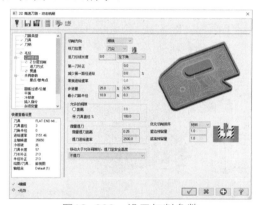

图13-288　设置切削参数

16 在【2D高速刀路-动态铣削】对话框中，切换到【共同参数】选项设置界面，设置刀具共同参数，如图13-289所示。

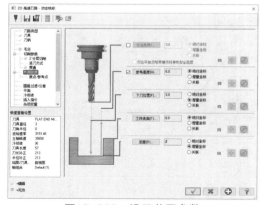

图13-289　设置共同参数

17 在【2D高速刀路-动态铣削】对话框中，切换到【旋转轴控制】选项设置界面，设置加工旋转轴控制参数，如图13-290所示。

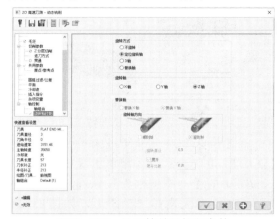

图13-290　设置旋转轴控制参数

18 这样就完成了基座加工。单击【机床】选项卡【模拟】组中的【刀路模拟】按钮，可以进行加工刀具路径程序的模拟演示，如图13-291所示。

图13-291　刀具路径模拟